高等职业教育公共基础课新形态系列活页式教材

应用高等数学

韩冰冰　苏建华　王德印　主编　郎禹颉　苏再兴　副主编

化学工业出版社

·北京·

内容简介

《应用高等数学》是为适应高等职业教育高等数学课程改革与教学需求编写的. 教材以应用为目的, 重视学生数学知识、数学基本方法的掌握和数学应用意识及建模能力的培养, 增加了数学历史等拓展阅读材料, 坚持"必需够用""专业应用"的原则, 并且介绍了计算软件 MATLAB 相关应用, 以提高学生运用计算机求解数学问题的能力.

全书共分为五大模块, 主要包含函数与几何、极限与连续、导数与微分、导数的应用、积分及其应用, 并且配备任务单实训册, 便于学生在课前课中课后学习使用.

《应用高等数学》编排及难易程度依据高职高专的培养目标、学生特点及专业的不同需求, 同时兼顾到"专升本"的需要, 可作为高职高专院校各专业数学课程教材或学生"专升本"的参考书.

图书在版编目 (CIP) 数据

应用高等数学/韩冰冰, 苏建华, 王德印主编. —北京:
化学工业出版社, 2023.9 (2025.1 重印)
高等职业教育公共基础课新形态系列活页式教材
ISBN 978-7-122-43657-3

Ⅰ.①应⋯ Ⅱ.①韩⋯②苏⋯③王⋯ Ⅲ.①高等数学-高等职业教育-教材 Ⅳ.①O13

中国国家版本馆 CIP 数据核字 (2023) 第 105253 号

责任编辑: 满悦芝   文字编辑: 王 琪
责任校对: 张茜越   装帧设计: 张 辉

出版发行: 化学工业出版社 (北京市东城区青年湖南街 13 号   邮政编码 100011)
印   装: 中煤 (北京) 印务有限公司
787mm×1092mm   1/16   印张 15¾   字数 384 千字   2025 年 1 月北京第 1 版第 3 次印刷

购书咨询: 010-64518888   售后服务: 010-64518899
网   址: http://www.cip.com.cn
凡购买本书, 如有缺损质量问题, 本社销售中心负责调换。

定   价: 49.00 元   版权所有   违者必究

前　言

党的二十大报告指出，实施科教兴国战略，强化现代化建设人才支撑.这为高等职业教育的发展指明了方向.本教材结合高职院校数学课程的应用性特点和相关要求，以及编者单位前期项目化、任务型教学改革已有成果编写而成.盘锦职业技术学院以本教材为依托的课程——高等数学被遴选为 2022 年辽宁省职业教育精品在线开放课程.

本教材内容坚持"必需够用""专业应用"原则，融入数学建模的思想方法，培养学生提出问题、分析问题、解决问题的能力.与同类教材相比，本书具有以下特点：

（1）模块构化，问题驱动　教材针对不同专业学生，构建服务专业的五大模块体系，每一模块以"问题提出—所需数学知识—问题解决"步骤为主线.理工类、经管类等不同专业，可视专业差异选择与专业有关的不同案例，模块每一单元的内容注重引导学生通过任务提出—知识准备—任务解决—评估检测—专本对接—拓展阅读层层递进，激发学生学习兴趣，培养学生建模意识，提升学生应用数学知识解决问题的能力.

（2）文化融入，五育并举　教材着力挖掘数学中文化内涵、哲学思想、数学历史、科学精神、数学之美，增加了拓展阅读，培养学生科学的思维方式、严谨的态度、勇于探索的精神.

（3）精讲多练，专本对接　各模块都编排了较多的习题，便于精讲多练、课堂教学.通过评估检测加强学生的课后练习，使学生更快速地消化吸收新知识、更好地巩固复习所学内容.并且兼顾到学生"专升本"的需求，增加了专本对接内容，以专升本考点中历年真题、模拟题为学生提供参考练习.

（4）任务手册，做学结合　教材配备活页式任务单实训册，将课前预习、课中练习、课后作业融为一体，方便学生使用.通过完成任务单与课堂教学相融合，实现"学中做，做中学"，把数学课程的知识点和技能点串联起来，采用边学边做的教学模式来完成，鼓励学生主动学习、动手练习，以巩固课程知识点和技能点，提高学生的综合运用能力.

（5）软件操作，能力培养　每一模块加入了实用性强、数学建模中常采用的 MATLAB数学软件，通过每一模块内容开展数学实验，使学生掌握 MATLAB 的基本操作，提高利用数学和计算机解决理论和实际问题的综合能力.

本教材包括函数与几何、极限与连续、导数与微分、导数的应用、积分及其应用五大模块.在授课过程中，教师可根据各专业教学实际情况选择教学内容.本书模块一及任务单模块一由苏再兴老师负责编写，模块二及任务单模块二由王德印老师负责编写，模块三及任务单模块三由苏建华老师负责编写，模块四及任务单模块四由郎禹颜老师负责编写，模块五及任务单模块五由韩冰冰老师负责编写，宿彦莉、朴银淑负责资料整理、图片制作、公式录入核对等工作.全书由韩冰冰老师统稿.本教材编写得到了尹维伟老师的大力支持，在此表示感谢.

由于编写人员水平有限，书中难免有不足之处，恳请读者批评指正，并将使用教材过程中遇到的问题、改进意见反馈给我们，以利于我们再版时改进.

编者

2023 年 7 月

目 录

模块一　函数与几何　　①

问题提出 ··· 1

　　生活和专业中的函数与几何问题 ························· 1

　　　　1.出租车收费问题 ··································· 1

　　　　2.机器折旧费的计算 ······························· 1

　　　　3.建筑高度的测算 ··································· 2

　　　　4.电压值估算问题 ··································· 2

　　　　5.滑块的运动规律 ··································· 2

函数与几何知识 ··· 2

　　任务一　函数的概念 ·································· 2

　　　　一、函数的定义 ··································· 2

　　　　二、函数的表示方法 ······························· 4

　　　　三、函数的性质 ··································· 5

　　　　四、反函数 ······································· 6

　　　　五、分段函数 ····································· 6

　　任务二　初等函数 ·································· 9

　　　　一、基本初等函数 ··································· 9

　　　　二、复合函数 ····································· 14

　　　　三、初等函数 ····································· 15

　　任务三　经济中常用函数（经济管理类选讲） ········· 18

　　　　一、成本函数 ····································· 18

　　　　二、收入函数 ····································· 19

　　　　三、利润函数 ····································· 19

　　　　四、需求函数和供给函数 ························· 20

　　任务四　解三角形（工科类选讲） ··················· 23

一、直角三角形的解法 ------------------------------ 23

二、斜三角形的解法 ------------------------------ 24

任务五　函数与绘图实验 ------------------------------ 28

一、实验目的 ------------------------------ 28

二、MATLAB 操作界面 ------------------------------ 28

三、函数运算 ------------------------------ 29

四、二维图形绘制 ------------------------------ 31

问题解决 ------------------------------ 33

生活和专业中的函数与几何问题 ------------------------------ 33

1. 出租车收费问题（见问题提出） ------------------------------ 33

2. 机器折旧费的计算（见问题提出） ------------------------------ 33

3. 建筑高度的测算（见问题提出） ------------------------------ 33

4. 电压值估算问题（见问题提出） ------------------------------ 34

5. 滑块的运动规律（见问题提出） ------------------------------ 35

综合实训 ------------------------------ 35

模块二　极限与连续　39

问题提出 ------------------------------ 39

生活和专业中的极限与连续问题 ------------------------------ 39

1. 遗嘱分牛问题 ------------------------------ 39

2. 野生动物保护问题 ------------------------------ 39

3. 企业投资问题 ------------------------------ 39

4. 细菌繁殖模型 ------------------------------ 40

5. 建筑共振现象 ------------------------------ 40

6. 老化电路分析 ------------------------------ 40

极限与连续知识 ------------------------------ 40

任务一　极限的概念 ------------------------------ 40

一、数列的极限 ------------------------------ 40

二、函数的极限 ------------------------------ 41

任务二　极限的运算 ------------------------------ 44

一、极限的四则运算 ------------------------------ 45

二、极限的计算方法 ------------------------------ 45

三、两个重要极限 ------------------------------ 47

任务三　无穷小与无穷大 ------------------------------ 50

一、无穷小量与无穷大量 ------------------------------ 51

二、无穷小的比较与计算 ------------------------------ 52

任务四　函数的连续性 ------------------------------ 54

一、函数的连续性定义 ---- 54

二、初等函数的连续性 ---- 56

三、闭区间上连续函数的性质 ---- 56

四、函数间断点 ---- 57

任务五　函数极限实验 ---- 59

一、实验目的 ---- 59

二、基本命令 ---- 59

三、实训案例 ---- 60

问题解决 ---- 61

生活和专业中的极限与连续问题 ---- 61

1.遗嘱分牛问题（见问题提出）---- 61

2.野生动物保护问题（见问题提出）---- 62

3.企业投资问题（见问题提出）---- 62

4.细菌繁殖模型（见问题提出）---- 62

5.建筑共振现象（见问题提出）---- 63

6.老化电路分析（见问题提出）---- 63

综合实训 ---- 63

模块三　导数与微分 ⑥⑤

问题提出 ---- 65

生活和专业中的导数与微分问题 ---- 65

1.物体冷却速度问题 ---- 65

2.汽车刹车速度问题 ---- 65

3.放射性物质的衰减问题 ---- 65

4.插头镀铜问题 ---- 65

5.单摆问题 ---- 66

6.导数在微观经济中的简单应用 ---- 66

7.经济分析中的边际函数问题 ---- 66

导数与微分知识 ---- 66

任务一　导数的概念 ---- 66

一、实例分析 ---- 67

二、导数的定义 ---- 67

三、导数的几何意义 ---- 70

四、函数可导性与连续性的关系 ---- 71

任务二　导数基本公式与四则运算法则 ---- 73

一、基本初等函数的导数公式 ---- 74

二、导数四则运算法则 ---- 74

任务三　复合函数、反函数、隐函数和参数方程求导 ·········· 77

一、复合函数的求导法则 ····························· 77

二、反函数的求导法则 ····························· 78

三、隐函数及其求导法 ····························· 79

四、由参数方程确定的函数的导数 ·············· 81

任务四　高阶导数 ································· 83

一、高阶导数的定义及求法 ····················· 84

二、二阶导数的物理意义 ······················· 85

任务五　微分及其应用 ····························· 86

一、引例 ··································· 87

二、微分的定义 ······························· 87

三、微分的几何意义 ··························· 88

四、微分运算 ································· 89

五、微分在近似计算中的应用 ·················· 91

任务六　函数求导实验 ····························· 93

一、实验目的 ································· 93

二、基本命令 ································· 93

三、实训案例 ································· 93

问题解决 ································· 95

生活和专业中的导数与微分问题 ·················· 95

1.物体冷却速度问题（见问题提出）·············· 95

2.汽车刹车速度问题（见问题提出）·············· 95

3.放射性物质的衰减问题（见问题提出）·········· 95

4.插头镀铜问题（见问题提出）·················· 95

5.单摆问题（见问题提出）····················· 95

6.导数在微观经济中的简单应用（见问题提出）······ 96

7.经济分析中的边际函数问题（见问题提出）······· 96

综合实训 ····································· 96

模块四　导数的应用　99

问题提出 ································· 99

生活和专业中的导数的应用问题 ·················· 99

1.公路修筑地点问题 ························· 99

2.化工设备设计方案 ························· 99

3.电路中的功率 ····························· 100

4.物流中运储费用问题 ························· 100

5.经济学中的利润问题 ························· 100

6.医药学中最优化问题 ························· 100

导数的应用知识 ---------- 100

任务一　拉格朗日中值定理、洛必达法则 ---------- 100

一、拉格朗日中值定理 ---------- 101

二、洛必达法则 ---------- 102

任务二　函数的单调性与极值、最值 ---------- 106

一、函数的单调性 ---------- 106

二、函数的极值 ---------- 107

三、函数的最值及其应用 ---------- 110

任务三　曲线凹凸性与拐点 ---------- 112

一、曲线凹凸性 ---------- 112

二、拐点 ---------- 113

任务四　导数应用实验 ---------- 115

一、实验目的 ---------- 115

二、基本命令 ---------- 115

三、实训案例 ---------- 116

问题解决 ---------- 117

生活和专业中的导数的应用问题 ---------- 117

1.公路修筑地点问题（见问题提出）---------- 117

2.化工设备设计方案（见问题提出）---------- 117

3.电路中的功率（见问题提出）---------- 117

4.物流中运储费用问题（见问题提出）---------- 118

5.经济学中的利润问题（见问题提出）---------- 118

6.医药学中最优化问题（见问题提出）---------- 118

综合实训 ---------- 119

模块五　积分及其应用　　121

问题提出 ---------- 121

生活和专业中的积分及其应用问题 ---------- 121

1.遇黄灯刹车问题 ---------- 121

2.化工污水处理问题 ---------- 121

3.石油能源的消耗问题 ---------- 121

4.建筑填土量计算 ---------- 122

5.电路中的电量 ---------- 122

6.企业方案分析 ---------- 122

积分及其应用知识 ---------- 122

任务一　定积分的概念 ---------- 122

一、两个实例 ---------- 123

二、定积分的定义 125
三、定积分的几何意义 126
四、定积分的基本性质 127

任务二　微积分基本公式 129
一、原函数与不定积分的定义 130
二、不定积分的性质 131
三、不定积分基本公式 131
四、牛顿-莱布尼茨公式 133

任务三　换元积分法 136
一、不定积分的第一类换元积分法（凑微分法） 136
二、定积分的第一类换元积分法 138
三、不定积分的第二类换元积分法 138
四、定积分的第二类换元积分法 139

任务四　分部积分法 141
一、不定积分的分部积分法 141
二、定积分的分部积分法 143

任务五　微元法及其应用 145
一、定积分的微元法 145
二、平面图形的面积 146
三、旋转体体积 147

任务六　积分实验 151
一、实验目的 151
二、基本命令 151
三、实训案例 151

问题解决 154
生活和专业中的积分及其应用问题 154
1.遇黄灯刹车问题（见问题提出） 154
2.化工污水处理问题（见问题提出） 154
3.石油能源的消耗问题（见问题提出） 154
4.建筑填土量计算（见问题提出） 154
5.电路中的电量（见问题提出） 155
6.企业方案分析（见问题提出） 155
综合实训 155

常用积分公式　159

参考答案　167

任务单实训册

任务单模块一 函数与几何 ———————————————— 185
　　任务一 函数的概念 —————————————————— 185
　　任务二 初等函数 ———————————————————— 187
　　任务三 经济中常用函数（经济管理类选讲） ————— 190
　　任务四 解三角形（工科类选讲） ——————————— 192
　　任务五 函数与绘图实验 ———————————————— 194

任务单模块二 极限与连续 ———————————————— 196
　　任务一 极限的概念 —————————————————— 196
　　任务二 极限的运算 —————————————————— 199
　　任务三 无穷大与无穷小 ———————————————— 201
　　任务四 函数的连续性 ————————————————— 203
　　任务五 函数极限实验 ————————————————— 205

任务单模块三 导数与微分 ———————————————— 207
　　任务一 导数的概念 —————————————————— 207
　　任务二 导数基本公式与四则运算法则 ———————— 209
　　任务三 复合函数、反函数、隐函数和参数方程求导 ——— 211
　　任务四 高阶导数 ———————————————————— 213
　　任务五 微分及其应用 ————————————————— 215
　　任务六 函数求导实验 ————————————————— 217

任务单模块四 导数的应用 ———————————————— 219
　　任务一 拉格朗日中值定理、洛必达法则 ——————— 219
　　任务二 函数的单调性与极值、最值 —————————— 221
　　任务三 曲线凹凸性与拐点 —————————————— 223
　　任务四 导数应用实验 ————————————————— 225

任务单模块五 积分及其应用 ——————————————— 227
　　任务一 定积分的概念 ————————————————— 227
　　任务二 微积分基本公式 ———————————————— 230
　　任务三 换元积分法 —————————————————— 232
　　任务四 分部积分法 —————————————————— 234
　　任务五 微元法及其应用 ———————————————— 236
　　任务六 积分实验 ———————————————————— 238

参考文献

模块一
函数与几何

函数是近代数学的基本概念之一，是刻画运动变化中变量相互依赖关系的数学模型，是微积分的主要研究对象.函数和我们的生活息息相关，我们都见过天气预报中的气温图，这个图反映了一天中气温随时间而变化的情形，像这种一个量随另一个量而变化的现象，就属于函数要研究的内容.

函数与某些相关学科之间同样也存在着联系.比如，物理学中的压力一定时，压强和受力面积的关系；在研究经济问题过程中，一个经济变量往往受到多种因素的影响，这种影响也是函数关系；建筑学上某些桥梁的桥洞及某些建筑物的大门都是二次函数的图像——抛物线形状的.由此可见，函数的研究内容广泛，函数知识在工科、经济管理等多种学科上都有重要的应用.

初等数学主要研究常量，高等数学主要研究变量、变量与变量之间的函数关系.函数是非常重要的概念，贯穿本书始终.同其他数学知识一样，函数来源于实际生活，又能够对实际生活起指导作用.在现实生活中遇到的很多问题都可以运用函数的知识来分析解决.本模块将介绍函数知识和几何知识.在建筑测量和机械加工中，经常会遇到物体测绘和零件图纸计算问题，还会用到解三角形的几何知识.

问题提出

生活和专业中的函数与几何问题

1. 出租车收费问题

某市出租车收费标准：起步价为 10 元（3km 以内），3～15km 为 2 元/km，15km 以外为 3 元/km.请通过上述收费标准写出行驶路程 x 与车费 y 之间的关系.

2. 机器折旧费的计算

某公司有一批机械施工设备，原价为 50 万元，已使用 10 年，每年折旧率为 10%（即每年其价值减少 10%），若有一家企业准备出 10 万元购买，你觉得价格合理吗？

3. 建筑高度的测算

一座建筑物 AB 的高度为 $(30-10\sqrt{3})$ m，在该建筑物的正东方向有一座通信塔 CD。在它们之间的地面上的点 M 处（测量时 B、M、D 三点共线）测得楼顶 A、塔顶 C 的仰角分别是 $15°$ 和 $60°$，在楼顶 A 处测得塔顶 C 的仰角为 $30°$，如图 1-1 所示，则通信塔的高度 CD 是多少？

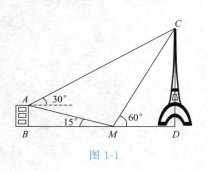

图 1-1

4. 电压值估算问题

已知电容器充电达到某电压值时为时间的计算原点，此后电容器串联一电阻放电，测定各时刻的电压 u，测量结果见表 1-1.

表 1-1

时间 t/s	0	1	2	3	4	5	6	7	8	9	10
电压 u/V	100	75	55	40	30	20	15	10	10	5	5

若 u 与 t 的关系为 $u = u_0 e^{-ct}$，其中 u_0、c 未知，求此函数关系，作出该函数的图像，并估算当 $t = 8.5$ s 时，电压的近似值。

5. 滑块的运动规律

建筑机械中常用曲柄连杆机构，坐标系选择如图 1-2 所示，主动轮转动时，连

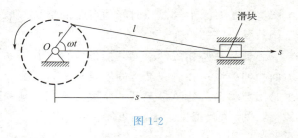

图 1-2

杆带动滑块做往复直线运动（把圆周运动化为直线运动）．设曲柄长为 r，连杆长为 l，其中 l、r、ω 都是常数，求滑块的运动规律．

 ## 函数与几何知识

任务一　函数的概念

任务提出

某企业投资 100 万元开发新产品，第一年获利 10 万元，从第二年开始每年获利比上一年增加 20%，如果企业未来发展稳定，你觉得从哪年开始企业的获利总和会超过投入的资金？

知识准备

一、函数的定义

函数是现实中对应关系的一种数学化的体现，在日常生活中经常用到．例如，生产某款

手机的固定成本为 2000 元，每生产一件，成本增加 500 元，则生产这款手机的成本 y 与产量 x 之间的函数关系可表述为

$$y = 2000 + 500x.$$

一般来说，在数学上可以有如下关于函数的定义.

定义 1-1 设 x、y 是两个变量，D 是一个给定的数集，如果对于每个 $x \in D$，按照对应法则 f，都有唯一确定的 y 与之对应，则称 y 为 x 的函数，记作 $y = f(x)$. 其中 x 为自变量，y 为因变量，D 为定义域，函数值 $f(x)$ 的全体称为函数 f 的值域，记作 W_f，即

$$W_f = \{y \mid y = f(x), x \in D\}.$$

函数的记号可以任意选取，除了用 f 外，还可用 g、F、φ 等表示. 但在同一问题中，不同的函数应选用不同的记号.

由函数的定义可知，一个函数的构成要素为：定义域、对应法则和值域. 由于值域是由定义域和对应法则决定的，所以，决定一个函数的两个要素为：定义域和对应法则.

如果两个函数的定义域和对应法则完全相同，那么这两个函数相同.

注 在实际问题中，函数的定义域要根据实际意义确定. 通常研究函数时，定义域取使解析式有意义的自变量的全体，有以下几种情况：

（1）分式的分母不为零；

（2）偶次方根式的被开方数必须大于等于零；

（3）对数式的真数位置必须大于零；

（4）同时包含以上情况时，定义域为各部分定义域的交集；

（5）分段函数的定义域是各定义域区间的并集.

【例 1-1】 求函数 $y = \dfrac{1}{x} - \sqrt{4 - x^2}$ 的定义域.

解 要使函数有意义，显然 x 要满足 $\begin{cases} x \neq 0 \\ 4 - x^2 \geqslant 0 \end{cases}$，即 $\begin{cases} x \neq 0 \\ -2 \leqslant x \leqslant 2 \end{cases}$，所以，所求函数的定义域为 $[-2, 0) \cup (0, 2]$.

【例 1-2】 判断下列各组函数是否相同.

（1）$f(x) = \dfrac{4 - x^2}{x + 2}$，$g(x) = 2 - x$；

（2）$f(x) = \ln 2x$，$g(x) = 2\ln x$；

（3）$f(x) = 2\ln|x|$，$g(x) = \lg x^2$.

解 （1）两个函数的对应法则相同，但 $f(x) = \dfrac{4 - x^2}{x + 2}$ 的定义域为 $(-\infty, -2) \cup (-2, +\infty)$，$g(x) = 2 - x$ 的定义域为 $(-\infty, +\infty)$，两个函数的定义域不同，所以不是同一函数；

（2）两个函数的定义域均为 $(0, +\infty)$，但 $f(x) = \ln 2x = \ln 2 + \ln x \neq 2\ln x$，两个函数的对应法则不同，所以不是同一函数；

（3）两个函数的对应法则相同，两个函数的定义域都为 $(-\infty, 0) \cup (0, +\infty)$，两个函数的定义域也相同，所以 $f(x)$ 和 $g(x)$ 相同.

对于函数值的求解，关键在于对函数与自变量关系的理解.

【例 1-3】 求函数值.

（1）已知 $f(x) = 2x^3 - 4x + 1$，求 $f(-2)$、$f(-x)$、$f(x^2)$ 和 $[f(x)]^2$；

(2) 设 $f(x-2)=x^2-3x+3$，求 $f(0)$ 和 $f(x)$.

解 (1) $f(-2)=(2x^3-4x+1)|_{x=-2}=2\times(-2)^3-4\times(-2)+1=-7$；

$f(-x)=2(-x)^3-4(-x)+1=-2x^3+4x+1$；

$f(x^2)=2(x^2)^3-4x^2+1=2x^6-4x^2+1$；

$[f(x)]^2=(2x^3-4x+1)^2$.

(2) $f(0)=f(2-2)=2^2-3\times 2+3=1$；

$f(x)=f[(x+2)-2]=(x+2)^2-3(x+2)+3=x^2+x+1$.

或，令 $x-2=t$，则 $x=t+2$.

$f(t)=f(x-2)=(t+2)^2-3(t+2)+3=t^2+t+1$；

所以 $f(0)=0^2+0+1=1$；

$f(x)=x^2+x+1$.

二、函数的表示方法

常见的函数表示方法有列表法、图像法和解析法三种.

1. 列表法

将自变量的值与对应的函数值列成表格的方法. 例如，某煤矿某一年每个月煤炭的生产量如表 1-2 所示.

表 1-2

月份	1	2	3	4	5	6	7	8	9	10	11	12
产量/t	304	450	515	576	650	605	601	615	706	660	623	580

2. 图像法

在坐标系中用图像表示函数关系的方法. 例如，某气象站测得当地某一天的气温变化情况如图 1-3 所示，用图反映变量之间的函数关系.

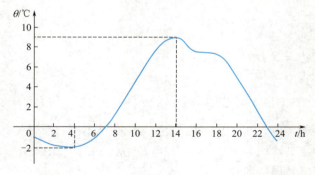

图 1-3

3. 解析法

用数学表达式（解析式）表示自变量与因变量之间关系的方法. 前面例题中函数 $y=\dfrac{1}{x}-\sqrt{4-x^2}$ 等都是解析法表示的函数.

三、函数的性质

1. 有界性

设函数 $y=f(x)$，定义域为 D，$I \subset D$.

若存在常数 $M>0$，使得对每一个 $x \in I$，有 $|f(x)| \leqslant M$，则称函数 $f(x)$ 在 I 上有界. 否则，就是无界.

例如，函数 $f(x)=\sin x$，因为 $|\sin x| \leqslant 1$，所以 $f(x)=\sin x$ 在 $(-\infty,+\infty)$ 上是有界的（图 1-4）；函数 $f(x)=\mathrm{e}^x$ 在 $(-\infty,+\infty)$ 内有下界，但在 $(-\infty,+\infty)$ 内无上界，所以 $f(x)=\mathrm{e}^x$ 在 $(-\infty,+\infty)$ 上是无界的.

注 既有上界又有下界，才能称为有界.

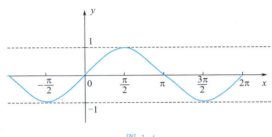

图 1-4

2. 单调性

设函数 $y=f(x)$ 在区间 I 上有定义，x_1 及 x_2 为区间 I 上任意两点，且 $x_1<x_2$. 如果恒有 $f(x_1)<f(x_2)$，则称 $f(x)$ 在 I 上是单调增加的；如果恒有 $f(x_1)>f(x_2)$，则称 $f(x)$ 在 I 上是单调减少的. 单调增加和单调减少的函数统称为单调函数（图 1-5）.

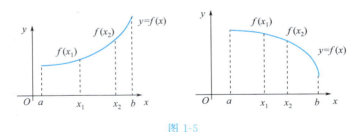

图 1-5

3. 奇偶性

设函数 $y=f(x)$ 的定义域 D 关于原点对称，如果在 D 上有 $f(-x)=-f(x)$，则称 $f(x)$ 为奇函数；如果在 D 上有 $f(-x)=f(x)$，则称 $f(x)$ 为偶函数. 从函数图形上看，奇函数的图形关于原点对称，偶函数的图形关于 y 轴对称（图 1-6）.

例如，函数 $f(x)=x^2$，$f(x)=\cos x$ 是偶函数；函数 $f(x)=x^3$，$f(x)=\sin x$ 是奇函数.

4. 周期性

设函数 $y=f(x)$ 的定义域为 D，如果存在一个不为零的数 T，使得对于任一 $x \in D$ 有

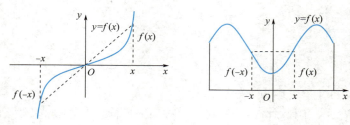

图 1-6

$(x \pm T) \in D$,且 $f(x \pm T) = f(x)$,则称 $f(x)$ 为周期函数,T 称为 $f(x)$ 的周期.如果在函数 $f(x)$ 的所有正周期中存在一个最小的正数,则我们称这个正数为 $f(x)$ 的最小正周期.我们通常说的周期是指最小正周期.

例如,函数 $y = \sin x$ 和 $y = \cos x$ 是最小正周期为 2π 的周期函数,函数 $y = \tan x$ 和 $y = \cot x$ 是最小正周期为 π 的周期函数.

四、反函数

定义 1-2 设函数 $y = f(x)$ 的定义域为 D,值域为 W;对于任意的 $y \in W$,在 D 上至少可以确定一个 x 与 y 对应,且满足 $y = f(x)$.如果把 y 看作自变量,x 看作因变量,就可以得到一个新的函数 $x = f^{-1}(y)$.称这个新的函数 $x = f^{-1}(y)$ 为函数 $y = f(x)$ 的**反函数**,而把函数 $y = f(x)$ 称为**直接函数**.

注 (1) 习惯上,x 表示自变量,y 表示因变量,所以通常用 $y = f^{-1}(x)$ 表示 $y = f(x)$ 的反函数.

(2) 直接函数 $y = f(x)$ 与反函数 $y = f^{-1}(x)$ 的图形关于直线 $y = x$ 对称.

五、分段函数

定义 1-3 如果函数在其定义域的不同部分,对应法则由不同的解析式来表达,这种函数就称为**分段函数**.

比如,以下函数是一个分段函数

$$f(x) = \begin{cases} 1, & x \leqslant 1 \\ 2 - x, & 1 < x \leqslant 2 \\ 2x - 4, & x > 2 \end{cases}.$$

其图形如图 1-7 所示.

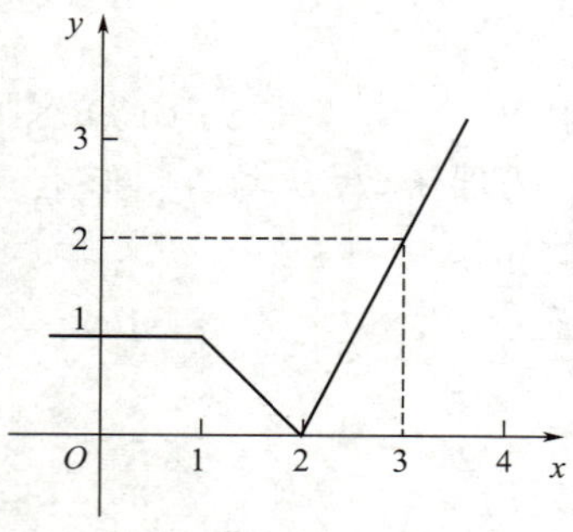

图 1-7

【**例 1-4**】 某地发生地震后,某工厂接到生产一批帐篷的紧急任务,要求必须在 12 天(含 12 天)内完成.已知每顶帐篷的成本价为 800 元,该工厂平均每天能生产帐篷 20 顶.为了加快进度,采取工人分批日夜加班、机器满负荷运转的生产方式,生产效率得到提高,这样,第一天生产了 22 顶,以后每天生产的帐篷都比前一天多 2 顶.由于机器损耗原因,当每天生产的帐篷数达到 30 顶后,每增加一顶帐篷,平均每顶的成本就增加 20 元.设生产这批帐篷的时间为 x

天，每天生产的帐篷为 y 顶.

（1）直接写出 y 与 x 之间的函数关系式，并写出自变量 x 的取值范围；

（2）若这批帐篷的订购价格为 1200 元，该工厂决定把获得最高利润的那一天的全部利润捐献给灾区，设工厂每天的利润为 W 元，试求出 W 与 x 之间的函数关系式，并求出该工厂捐献给灾区多少钱.

解 （1）由题意可得
$$y=22+2(x-1)=20+2x \quad (0<x\leqslant 12, x\in \mathbf{N});$$

（2）当 $0<x\leqslant 5$ 时，帐篷数都不超过 30，利润为：$(1200-800)(20+2x)$.

当 $5<x\leqslant 12$ 时，帐篷数超过 30，利润为：$[1200-800-40(x-5)](20+2x)$.

故得分段函数
$$W=\begin{cases} 800(10+x), & 0<x\leqslant 5 \\ 80(15-x)(10+x), & 5<x\leqslant 12 \end{cases}.$$

当 $0<x\leqslant 5$ 时，最高利润为：$800(10+5)=12000$（元）.

当 $5<x\leqslant 12$ 时，最高利润为：$80(15-6)(10+6)=11520$（元）.

故该工厂捐献给灾区 12000 元.

任务解决

解 建立模型，设经过 n 年，获利总和超过投入的 100 万元. 即
$$10+10(1+20\%)+10(1+20\%)^2+\cdots+10(1+20\%)^{n-1}>100,$$

即
$$\frac{10(1-1.2^n)}{1-1.2}>100,$$

所以，整理可得
$$n>\log_{1.2}3=\frac{\lg 3}{\lg 1.2},$$

用计算器计算可得
$$n>\frac{\lg 3}{\lg 1.2}\approx 6.03.$$

即从第 7 年开始企业获利总和超过投入的 100 万元.

评估检测

1. 判断下面的函数是否相同，并说明理由.

（1）$f(x)=|x|$，$g(x)=\sqrt{x^2}$；

（2）$f(x)=\ln x^4$，$g(x)=4\ln x$；

（3）$f(x)=x$，$g(x)=\sqrt[3]{x^3}$.

2. 求下列函数的定义域.

（1）$y=\dfrac{x+1}{x^2-1}$；

（2）$y=\lg(5x+2)$；

（3）$y=\dfrac{1}{x^2-x-6}$；

（4）$y=\dfrac{2}{x}-\sqrt{9-x^2}$.

3. 设 $f(x) = \begin{cases} 2^x, & -1 < x \leqslant 0 \\ \sqrt{1+x^2}, & 0 < x \leqslant 2 \end{cases}$，求定义域 D、$f\left(-\dfrac{1}{2}\right)$、$f(0)$、$f\left(\dfrac{1}{2}\right)$、$f(1)$.

4. 判断下列函数的奇偶性.

(1) $f(x) = 1 + \cos x$；

(2) $f(x) = 2x^3 - x$；

(3) $f(x) = x\sqrt{1+x^2}$；

(4) $f(x) = xe^x$.

5. 跳水运动是一项难度很大且又极具观赏性的运动，运动员在空中做出翻腾、转体等动作，让人赏心悦目. 我国跳水队多次在国际跳水比赛上摘金夺银，被誉为跳水"梦之队". 从起跳到入水是一个复杂的过程，假设一名身高 1.75m、体重 60kg 的跳水运动员从 10m 高的跳台上跳水.

(1) 该运动员跳水过程中哪些量是常量？

(2) 哪些量是随时间不断变化的？

(3) 变化的量之间有怎样的关系？

专本对接

1. 函数 $y = \dfrac{\ln(x-6)}{\sqrt{9-x}}$ 的定义域为_____.

2. 函数 $y = \dfrac{\ln(x-1)}{\sqrt{5-x}}$ 的定义域为_____.

3. 函数 $y = \dfrac{\sqrt{16-x^2}}{\ln(x+3)}$ 的定义域为_____.

4. 函数 $y = \dfrac{\sqrt{x-1}}{\ln x}$ 的定义域为_____.

5. 设 $f(x-1) = e^{2x}$，则 $f(x) = ($).

A. e^{2x} B. $2e^{2x}$ C. e^{2x+1} D. e^{2x+2}

拓展阅读

函数概念的演变

在 17 世纪早期，意大利数学家伽利略在《关于两门新科学的对话》一书中，就用文字表达函数的关系，这是人们早期关于变量或函数概念的描述. 1673 年，莱布尼茨首次使用"function"（函数）一词表示"幂"，但他也只是用该词来表示曲线上点的横坐标、纵坐标及切线长等曲线的有关几何量.

在 1821 年，法国数学家柯西结合前人的函数知识，从定义变量的角度给出了函数的定义. 函数的定义真正发生质的变化，是在德国数学家康托创立集合论之后. 在 1930 年，现代数学正式将函数定义为：若对集合 M 中的任意元素 x，总有集合 N 中的确定元素 y 与之对应，则称在集合 M 上定义一个函数，记为 f，元素 x 称为自变量，元素 y 称为因变量.

在 1859 年，我国清代著名数学家李善兰在翻译《代数学》一书时，把"function"翻译成中文的"函数". 李善兰认为中国古代"函"字与"含"字通用，都有"包含"的意思，因此，"函数"是指公式里含有变量的意思，具体来说就是：凡是公式中含有变量 x，则该式子叫作 x 的函数.

函数的发展历史就像数学发展历史的一个缩影，每个在我们今天看来貌似简单的数学名词，背后不知道有多少数学工作者耗费一生投入其中.

任务二　初等函数

任务提出

某工厂生产一圆锥零件，如图 1-8 所示，D 为最大圆锥直径（工件大端直径，cm），d 为最小圆锥直径（工件小端直径，cm），L 为锥形长度（cm），C 为锥度，$C = \dfrac{D-d}{L}$，指最大圆锥直径与最小圆锥直径之差与锥形长度之比.

若测得 $D = 50\mathrm{cm}$，$d = 30\mathrm{cm}$，$L = 60\mathrm{cm}$，需要你计算零件的锥度 C 和锥角 α.

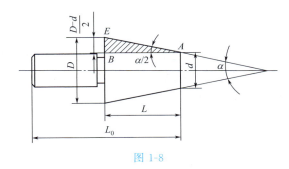

图 1-8

知识准备

一、基本初等函数

通常把常数函数、幂函数、指数函数、对数函数、三角函数、反三角函数这六类函数叫作基本初等函数．对于基本初等函数，我们应该能够通过其图形，掌握函数的定义域、值域、有界性、单调性、周期性、奇偶性等基本性质．

（一）常数函数 $y = C$（C 为常数）

它的图形是一条平行于 x 轴且截距为 C 的直线，其定义域为 $(-\infty, +\infty)$，值域为 $\{y \mid y = C\}$，如图 1-9 所示.

（二）幂函数

1. 幂函数的图像及性质

幂函数 $y = x^{\alpha}$（α 是任意实数），其定义域和值域依 α 的取值不同而不同，但是无论 α 取何值，幂函数在 $(0, +\infty)$ 上都有定义，其函数图像都过点 $(1,1)$，常用的幂函数如图 1-10 所示.

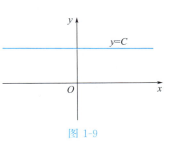

图 1-9

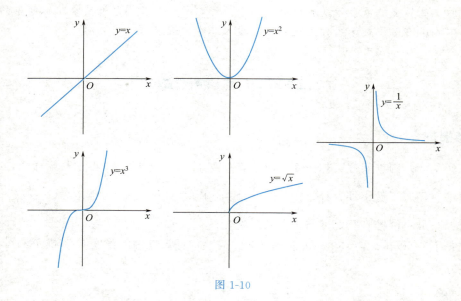

图 1-10

（1）如果 $a>0$，则幂函数的图像通过原点，并且在区间 $[0,+\infty)$ 上是增函数；

（2）如果 $a<0$，则幂函数在区间 $(0,+\infty)$ 上是减函数，且在第一象限内. 当 x 从右边趋向于原点时，图像在 y 轴右方且无限地逼近 y 轴；当 x 无限增大时，图像在 x 轴上方且无限地逼近 x 轴.

2. 幂函数的运算法则

(1) $x^{-n}=\dfrac{1}{x^n}$；(2) $x^{\frac{1}{n}}=\sqrt[n]{x}$；(3) $x^{\frac{m}{n}}=\sqrt[n]{x^m}$；(4) $x^{-\frac{m}{n}}=\dfrac{1}{x^{\frac{m}{n}}}=\dfrac{1}{\sqrt[n]{x^m}}$.

【**例 1-5**】 将下列各式化成幂函数的形式.

(1) $\sqrt{x}$；(2) $\dfrac{1}{x^2}$；(3) $\sqrt[3]{x^2}$；(4) $\dfrac{1}{\sqrt[5]{x^3}}$.

解 (1) $\sqrt{x}=x^{\frac{1}{2}}$；(2) $\dfrac{1}{x^2}=x^{-2}$；(3) $\sqrt[3]{x^2}=x^{\frac{2}{3}}$；(4) $\dfrac{1}{\sqrt[5]{x^3}}=x^{-\frac{3}{5}}$.

（三）指数函数

1. 指数函数的图像及性质

指数函数 $y=a^x$（a 是常数，$a>0$，且 $a\neq 1$），其定义域为 $(-\infty,+\infty)$，值域是 $(0,+\infty)$，函数的图像过点 $(0,1)$，以 x 轴为渐近线，如图 1-11 所示.

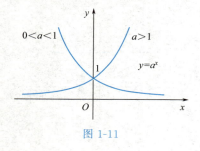

图 1-11

（1）当 $a>1$ 时，指数函数 $y=a^x$ 单调递增；当 $0<a<1$ 时，指数函数单调递减；

（2）$y=a^x$ 和 $y=a^{-x}$ 的图像关于 y 轴对称；

（3）以 $e\approx 2.71828$ 为底的指数函数为 $y=e^x$.

2. 指数的运算法则

(1) $x^m \cdot x^n=x^{m+n}$；(2) $\dfrac{x^m}{x^n}=x^{m-n}$；(3) $(x^m)^n=x^{mn}$；

(4) $(x \cdot y)^m = x^m \cdot y^m$.

【例 1-6】 化简下列各式.

(1) $\sqrt{3} \times \sqrt[3]{3} \div \sqrt[6]{3}$; (2) $(a^{\frac{2}{3}} b^{\frac{1}{2}})^3 \cdot (2a^{-\frac{1}{2}} b^{\frac{5}{8}})^4$.

解 (1) 原式 $= 3^{\frac{1}{2}} \times 3^{\frac{1}{3}} \times 3^{-\frac{1}{6}} = 3^{\frac{1}{2}+\frac{1}{3}-\frac{1}{6}} = 3^{\frac{2}{3}}$；

(2) 原式 $= a^{\frac{2}{3} \times 3} \cdot b^{\frac{1}{2} \times 3} \cdot 2^4 \cdot a^{-\frac{1}{2} \times 4} \cdot b^{\frac{5}{8} \times 4} = 2^4(a^2 \cdot a^{-2})(b^{\frac{3}{2}} \cdot b^{\frac{5}{2}})$

$= 16 a^{2-2} \cdot b^{\frac{3}{2}+\frac{5}{2}} = 16 b^4$.

（四）对数函数

1. 对数函数的图像及性质

对数函数 $y = \log_a x$（a 为常数，$a > 0$，且 $a \neq 1$），它是指数函数 $y = a^x$ 的反函数. 其定义域为 $(0, +\infty)$，值域是 $(-\infty, +\infty)$. 函数的图像过点 $(1, 0)$，以 y 轴为渐近线，如图 1-12 所示.

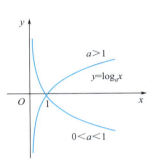

图 1-12

(1) 当 $a > 1$ 时，对数函数 $y = \log_a x$ 单调递增；当 $0 < a < 1$ 时，对数函数单调递减；

(2) 自然对数：以 e 为底的对数称为自然对数，简记为 $y = \ln x$；

(3) 常用对数：以 10 为底的对数称为常用对数，简记为 $y = \lg x$.

2. 对数的运算法则

(1) $\log_a 1 = 0$；(2) $\log_a a = 1$；(3) $\log_a xy = \log_a x + \log_a y$；

(4) $\log_a \dfrac{x}{y} = \log_a x - \log_a y$；(5) $\log_a x^b = b \log_a x$；(6) $\log_a b = \dfrac{\log_c b}{\log_c a}$.

【例 1-7】 把下列指数式写成对数式.

(1) $2^4 = 16$；(2) $4^{-3} = \dfrac{1}{64}$；(3) $10^x = y$.

解 (1) $\log_2 16 = 4$；(2) $\log_4 \dfrac{1}{64} = -3$；(3) $\lg y = x$.

【例 1-8】 求下列各式的值.

(1) $\log_2(4^7 \times 2^5)$；(2) $\log_3 \dfrac{1}{3} + \log_3 \dfrac{1}{27}$.

解 (1) 原式 $= \log_2 4^7 + \log_2 2^5 = 7\log_2 4 + 5\log_2 2 = 7 \times 2 + 5 \times 1 = 19$；

(2) 原式 $= \log_3 3^{-1} + \log_3 3^{-3} = -\log_3 3 - 3\log_3 3 = -4$.

（五）三角函数

1. 正弦函数

$y = \sin x$ 的定义域为 $(-\infty, +\infty)$，值域为 $[-1, 1]$，是奇函数，即 $\sin(-x) = -\sin x$；以 2π 为周期；其为有界函数，$|\sin x| \leq 1$，如图 1-13 所示.

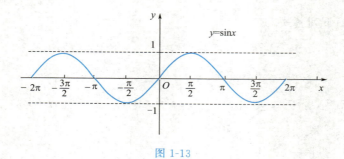

图 1-13

2. 余弦函数

$y = \cos x$ 的定义域为 $(-\infty, +\infty)$，值域为 $[-1, 1]$，是偶函数，即 $\cos(-x) = \cos x$；以 2π 为周期；其为有界函数，$|\cos x| \leqslant 1$，如图 1-14 所示.

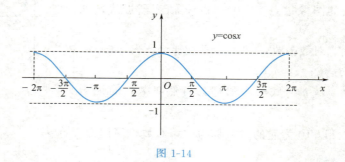

图 1-14

3. 正切函数

$y = \tan x$ 的定义域为 $\{x \mid x \neq k\pi + \dfrac{\pi}{2}, k \in \mathbf{Z}\}$，值域为 $(-\infty, +\infty)$，是奇函数，即 $\tan(-x) = -\tan x$；以 π 为周期；其为无界函数，如图 1-15 所示.

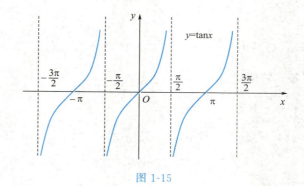

图 1-15

4. 余切函数

$y = \cot x$ 的定义域为 $\{x \mid x \neq k\pi, k \in \mathbf{Z}\}$，值域为 $(-\infty, +\infty)$，是奇函数，即 $\cot(-x) = -\cot x$；以 π 为周期；其为无界函数，如图 1-16 所示.

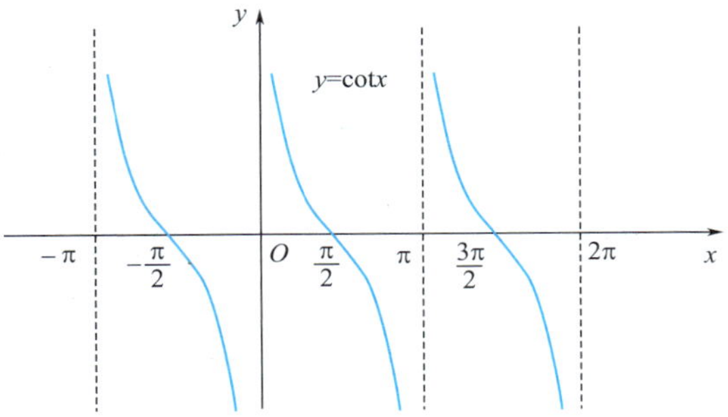

图 1-16

5. 正割函数

正割函数为 $y = \sec x$.

正割函数与余弦函数的关系为

$$\sec x = \frac{1}{\cos x}.$$

6. 余割函数

余割函数为 $y = \csc x$.

余割函数与正弦函数的关系为

$$\csc x = \frac{1}{\sin x}.$$

注 （1）三角函数在直角三角形中的边角关系（图 1-17）为

$$\sin\alpha = \frac{a}{c},\ \cos\alpha = \frac{b}{c},\ \tan\alpha = \frac{a}{b},\ \cot\alpha = \frac{b}{a}.$$

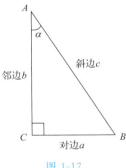

图 1-17

（2）常见三角函数关系为

$$\sin^2 x + \cos^2 x = 1,\ \tan x = \frac{\sin x}{\cos x},\ \cot x = \frac{\cos x}{\sin x}.$$

（3）常用特殊角的三角函数值见表 1-3.

表 1-3

角度值	0°	30°	45°	60°	90°	180°
弧度值	0	$\frac{\pi}{6}$	$\frac{\pi}{4}$	$\frac{\pi}{3}$	$\frac{\pi}{2}$	π
$\sin x$	0	$\frac{1}{2}$	$\frac{\sqrt{2}}{2}$	$\frac{\sqrt{3}}{2}$	1	0
$\cos x$	1	$\frac{\sqrt{3}}{2}$	$\frac{\sqrt{2}}{2}$	$\frac{1}{2}$	0	-1
$\tan x$	0	$\frac{\sqrt{3}}{3}$	1	$\sqrt{3}$	不存在	0
$\cot x$	不存在	$\sqrt{3}$	1	$\frac{\sqrt{3}}{3}$	0	不存在

(六) 反三角函数

1. 反正弦函数

$y = \arcsin x$ 的定义域为 $[-1, 1]$,值域为 $\left[-\dfrac{\pi}{2}, \dfrac{\pi}{2}\right]$,它是单调增加的,为奇函数,即 $\arcsin(-x) = -\arcsin x$,如图 1-18 所示.

2. 反余弦函数

$y = \arccos x$ 的定义域为 $[-1, 1]$,值域为 $[0, \pi]$,它是单调减少的,如图 1-19 所示.

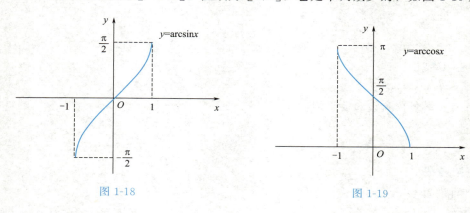

图 1-18   图 1-19

3. 反正切函数

$y = \arctan x$ 的定义域为 $(-\infty, +\infty)$,值域为 $\left(-\dfrac{\pi}{2}, \dfrac{\pi}{2}\right)$,为奇函数,它是单调增加的,如图 1-20 所示.

4. 反余切函数

$y = \text{arccot}\, x$ 的定义域为 $(-\infty, +\infty)$,值域为 $(0, \pi)$,它是单调减少的,如图 1-21 所示.

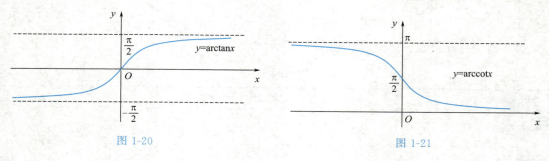

图 1-20   图 1-21

【例 1-9】 用反正弦函数表示正弦值是 $\dfrac{\sqrt{3}}{2}$ 的角度.

解 $\sin 60° = \dfrac{\sqrt{3}}{2} \Rightarrow 60° = \arcsin \dfrac{\sqrt{3}}{2}$.

二、复合函数

定义 1-4 设函数 $y = f(u)$ 的定义域为 D_u,函数 $u = \varphi(x)$ 的值域为 W_u,若 $D_u \cap W_u \neq \varnothing$,

则对于任意的一个 $u \in D_u \cap W_u$，通过中间变量 $u = \varphi(x)$ 可将函数 $y = f(u)$ 表示成 x 的函数 $y = f[\varphi(x)]$，称为 x 的复合函数.

注 满足复合条件 $D_u \cap W_u \neq \varnothing$ 的函数才能形成复合函数.

例如，函数 $y = \sqrt{u}$，$u = -(x^2+2)$，显然式子 $y = \sqrt{-(x^2+2)}$ 是没有意义的；函数 $y = \arcsin u$，$u = x^2+2$，在形式上可以构成复合函数 $y = \arcsin(x^2+2)$. 但是，$y = \arcsin u$ 的定义域 $D_u = [-1, 1]$，而 $u = x^2+2$ 的值域 $W_u = [2, +\infty)$，显然 D_u 与 W_u 交集为空集，故 $y = \arcsin(x^2+2)$ 没有意义.

在后面的微积分学习中，经常要把已经复合的函数分解. 复合函数的分解原则：从外向里，层层分解，直至最内层函数是基本初等函数或基本初等函数的四则运算形式.

【例 1-10】 设 $y = f(u) = \sqrt{u}$，$u = \varphi(x) = 1+x^2$，求 $y = f[\varphi(x)]$.

解 $y = \sqrt{1+x^2}$.

【例 1-11】 将下列复合函数进行分解.

（1）$y = \ln(2x-5)$；（2）$y = e^{-x^2}$；（3）$y = \cos^2(x+1)$.

解 （1）外层函数 $y = \ln u$，内层函数 $u = 2x-5$；

（2）外层函数 $y = e^u$，内层函数 $u = -x^2$；

（3）外层函数 $y = u^2$，内层函数 $u = \cos(x+1)$. 显然内层函数还是复合函数，仍然需要分解. 外层函数 $u = \cos v$，内层函数 $v = x+1$. 这是由三个函数 $y = u^2$，$u = \cos v$，$v = x+1$ 复合的.

三、初等函数

定义 1-5 由基本初等函数经过有限次的四则运算和有限次的复合过程所构成的，并且能够用一个式子表示的函数，称为初等函数.

例如，$y = e^{x^2}$，$y = \arctan(2x^2+1)$，$y = \ln\cos^3(2x^2+x^5)$ 等都是初等函数.

需要指出的是，本书中的函数一般都是初等函数. 但是分段函数一般不是初等函数，因为分段函数一般都由几个解析式来表示，如符号函数

$$y = \operatorname{sign} x = \begin{cases} -1, & x < 0 \\ 0, & x = 0 \\ 1, & x > 0 \end{cases}.$$

但是，有的分段函数通过形式的转化，可以用一个式子表示，就是初等函数. 例如，函数

$$y = |x| = \begin{cases} -x, & x < 0 \\ x, & x \geq 0 \end{cases}.$$

也可表示为 $y = \sqrt{x^2}$.

任务解决

解 测得零件中 $D = 50\text{cm}$，$d = 30\text{cm}$，$L = 60\text{cm}$，则

$$\text{锥度 } C = \frac{D-d}{L} = \frac{50-30}{60} = 1 : 3.$$

在 Rt$\triangle ABE$ 中

$$BE=\frac{D-d}{2},\ \angle BAE=\frac{\alpha}{2},\ BA=L,$$

所以

$$\tan\frac{\alpha}{2}=\frac{BE}{BA}=\frac{\dfrac{D-d}{2}}{L}=\frac{1}{2}\times\frac{D-d}{L}=\frac{C}{2}.$$

推出锥角与锥度的关系

$$\alpha=2\arctan\frac{C}{2}.$$

锥角 $\alpha=2\arctan\dfrac{C}{2}=2\arctan\dfrac{1}{6}\approx18°55'29''$.

评估检测

1.选择题

(1) 下列函数中既是奇函数又是增函数的是 (　　).

A. $y=3x^2$ 　　　　　B. $y=\dfrac{1}{x}$ 　　　　　C. $y=x+1$ 　　　　　D. $y=x^3$

(2) 下列一定是指数函数的是 (　　).

A. 形如 $y=a^x$ 的函数 　　　　　B. $y=x^a\ (a>0,\ a\neq1)$

C. $y=(|a|+2)^{-x}$ 　　　　　D. $y=(a-2)a^x$

(3) 下列说法中，错误的是 (　　).

A. 零和负数没有对数 　　　　　B. 任何一个指数式都可化为对数式

C. 以 10 为底的对数叫作常用对数 　　　　　D. 以 e 为底的对数叫作自然对数

2.将下列各式转换成幂函数的形式.

(1) $\sqrt[5]{x^2}$；(2) $\dfrac{1}{\sqrt{x}}$；(3) $\dfrac{\sqrt{x}}{\sqrt{x^3}}$；(4) $\sqrt{x}\sqrt[3]{x}$.

3.计算下列各式的值.

(1) $\lg10^5$；(2) $\log_3\dfrac{1}{9}-\log_4 16$；(3) $6^{1+\log_6 36}$.

4.指出下列函数的复合过程.

(1) $y=\sqrt{x^2-5x+6}$；(2) $y=\sin x^2$；(3) $y=\tan^3\left(2x+\dfrac{\pi}{6}\right)$.

5.质量为 m 的物体自由下落，速度为 $v=gt$，动能为 $E=\dfrac{1}{2}mv^2$，则动能 E 表示为 t 的函数是什么？

专本对接

1.若 $f(x)=\sin x$，$g(x)=3x^2$，则 $f[g(x)]=$＿＿＿＿＿＿.

2.设函数 $f(x)=\dfrac{x}{1+x}$，则 $f[f(x)]=$＿＿＿＿＿＿.

3. 设 $f(\sin x) = 2 - \cos 2x$，则 $f(x) =$ _____.

4. 已知 $f(x) = \begin{cases} x^2, & |x| \leqslant 1 \\ 2, & |x| > 1 \end{cases}$，则 $f(\cos x) =$ _____，$f[f(2)] =$ _____.

拓展阅读

对数的发明

对数的运算，可以说是初等数学里的高级运算. 科学家伽利略说："给我空间、时间及对数，我就可以创造一个宇宙."数学家、天文学家拉普拉斯这么评价："对数用缩短计算的时间来使天文学家的寿命加倍."

在 16 世纪和 17 世纪时候，欧洲科技的发展促进社会不断发展，同时天文、航海、工程、贸易、军事等各方面的不断发展，对科技也提出更高的要求. 研发更先进的技术，如改进数字计算方法就成了当务之急. 在 16 世纪和 17 世纪相交时期，随着科技不断发展，人们的认知也越来越理性，这也促进了哥白尼"太阳中心说"的流行，间接导致天文学成为当时的热门学科. 研究天文学需要很多学科作为支撑，数学是其中重要的一门，但由于当时数学知识的局限性，天文学家们不得不花费很多的精力去计算那些繁杂的"天文数学". 有时候为了计算一个数字，天文学家们需要花费若干年甚至毕生的宝贵时间.

苏格兰数学家约翰·纳皮尔也是当时的一位天文爱好者. 在研究天文学的过程中，很多时候数据过于庞大，计算不方便，不但增加工作量，而且经常容易出错. 因此，他为了降低研究天文学过程中的计算量，提高工作效率，潜心研究大数字的计算技术，提出了对数的概念. 这不仅直接促进了天文学界的发展，也是数学史上的重大事件.

不过值得注意的是，纳皮尔所提出的对数概念与现代数学中的对数理论还是有些差异的，这是为什么呢？在纳皮尔那个时代，指数概念还没出现（或者是具体概念还没形成）. 因此，纳皮尔研究对数并不是通过指数来引出的，而是通过研究直线运动得出对数这一概念的.

指数符号是在 1637 年由法国数学家笛卡儿最先使用的，直到 18 世纪，才由瑞士数学家欧拉发现了指数与对数的互逆关系. 对数的发现先于指数，这也是数学史上的一段趣闻.

经过多年的实践探索、理论认证，纳皮尔在 1614 年出版了名著《奇妙的对数定律说明书》，向世人详细说明了对数作用、运算规律等. 因此，纳皮尔也被誉为"对数缔造者".

之后，纳皮尔的朋友布里格斯通过研究《奇妙的对数定律说明书》，深感对数这一发现的伟大，同时也感到书中对数在实际中运用起来不是很方便，不便于推广和应用. 因此，布里格斯与纳皮尔讨论之后，令 1 的对数为 0、10 的对数为 1，这样就得到了以 10 为底的常用对数. 1624 年，布里格斯出版了《对数算术》，公布了以 10 为底包含 1～20000 及 90000～100000 的 14 位常用对数表. 后人根据对数运算原理，还发明了对数计算尺. 多年来，对数计算尺一直是科学工作者，特别是工程技术人员必备的计算工具，直到 20 世纪 70 年代才让位给电子计算器.

对数的出现，很好地证明数学来源于生活，同时又服务于生活，并促进生产力的发展. 恩格斯在他的著作《自然辩证法》中曾经把笛卡儿的坐标、纳皮尔的对数、牛顿和莱布尼茨的微积分共同称为"17 世纪的三大数学发明".

任务三 经济中常用函数（经济管理类选讲）

任务提出

新能源汽车将成为未来汽车的重要发展方向.我国新能源汽车产业从"跟跑"到"并跑"甚至"领跑"，近年来发展迅速.2020 年《新能源汽车产业发展规划（2021—2035）》印发，更快推动了中国新能源汽车产业的高质量可持续发展.2022 年某开发区一家汽车生产企业计划引进一批新能源汽车制造设备.通过市场分析全年需投入固定成本 5000 万元；生产 x 百辆，需另投入成本 $C(x)$ 万元，且

$$C(x)=\begin{cases} 10x^2+200x, & 0<x<50 \\ 801x+\dfrac{10000}{x}-9000, & x\geqslant 50 \end{cases}.$$

由市场调研知，每辆车售价 8 万元，且全年内生产的车辆当年能全部销售完.

(1) 求出 2022 年的利润关于年产量的函数关系式；

(2) 2022 年产量为多少百辆时，企业所获利润最大？并求出最大利润.

知识准备

用数学方法解决经济问题时，首先要建立数学模型，将经济问题转化为数学问题.经济学中许多变量，如商品的价格、销售量、生产成本、利润、投资、利率、货币量等，都是可度量的，经济函数或模型就是这些变量之间关系的数学描述.

一、成本函数

1. 总成本函数

总成本是指生产者生产产品所需要的费用总和，包括两部分：固定成本与可变成本.固定成本是在一定范围内不随产量变化而变化的费用，如厂房费用、一般管理费用等，常用 C_1 表示.可变成本是随着产量变化而变化的费用，如原材料费用、燃料费用等，常用 C_2 表示，它是产量 q 的函数，即 $C_2=C_2(q)$.

生产 q 个单位某种产品时的可变成本 C_2 与固定成本 C_1 之和，称为总成本函数，记作 C，即 $C=C(q)=C_1+C_2(q)$.

注 （1）总成本函数 $C(q)$ 是产量 q 的单调增加函数.

（2）常见的成本函数有线性函数、二次函数、三次函数等.

2. 平均成本函数

根据总成本不能得出生产水平高低的结论，需要进一步研究单位产品的成本，即平均成本，记为 $\bar{C}(q)$，即

$$\bar{C}(q)=\frac{C(q)}{q}=\frac{C_1}{q}+\frac{C_2(q)}{q},$$

其中，$\dfrac{C_2(q)}{q}$ 称为平均可变成本.

模块一 函数与几何 | **19**

【例 1-12】 某厂生产某产品的固定成本为 1000 元，每多生产一件产品成本需增加 3 元.

（1）求生产该产品的总成本函数；

（2）求生产 200 件该产品时的总成本和平均成本.

解 （1）由题意，生产 q 件该产品的总成本函数为

$$C(q)=1000+3q;$$

（2）产量为 200 件时的总成本为

$$C(200)=(1000+3q)\big|_{q=200}=1000+3\times200=1600 \text{（元）},$$

平均成本为

$$\overline{C}(200)=\frac{C(200)}{200}=\frac{1600}{200}=8 \text{（元/件）}.$$

二、收入函数

生产者出售一定数量产品后得到的全部收入称为总收入，用 R 来表示.总收入取决于该产品的销售量和价格，若用 p 表示价格，q 表示销售量，则表示 R 与 q 之间关系的函数称为收入函数，记作

$$R=R(q)=p\cdot q.$$

除了总收入，还有平均收入，记为 $\overline{R}(q)$，它是销售单位产品的收入，即产品的单价.

【例 1-13】 某商品的价格函数是 $p=50-\dfrac{1}{5}q$，试求该商品的收入函数，并求出销售 10 件商品时的总收入和平均收入.

解 收入函数为

$$R=p\cdot q=50q-\frac{1}{5}q^2;$$

平均收入为

$$\overline{R}=\frac{R}{q}=p=50-\frac{1}{5}q;$$

销售 10 件商品时的总收入和平均收入分别为

$$R(10)=50\times10-\frac{1}{5}\times10^2=480,$$

$$\overline{R}(10)=50-\frac{1}{5}\times10=48.$$

三、利润函数

总利润是指生产一定数量的产品的总收入与总成本之差，记作 L，即 $L=L(q)=R(q)-C(q)$，其中，q 是产品数量.

平均利润记作

$$\overline{L}=\overline{L}(q)=\frac{L(q)}{q}.$$

【例 1-14】 已知生产某种商品 q 件时的总成本（单位：万元）为 $C(q)=10+6q+$

$0.1q^2$，如果该商品的销售单价为 9 万元，试求：

(1) 该商品的利润函数；

(2) 生产 10 件该商品时的总利润和平均利润；

(3) 生产 30 件该商品时的总利润.

解 (1) 该商品的收入函数为 $R(q)=9q$，得到利润函数为

$$L(q)=R(q)-C(q)=3q-10-0.1q^2.$$

(2) 生产 10 件该商品时的总利润为

$$L(10)=3\times10-10-0.1\times10^2=10 \text{（万元）},$$

此时的平均利润为

$$\bar{L}=\frac{L(10)}{10}=\frac{10}{10}=1 \text{（万元/件）}.$$

(3) 生产 30 件该商品时的总利润为

$$L(30)=3\times30-10-0.1\times30^2=-10 \text{（万元）}.$$

注 一般地，收入随着销售量的增加而增加，但利润并不总是随着销售量的增加而增加. 它可出现三种情况：

(1) 如果 $L(q)=R(q)-C(q)>0$，则生产处于盈利状态；

(2) 如果 $L(q)=R(q)-C(q)<0$，则生产处于亏损状态；

(3) 如果 $L(q)=R(q)-C(q)=0$，则生产处于保本状态. 此时的产量 q_0 称为无盈亏点.

【例 1-15】 已知某商品的成本函数为 $C=12+3q+q^2$，若销售单价定为 11 元/件，试求：

(1) 该商品经营活动的无盈亏点；

(2) 若每天销售 10 件该商品，为了不亏本，销售单价应定为多少才合适？

解 (1) 利润函数为

$$L(q)=R(q)-C(q)=11q-(12+3q+q^2)=8q-12-q^2.$$

由 $L(q)=0$，即 $8q-12-q^2=0$，解得两个无盈亏点 $q_1=2$ 和 $q_2=6$.

由 $L(q)=(q-2)(6-q)$ 可看出，当 $q<2$ 或 $q>6$ 时，都有 $L(q)<0$，生产经营是亏损的；当 $2<q<6$ 时，$L(q)>0$，生产经营是盈利的.

因此，2 件和 6 件分别是盈利的最低产量和最高产量.

(2) 设定价为 p 元/件，则利润函数 $L(q)=pq-(12+3q+q^2)$，为使生产经营不亏本，须有 $L(10)\geqslant0$，即 $10p-142\geqslant0$，得 $p\geqslant14.2$. 所以，为了不亏本，销售单价应不低于 14.2 元/件.

四、需求函数和供给函数

1. 需求函数

需求是指消费者在一定价格条件下对商品的需要. 市场上，某种商品的需求往往受到很多因素的影响，如商品的价格、消费者的收入、季节等. 为简化问题的研究，我们只考虑价格影响. 这时，商品的需求量 Q 可以看成是价格 p 的函数，称为需求函数，记作

$$Q=Q(p),$$

这是定义域为 $[0,+\infty)$ 的函数.

注 (1) 当商品的价格增加时，商品的需求量将会减少，因此，需求函数 $Q=Q(p)$ 是

模块一 函数与几何 | **21**

价格 p 的单调减少函数.

（2）在企业管理和经济中常见的需求函数有：线性需求函数，$Q=a-bp$，其中，$b \geqslant 0$，$a \geqslant 0$，均为常数；二次需求函数，$Q=a-bp-cp^2$，其中，$a \geqslant 0$，$b \geqslant 0$，$c \geqslant 0$，均为常数；指数需求函数，$Q=Ae^{-bp}$，其中，$A \geqslant 0$，$b \geqslant 0$，均为常数；幂函数需求函数，$Q=Ap^{-a}$，其中，$A \geqslant 0$，$a > 0$，均为常数.

【例 1-16】 销售某种商品，当单价为 20 元时，每月可售出 1000 件；单价为 30 元时，每月可售出 800 件，求这种商品的线性需求函数.

解 设所求得线性需求函数为 $Q=ap+b$，根据题意可得

$$\begin{cases} 20a+b=1000 \\ 30a+b=800 \end{cases}.$$

解方程组得 $a=-20$，$b=1400$.

故所求的线性需求函数为 $Q=1400-20p$.

2. 供给函数

供给是指在某一时期内，生产者在一定的价格条件下，愿意并可能出售的产品. 市场上，一种产品的供给会受到多种因素的影响，如该产品的价格、生产的成本、生产者对未来的预期等. 为简化问题的研究，我们只考虑价格影响. 这时，产品供给量 S 可以看成是该产品价格 p 的函数，称为供给函数，记作

$$S=S(p),$$

这是定义域为 $[0,+\infty)$ 的函数.

注 （1）供给量随价格的上升而增大，因此，供给函数 $S=S(p)$ 是价格 p 的单调增加函数.

（2）常见的供给函数有线性函数、二次函数、幂函数和指数函数等.

3. 市场均衡

均衡是指经济现象中变动着的各种力量处于一种暂时的稳定状态，市场均衡讨论的是价格与供求变化的关系. 使得某种商品的需求量与供给量相等的价格，称为均衡价格.

当市场价格高于均衡价格时，供给量大于需求量，此时出现"供过于求"的现象；当市场价格低于均衡价格时，需求量大于供给量，此时出现"供不应求"的现象.

【例 1-17】 已知某商品的供给函数是 $S=\dfrac{2}{3}p-4$，需求函数是 $Q=50-\dfrac{4}{3}p$，试求该商品处于市场平衡状态下的均衡价格和均衡数量.

解 令 $S=Q$，解方程组

$$\begin{cases} Q=\dfrac{2}{3}p-4 \\ Q=50-\dfrac{4}{3}p \end{cases}.$$

得均衡价格 $\overline{p}=27$，均衡数量 $\overline{Q}=14$.

说明：供给函数 $S=\dfrac{2}{3}p-4$ 与需求函数 $Q=50-\dfrac{4}{3}p$ 的图像交点的横坐标就是市场均衡价格. 高于这个价格，供大于求；低于这个价格，求大于供.

任务解决

解 （1）设利润为 $L(x)$，由题意可知

$$L(x) = \begin{cases} -10x^2 + 600x - 5000, & 0 < x < 50 \\ 4000 - \left(x + \dfrac{10000}{x}\right), & x \geq 50 \end{cases}.$$

（2）当 $0 < x < 50$ 时，$L(x) = -10(x-30)^2 + 4000$，当 $x = 30$ 时，$L(x)_{max} = L(30) = 4000$.

当 $x \geq 50$ 时，$L(x) = -\left(x + \dfrac{10000}{x}\right) + 4000$，因为 $x + \dfrac{10000}{x} \geq 2\sqrt{x \cdot \dfrac{10000}{x}} = 200$，当且仅当 $x = \dfrac{10000}{x}$，即 $x = 100$ 时等号成立，所以 $L(x)_{max} = L(100) = 3800$.

综上，2022 年产量为 30 百辆时，企业所获利润最大，且最大利润为 4000 万元.

评估检测

1.已知某产品的成本函数为

$$C = 3q^2 - \frac{q}{4} + 1800.$$

（1）固定成本和可变成本各为多少？

（2）求平均成本.

2.已知成本函数为 $C(q) = q^2 - 10q + 30$，收入函数为 $R(q) = 2q^2$，求利润函数及当 $q = 50$ 时的利润.

3.生产某产品的总成本函数为 $C(q) = 50q + 120$，其需求函数为 $q = 180 - 2p$，求收入函数和利润函数.

4.某产品的成本函数为 $C(q) = 18 - 7q + q^2$，收入函数为 $R(q) = 4q$，求：

（1）该产品的盈亏平衡点；

（2）该产品销量为 5 时的利润；

（3）该产品销量为 10 时能否盈利？

5.某种品牌的电风扇每台售价为 500 元时，每月可以销售 2000 台，每台售价为 450 元时，每月可以多销售 400 台，试求该电风扇的线性需求函数.

拓展阅读

函数思想——事物之间普遍联系

函数是客观事物的内部联系在数量方面的反映，也从侧面印证了事物之间的普遍联系. 利用函数关系又可以对客观事物的规律性进行研究，从而对自然界各种各样的现象做出解释. 函数思想体现了"联系和变化"的辩证唯物主义观点.

函数思想已广泛渗透于自然、社会中的各个领域，如一个企业进行养殖、造林绿化、产品制造及其他大规模生产时，其利润随投资的变化关系一般可用幂函数、指数函数、三角函数等表示.根据实际情况建立合理的数学模型，企业经营者可以依据对应函数的性质、图形及求函数最值等知识来预测企业发展和项目开发的前景.

函数从不同角度反映了自然界中变量与变量的依存关系，各种规律变化都离不开"函数思想"。要掌握细胞的分裂情况、看懂股票的走势图、揭秘银行存款利息的计算方法、正确选择手机套餐的种类，这些问题都涉及函数。要想研究自然现象的内在规律、解决社会生产生活中的实际问题，灵活运用函数思想是重要的方法之一。

任务四　解三角形（工科类选讲）

任务提出

在数控机床上加工零件，已知编程用轮廓尺寸图纸如图 1-22 所示，要计算出圆心 O 相对于点 A 的距离。请利用三角计算法，计算图中点 O 相对于点 A 的水平距离和垂直距离。

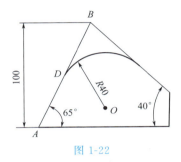

图 1-22

知识准备

解三角形是机械制造中很普遍的数学方法，分为解直角三角形和解斜三角形。斜三角形不包含直角，包括锐角三角形与钝角三角形。

一、直角三角形的解法

直角三角形通常由两条直角边和一条斜边构成，最明显的特征是有一个直角，如图 1-23 所示。

在直角三角形中，除直角外，还有 5 个元素：3 条边和 2 个锐角。只要知道 5 个元素中的 2 个元素（至少已知 1 条边），就可以利用勾股定理和边角关系，求出其余未知的 3 个元素。以下两种情况可以解直角三角形。

1. 已知两条边，解直角三角形

在直角三角形中，只要已知两条边的长度就可以解直角三角形，这两条边可以是两条直角边，也可以是一条直角边和一条斜边。

【例 1-18】　如图 1-24 所示，已知 Rt△ABC 中，$\angle C = 90°$，边长 $AC = 9$，边长 $AB = 6\sqrt{3}$，求三角形的其他边和角。

解　求三角形的边长，利用勾股定理 $AC^2 + BC^2 = AB^2$，有

$$9^2 + BC^2 = (6\sqrt{3})^2,$$
$$BC = \sqrt{(6\sqrt{3})^2 - 9^2} = 3\sqrt{3}.$$

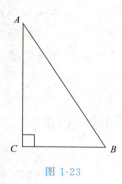
图 1-23

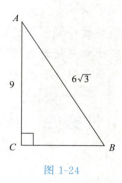
图 1-24

求角度，在直角三角形中，$\cos A = \dfrac{AC}{AB} = \dfrac{9}{6\sqrt{3}} = \dfrac{\sqrt{3}}{2}$，可知

$$\angle A = \arccos \dfrac{\sqrt{3}}{2} = 30°,$$

$$\angle B = 90° - 30° = 60°.$$

2. 已知一个角和任意一条边，解直角三角形

在直角三角形中，只要已知一个锐角和任意一条边就能解出这个三角形.

【**例 1-19**】 如图 1-25 所示，已知 Rt△ABC 中，$\angle C = 90°$，$\angle A = 30°$，边长 $AC = 8$，求三角形的其他边和角.

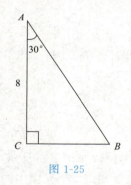
图 1-25

解 先求角度，$\angle C = 90°$，$\angle A = 30°$，直角三角形两锐角互余，有

$$\angle B = 90° - \angle A = 90° - 30° = 60°.$$

再求边长，在直角三角形中，$\tan A = \dfrac{BC}{AC}$，即 $\tan 30° = \dfrac{BC}{8}$，$BC = 8 \cdot \tan 30° = \dfrac{8\sqrt{3}}{3}$. 因为 $\cos A = \dfrac{AC}{AB}$，即 $\cos 30° = \dfrac{8}{AB}$，所以

$$AB = \dfrac{8}{\cos 30°} = \dfrac{16\sqrt{3}}{3}.$$

二、斜三角形的解法

在斜三角形中，至少知道哪些条件，可以求出其他的边和角？思考后可以得出：下面两种情况，均可以解出三角形.

（一）正弦定理解三角形

正弦定理：设在一个△ABC 中，$\angle A$、$\angle B$、$\angle C$ 表示三个内角，a、b、c 分别表示它们所对的边，则各边和它所对角的正弦的比相等. 即

$$\dfrac{a}{\sin A} = \dfrac{b}{\sin B} = \dfrac{c}{\sin C}.$$

利用正弦定理，可以解决以下两类有关三角形的问题．

1. 已知两角和任一边（角角边或角边角）

【例 1-20】 如图 1-26 所示，在 $\triangle ABC$ 中，$\angle A = 45°$，$\angle C = 30°$，边长 $AB = 10$，求三角形的其他边和角．

解 先求角度，$\angle A = 45°$，$\angle C = 30°$，三角形的内角和为 $180°$，故

$$\angle B = 180° - 30° - 45° = 105°.$$

再求边长，根据正弦定理，有

$$\frac{BC}{\sin 45°} = \frac{AC}{\sin 105°} = \frac{10}{\sin 30°},$$

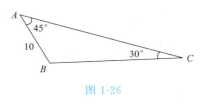

图 1-26

根据等式得到

$$BC = \frac{10 \times \sin 45°}{\sin 30°} \approx 14,$$

$$AC = \frac{10 \times \sin 105°}{\sin 30°} \approx 19.$$

2. 已知两边和其中一边的对角（边边角）

【例 1-21】 如图 1-27 所示，在 $\triangle ABC$ 中，$\angle A = 40°$，边长 $BC = 20$，边长 $AC = 28$，求三角形的其他边和角．

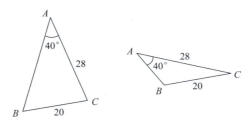

图 1-27

解 先求角度，由正弦定理可得 $\sin B = \dfrac{b \sin A}{a} = \dfrac{28 \sin 40°}{20} = 0.8999$，所以

$$\angle B_1 = 64°,$$
$$\angle B_2 = 116°.$$

当 $\angle B_1 = 64°$ 时，$\angle C_1 = 180° - (\angle B_1 + \angle A) = 180° - (64° + 40°) = 76°$，所以

$$c_1 = \frac{a \sin C_1}{\sin A} = \frac{20 \sin 76°}{\sin 40°} \approx 30.$$

当 $\angle B_2 = 116°$ 时，$\angle C_2 = 180° - (\angle B_2 + \angle A) = 180° - (116° + 40°) = 24°$，所以

$$c_2 = \frac{a \sin C_2}{\sin A} = \frac{20 \sin 24°}{\sin 40°} \approx 13.$$

（二）余弦定理解三角形

余弦定理：设在一个三角形 ABC 中，$\angle A$、$\angle B$、$\angle C$ 表示三个内角，a、b、c 分别表示它们所对的边，则三角形任何一边的平方等于其他两边平方的和减去这两边与它们夹角的余弦的积的两倍．即

$$\begin{cases} a^2 = b^2 + c^2 - 2bc\cos A \\ b^2 = c^2 + a^2 - 2ca\cos B \\ c^2 = a^2 + b^2 - 2ab\cos C \end{cases}.$$

在余弦定理中，令 $\angle C = 90°$，这时 $\cos C = 0$，所以
$$c^2 = a^2 + b^2.$$

由此可知余弦定理是勾股定理的推广.

余弦定理也可表示为
$$\begin{cases} \cos A = \dfrac{b^2 + c^2 - a^2}{2bc} \\ \cos B = \dfrac{c^2 + a^2 - b^2}{2ca} \\ \cos C = \dfrac{a^2 + b^2 - c^2}{2ab} \end{cases}.$$

1. 已知两边和夹角（边角边）

【例 1-22】 如图 1-28 所示，在 $\triangle ABC$ 中，$\angle A = 45°$，边长 $AC = 10$，边长 $AB = 11$，求三角形的其他边和角．

解 先求边长，根据余弦定理，有
$$a^2 = b^2 + c^2 - 2bc\cos A,$$

或
$$\cos A = \dfrac{b^2 + c^2 - a^2}{2bc}.$$

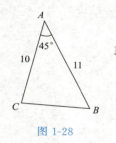

图 1-28

将 $\angle A = 45°$，$b = 10$，$c = 11$，代入得到
$$\cos 45° = \dfrac{10^2 + 11^2 - BC^2}{2 \times 10 \times 11},$$

解得 $BC \approx 8$.

再求角度，根据正弦定理，有
$$\dfrac{8}{\sin 45°} = \dfrac{10}{\sin B} = \dfrac{11}{\sin C}.$$

根据前两个等式得
$$\sin B = \dfrac{10 \times \sin 45°}{8} \approx 0.88.$$

用反三角函数求角度
$$\angle B = \arcsin 0.88 \approx 62°.$$

由三角形的内角和为 $180°$，得
$$\angle C = 180° - 45° - 62° = 73°.$$

2. 已知三边（边边边）

【例 1-23】 如图 1-29 所示，在 $\triangle ABC$ 中，$AB = 6$，$BC = 7$，$AC = 10$，求三角形的角．

解 根据余弦定理，有
$$\cos A = \dfrac{b^2 + c^2 - a^2}{2bc} = \dfrac{10^2 + 6^2 - 7^2}{2 \times 10 \times 6} = 0.725,$$

$$\cos C = \frac{a^2+b^2-c^2}{2ab} = \frac{7^2+10^2-6^2}{2\times 7\times 10} = 0.8071.$$

用反三角函数求出角度

$$\angle A = \arccos 0.725 \approx 44°,$$
$$\angle C = \arccos 0.8071 \approx 36°.$$

因为三角形内角和为 $180°$，因此 $\angle B = 180° - (\angle A + \angle C) = 180° - (44° + 36°) = 100°$.

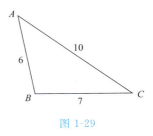

图 1-29

任务解决

解 作计算图如图 1-30 所示.

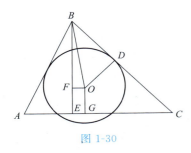

图 1-30

在 $Rt\triangle ABE$ 中，$BE = 100$，$\angle BAE = 65°$，所以
$$\angle ABE = 25°,$$
$$AE = BE \cot\angle BAE = 100 \times \cot 65° \approx 46.631.$$

因为
$$\angle C = 40°,$$

所以
$$\angle OBD = \frac{1}{2}\angle ABC = \frac{1}{2}\times(180°-65°-40°) = 37.5°,$$

则
$$\angle OBF = 37.5° - 25° = 12.5°.$$

因为
$$OD = R = 40,$$

所以
$$OB = \frac{OD}{\sin\angle OBD} = \frac{40}{\sin 37.5°} \approx 65.707.$$

因此
$$OF = OB\sin\angle OBF = 65.707 \times \sin 12.5° \approx 14.222 = EG,$$
$$BF = OB\cos\angle OBF = 65.707 \times \cos 12.5° \approx 64.149,$$

所以
$$AG = AE + EG = 46.631 + 14.222 \approx 60.85,$$
$$OG = EF = BE - BF = 100 - 64.149 \approx 35.85.$$

即圆心 O 相对于点 A 的水平距离是 60.85，垂直距离是 35.85.

评估检测

1. 在 $Rt\triangle ABC$ 中，已知一条直角边为 3，斜边为 7，求三角形的其他边和角.
2. 在 $Rt\triangle ABC$ 中，已知一条直角边为 3，它所对的锐角为 $30°$，求其他边和另一个锐角.
3. 在 $\triangle ABC$ 中，已知 $\angle B = 75°$，$\angle C = 60°$，$a = 10$，求边 c.
4. 在 $\triangle ABC$ 中，已知 $b = 3\sqrt{6}$，$c = 6$，$\angle B = 120°$，求 $\angle A$、$\angle C$ 及三角形的面积.
5. 在 $\triangle ABC$ 中，已知 $a = 6$，$b = 4$，$c = 2\sqrt{7}$，求 $\angle C$.

拓展阅读

三角学的发展——实践出真知

三角学是以研究三角形的边和角的关系为基础，应用于测量为目的，同时也研究三角函数的性质及其应用的一门学科.

三角学起源于生活实践，三角测量在中国很早就出现了，公元前 100 年左右的《周髀算经》就有较详细的说明.例如它的首章记录："周公曰，大哉言数，请问用矩之道.商高曰，平矩以正绳、偃矩以望高、覆矩以测深、卧矩以知远."商高说的矩就是现今工人用的两边互相垂直的曲尺，商高说的大意是将曲尺置于不同的位置可以测目标物的高度、深度与广度.

《九章算术》中有专门研究测量问题的篇章，刘徽所著的《海岛算经》中更有运用"重差术"通过多次观察来解决不可达高度与距离问题的论述.

但古代三角学只是天文学的一部分内容，直到 13 世纪亚洲数学家纳西尔·丁在总结前人成就的基础上，著成《论完全四边形》一书，才为把三角学从天文学中独立出来奠定了基础. 15 世纪，德国数学家雷格蒙塔努斯（Regiomontanus，1436—1476）的《论各种三角形》一书的出版，才标志着古代三角学正式成为独立的学科.这本书中不仅有很精密的正弦表、余弦表等，而且描述了现代三角学的雏形.

16 世纪法国数学家韦达（1540—1603）则更进一步将三角学系统化，在他的著作《应用于三角形的数学定律》中，就有解直角三角形、斜三角形等的详述，并且还介绍了正切定理以及和差化积定理等.

18 世纪瑞士数学家欧拉（Euler，1707—1783），首先研究了三角函数.这使三角学从原来静态研究三角形的解法中解脱出来，成为反映现实世界中某些运动和变化的一门具有现代数学特征的学科.欧拉不仅用直角坐标来定义三角函数，彻底解决了三角函数在四个象限中的符号问题，还引进了弧度值.更可贵的是，他发明了著名的欧拉公式，把原来人们认为互不相关的三角函数和指数函数联系起来，为三角学增添了新的活力.

由上可见，三角学源于测量实践，其后经过了漫长时间的孕育，在众多中外数学家的不断努力下，逐渐丰富，演变发展成为现在的三角学.

任务五　函数与绘图实验

一、实验目的

了解 MATLAB 操作界面，熟悉 MATLAB 变量与操作，掌握 MATLAB 数值运算，掌握 MATLAB 绘图命令绘制二维图形.

二、　MATLAB 操作界面

MATLAB 是矩阵实验室（Matrix Laboratory）的简称，它具有可靠的数值计算和符号计算功能、强大的绘图功能、简单易学的语言体系以及为数众多的应用工具箱.

MATLAB 集成环境的上层有 4 个最常用的界面：命令窗口（Command Window）、历史指令窗口（Command History）、工作空间窗口（Workspace）和当前目录窗口（Current Folder）。

命令窗口是 MATLAB 的主要交互窗口，默认情况下位于 MATLAB 桌面的右方或中间位置，用于输入命令并显示除图形外的所有执行结果。命令窗口中有指令提示符">>"，在指令提示符后输入命令并按下回车键后，MATLAB 就会执行所输入的命令，并在命令后面给出计算结果。

历史指令窗口位于 MATLAB 操作桌面的左下侧或右下侧，该窗口记录着用户在 MATLAB 指令窗口所输入过的所有指令，方便用户查询，双击指令还可以送到命令窗口再运行。

工作空间窗口是 MATLAB 集成环境的重要组成部分，该窗口用于显示工作空间中所有变量的名称、取值和变量类型说明，可对变量进行观察、编辑、保存和删除。

当前目录窗口是 MATLAB 运行时的工作目录，为了便于管理文件和数据，用户可以将自己的工作目录设置成当前目录，从而使得用户的操作都是在当前目录中进行。

使用 help 命令可以帮助学习 MATLAB，如在命令窗口中输入 help 命令并回车可以出现在线帮助总览。例如，要想知道 MATLAB 中数学函数 sin 的用法，可以在命令窗口输入"help sin"并回车，如图 1-31 所示。

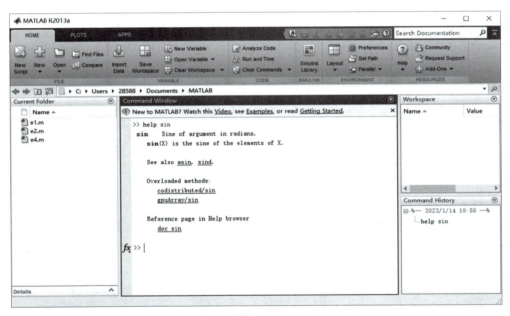

图 1-31

三、函数运算

1. MATLAB 内部函数的直接调用

MATLAB 提供了很多内部函数，可以直接调用这些函数进行计算，常用函数命令见表 1-4。

30 | 应用高等数学

表 1-4

函数名	含 义	函数名	含 义
sin	正弦函数	asin	反正弦函数
cos	余弦函数	acos	反余弦函数
tan	正切函数	atan	反正切函数
abs	绝对值函数	sqrt	平方根函数
log	自然对数函数	exp	以 e 为底的指数
log10	常用对数函数	sign	符号函数
log2	以 2 为底对数函数	fix	取整
max	取最大值	min	取最小值

【例 1-24】 用 MATLAB 分别计算 $\sin\dfrac{\pi}{6}$、$\ln 1$、$\max\{-2,-1,5,-3,0\}$.

解 在命令窗口输入命令：

≫sin(pi/6)

得

ans =

    0.5000

在命令窗口输入命令：

≫log(1)

得

ans =

    0

在命令窗口输入命令：

≫max([-2,-1,5,-3,0])

得

ans =

    5

2. 自定义函数及其调用

MATLAB 的内部函数是有限的，如果所研究的函数不是内部函数，则需要自己定义.

【例 1-25】 定义分段函数 $f(x)=\begin{cases} x^2+1, & x<0 \\ 2x, & x=0 \\ 5-2x^2, & x>0 \end{cases}$，并计算 $f(-1)$、$f(0)$、$f(1)$.

解 （1）先定义函数 f.

```
function  y = f(x)
  if x<0
  y = x^2 + 1;
else if  x == 0
        y = 2 * x;
  else
     y = 5 - 2 * x^2;
```

```
      end
end
```

（2）在主界面调用函数 f 进行计算. 在命令窗口输入命令：

≫ f(-1)

得

```
    ans =
        2
```

≫ f(0)

得

```
    ans =
        0
```

≫ f(1)

得

```
    ans =
        3
```

四、二维图形绘制

1. 基本命令和格式

（1）plot(x,y)：作出以数据 $(x(i),y(i))$ 为节点的折线图，其中 x、y 为同维数的向量.

（2）plot(x1,y1,x2,y2,…,xn,yn)：作出多组数据折线图，把多条曲线画在同一坐标系下.

（3）fplot(y,[xmin,xmax])：在 $[xmin,xmax]$ 范围内绘制函数图形.

MATLAB 提供了一些绘图选项，用于确定所绘制曲线的线型、颜色和数据点标记符号，如表 1-5 所示.

表 1-5

线型	符号	—	:	—.	— —	○			
	含义	实线	虚线	点画线	双画线	圈线			
颜色	符号	b	g	r	c	m	y	k	w
	含义	蓝	绿	红	青	品红	黄	黑	白
标记符号	符号	.	○	×	+	*			
	含义	点	圆圈	叉号	加号	星号			
	符号	s	d	v	^	<	>	p	h
	含义	方块符	菱形符	朝下三角符	朝上三角符	朝左三角符	朝右三角符	五角星符	六角星符

每一个线型、颜色和数据点标记符号都可以单独使用，也可以组合使用. 含选项的 plot 函数调用命令见（4）.

（4）plot(x1,y1,选项 1,x2,y2,选项 2,…,xn,yn,选项 n)：作出多组数据折线图，把每组数据图用不同选项标记.

2. 实训操作

【例 1-26】 在 $[-3,6]$ 区域内，绘制曲线 $y=\dfrac{(x-3)^3}{4(x-1)}$.

解 在命令窗口输入命令：

```
>> x = -3:0.01:6;                %生成一个以-3开始到6结束,以步长0.01自增的行向量
>> y = ((x-3).^2)./(4*(x-1));
>> plot(x,y);
>> axis([-3,6,-3,3]);            %设置坐标轴范围
```

得图 1-32.

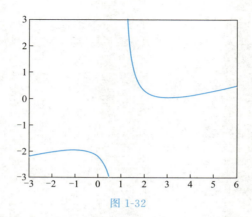

图 1-32

【**例 1-27**】 在 $[0,2\pi]$ 范围内用实线绘制 $\sin x$ 图形，用圈线绘制 $\cos x$ 图形.

解 在命令窗口输入命令：

```
>> x = linspace(0,2*pi,30);      %在区间[0,2*pi]内等间隔地选取30个自变量
>> y = sin(x);
>> z = cos(x);
>> plot(x,y,'r',x,z,'o')
```

得图 1-33.

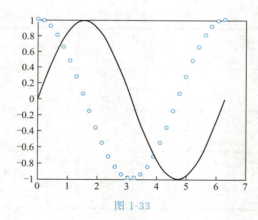

图 1-33

【**例 1-28**】 在同一坐标系中绘制 $y = e^x \cos x$ 和 $y = 10e^{-0.5x} \sin(2\pi x)$ 在区间 $\left[0, \dfrac{3}{2}\pi\right]$ 上的曲线.

解 在命令窗口输入命令：

```
>>x = linspace(0,3*pi/2,1000);
>>y1 = exp(x).*cos(x);
>>y2 = 10*exp(-0.5*x).*sin(2*pi*x);
>>plot(x,y1,'b-',x,y2,'k:')
```

得图 1-34.

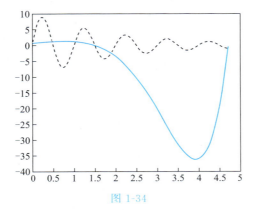

图 1-34

评估检测

1. 用 MATLAB 求解 $\cos\dfrac{\pi}{6}$、$\mathrm{abs}(-10)$、$\min\{-2,-1,5,-3,0\}$.

2. 定义分段函数 $f(x)=\begin{cases} x^2-1, & x<1 \\ x+2, & x=1 \\ -2x^2+10, & x>1 \end{cases}$，并用 MATLAB 计算 $f(-2)$、$f(1)$、$f(2)$.

3. 在区间 $[-8,8]$ 内用红色实线绘制函数 $y=2x^3-3x^2+x-6$ 的图形.

4. 在区间 $[-3,3]$ 内用实线绘制函数 $y=x$ 的图形，用圈线绘制 $y=x^2$ 图形.

问题解决

生活和专业中的函数与几何问题

1. 出租车收费问题（见问题提出）

解 通过收费标准得到行驶路程 x 与车费 y 之间的关系式为

$$y=\begin{cases} 10, & x\leqslant 3 \\ 10+(x-3)\times 2, & 3<x\leqslant 15 \\ 34+(x-15)\times 3, & x>15 \end{cases}.$$

行驶路程 x 每取到一个数值，都可以通过关系式计算出应支付的车费.

2. 机器折旧费的计算（见问题提出）

解 设 x 年后的剩余价值为 y 万元，则 $y=50(1-10\%)^x$.

计算机器 10 年后的剩余价值，即 $x=10$，$y=50(1-10\%)^{10}\approx 17.43$（万元）. 因此，企业出 10 万元购买价值 17.43 万元的机器，显然不合理.

3. 建筑高度的测算（见问题提出）

解 在 $\mathrm{Rt}\triangle ABM$ 中，$AM=\dfrac{AB}{\sin\angle AMB}=\dfrac{30-10\sqrt{3}}{\sin 15°}=\dfrac{30-10\sqrt{3}}{\dfrac{\sqrt{6}-\sqrt{2}}{4}}=20\sqrt{6}$（m）. 过点 A

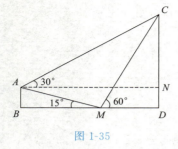

图 1-35

作 $AN \perp CD$ 于点 N，如图 1-35 所示.

易知 $\angle MAN = \angle AMB = 15°$，所以 $\angle MAC = 30° + 15° = 45°$. 又 $\angle AMC = 180° - 15° - 60° = 105°$，所以 $\angle ACM = 30°$.

在 $\triangle AMC$ 中，由正弦定理得，$\dfrac{MC}{\sin 45°} = \dfrac{20\sqrt{6}}{\sin 30°}$，解得 $MC = 40\sqrt{3}$ (m). 在 Rt$\triangle CDM$ 中，$CD = 40\sqrt{3} \times \sin 60° = 60$ (m)，故通信塔 CD 的高度为 60m.

4. 电压值估算问题（见问题提出）

解 仅介绍用 Excel 实现该问题的求解.

操作过程：在水平单元格 A1：L1 中依次输入时间 t 及数据 0～10，在水平单元格 A2：L2 中依次输入电压 u 及测定数据，如图 1-36 所示；选中数据区 B1：L2，选中插入散点图，经过适当修饰，得到图 1-37；鼠标单击散点，点击鼠标右键，点击添加趋势线，在类型中单击指数图框，在选项中显示公式和显示 R 平方值前面打上√. 之后可得到图 1-38，u（电压）与 t（时间）的近似函数关系（回归方程）为 $u = 100.79 e^{-0.313t}$.

	B	C	D	E	F	G	H	I	J	K	L
1	0	1	2	3	4	5	6	7	8	9	10
2	100	75	55	40	30	20	15	10	10	5	5

图 1-36

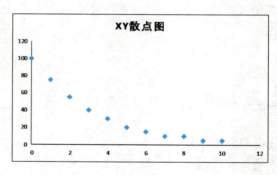

图 1-37

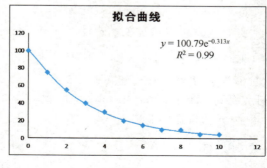

图 1-38

当时间 $t=8.5$s 时，电压的近似值为 $u=100.79\mathrm{e}^{-0.313\times 8.5}\approx 7.047$.

注 （1）给定平面上 n 个点 $(x_i,y_i)(i=1,2,\cdots,n)$，$x_i$ 互不相同，寻求一条曲线 $y=f(x)$，使它尽可能接近这组数据，这就是曲线拟合.

（2）图 1-38 中，R 平方值是趋势线拟合程度的指标，它的数值大小反映趋势线的估计值与对应的实际数据之间的拟合程度，拟合程度越高，趋势线的可靠性就越高. R 平方值是取值范围在 0～1 之间的数值，当趋势线的 R 平方值等于 1 时，其可靠性最高，当 R 平方值接近 1 时，可靠性较高，反之则可靠性较低，R 平方值也被称为决定系数.

5. 滑块的运动规律（见问题提出）

解　标注 A、B 点，过 A 点作 OB 垂线交于点 C，如图 1-39 所示.

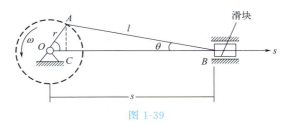

图 1-39

显然，$s=OC+CB$，$\angle AOC=\omega t$，其中时间 $t\geqslant 0$，OC 的长度为 $r\cos\omega t$，在 $\triangle OAB$ 中，由正弦定理得

$$\frac{r^2}{\sin^2\theta}=\frac{l^2}{\sin^2\omega t},$$

即

$$\sin^2\theta=\frac{r^2\sin^2\omega t}{l^2},$$

$$\cos\theta=\sqrt{1-\sin^2\theta}=\sqrt{1-\frac{r^2\sin^2\omega t}{l^2}}.$$

故

$$CB=l\cos\theta=l\sqrt{1-\frac{r^2\sin^2\omega t}{l^2}}=\sqrt{l^2-r^2\sin^2\omega t}.$$

所以滑块的运动规律为

$$s=OC+CB=\sqrt{l^2-r^2\sin^2\omega t}+r\cos\omega t.$$

综合实训

基础过关检测

一、选择题

1. 与函数 $y=x$ 有相同图形的函数是（　　）.

A. $y=(\sqrt{x})^2$　　　　B. $y=\sqrt{x^2}$　　　　C. $y=\dfrac{x^2}{x}$　　　　D. $y=\sqrt[3]{x^3}$

2. 函数 $y = \dfrac{\sqrt{2-x}}{2x^2-3x-2}$ 的定义域为 (   ).

A. $(-\infty,2]$

B. $(-\infty,1]$

C. $\left(-\infty,-\dfrac{1}{2}\right) \cup \left(-\dfrac{1}{2},2\right]$

D. $\left(-\infty,-\dfrac{1}{2}\right) \cup \left(-\dfrac{1}{2},2\right)$

3. 已知 $f(x)=x^2-1$, 则 $f(x-1)=$ (   ).

A. x^2-2x B. x^2+2x C. x^2+1 D. x^2-1

4. 已知 $f(x)=\begin{cases} x^2, & x>0 \\ \pi, & x=0 \\ 0, & x<0 \end{cases}$, 则 $f\{f[f(-2)]\}$ 的值是 (   ).

A. 0   B. π C. π^2 D. 4

5. 函数 $y=\log_{\frac{1}{2}}(x^2-3x+2)$ 的单调递减区间是 (   ).

A. $(-\infty,1)$ B. $(2,+\infty)$ C. $\left(-\infty,\dfrac{3}{2}\right)$ D. $\left(\dfrac{3}{2},+\infty\right)$

6. 若 $2\lg(x-2y)=\lg x+\lg y$, 则 $\dfrac{y}{x}$ 的值为 (   ).

A. 4   B. 1 或 $\dfrac{1}{4}$ C. 1 或 4   D. $\dfrac{1}{4}$

7. 函数 $y=\sqrt{2}\sin 2x\cos 2x$ 是 (   ).

A. 奇函数, 周期为 $\dfrac{\pi}{4}$

B. 偶函数, 周期为 $\dfrac{\pi}{2}$

C. 奇函数, 周期为 $\dfrac{\pi}{2}$

D. 偶函数, 周期为 $\dfrac{\pi}{4}$

8. 有函数 $y=x|x|+px$, $x\in\mathbf{R}$, 则函数是 (   ).

A. 偶函数   B. 不是奇函数   C. 奇函数   D. 与 p 有关

9. 函数 $y=1+\cos x$ 是 (   ).

A. 无界函数

B. 单调减少的函数

C. 单调增加的函数

D. 有界函数

10. 已知 $f(x)=3([x]+3)^2-2$, 其中 $[x]$ 表示不超过 x 的最大整数, 如 $[3.1]=3$, 则 $f(-3.5)=$ (   ).

A. -2 B. $-\dfrac{5}{4}$ C. 1   D. 2

二、填空题

11. 偶函数的图像关于_____对称, 奇函数的图像关于_____对称.

12. 幂函数的图像都经过固定点_____, 指数函数的图像都经过固定点_____, 对数函数的图像都经过固定点_____.

13. 设函数 $f(1-3x)$ 的定义域为 $(-3,3]$, 则函数 $f(x)$ 的定义域为_____.

14. 设函数 $f(x+2)$ 的定义域为 $(-1,2]$, 则函数 $f(-x-2)$ 的定义域为_____.

15. 设函数 $f(x+1)=x^2-x$, 则 $f(x)=$_____.

16. 设 $f(x)=\sin|x|$, $g(x)=3x^2$, 则 $f[g(x)]=$_____.

模块一 函数与几何 | **37**

17. 设函数 $f(x) = \sin \dfrac{x}{2} + \cos \dfrac{x}{3}$，则 $f(x)$ 的最小正周期为 _____.

18. 若函数 $f(x)$ 的图像过点 $(3,7)$，则函数 $y = f(x)$ 的反函数 $y = f^{-1}(x)$ 的图像必过点 _____.

19. 已知 $\sin\alpha = \dfrac{1}{3}$，$\alpha$ 是第二象限角，则 $\cos\alpha =$ _____.

20. 已知 $\tan\alpha = 2$，则 $\dfrac{\sin\alpha + \cos\alpha}{\sin\alpha - \cos\alpha} =$ _____.

三、解答题

21. 下列各题中，函数 $f(x)$ 和 $g(x)$ 是否相同？为什么？

(1) $f(x) = x$ 与 $g(x) = (\sqrt{x})^2$；

(2) $f(x) = \ln(x^2 - 1)$ 与 $g(x) = \ln(x-1) + \ln(x+1)$；

(3) $f(x) = \cos^2 x - \sin^2 x$ 与 $g(x) = \cos 2x$；

(4) $f(x) = \sqrt{1 - \sin^2 x}$ 与 $g(x) = \cos x$.

22. 求下列函数的定义域.

(1) $f(x) = \sqrt{4 - x^2}$；

(2) $f(x) = \sqrt{x+2} + \dfrac{1}{1 - x^2}$；

(3) $f(x) = \arcsin \dfrac{x-1}{2}$；

(4) $f(x) = \dfrac{\ln(3-x)}{x+1}$；

(5) $f(x) = \dfrac{1}{x} + \sqrt{1 - x^2}$；

(6) $f(x) = \sqrt{16 - x^2} + \ln\sin x$；

(7) $f(x) = \begin{cases} 2x+3, & x < -1 \\ 3-x, & x \geqslant -1 \end{cases}$；

(8) $f(x) = \begin{cases} e^x, & x > 0 \\ x+1, & x < 0 \end{cases}$.

23. 求下列函数的函数值.

(1) 设 $f(x) = \arcsin(\lg x)$，求 $f\left(\dfrac{1}{10}\right)$、$f(1)$、$f(10)$；

(2) 设 $f(x) = \begin{cases} 2x+3, & x \leqslant 0 \\ 2^x, & x > 0 \end{cases}$，求 $f(-2)$、$f(0)$、$f[f(-1)]$；

(3) 设 $f(x) = 2x - 1$，求 $f(a^2)$、$f[f(a)]$、$[f(a)]^2$.

24. 判断下列函数的奇偶性.

(1) $f(x) = \dfrac{1 - x^2}{1 + x^2}$；

(2) $f(x) = x + \sin x$；

(3) $f(x) = \dfrac{e^x + e^{-x}}{2}$；

(4) $f(x) = \dfrac{1}{x^2}$；

(5) $f(x) = x(x-1)(x+1)$；

(6) $f(x) = \ln(x + \sqrt{1 + x^2})$.

25. 将下列函数分解为基本初等函数.

(1) $y = \sqrt{x^2 + 2}$；

(2) $y = \cos x^4$；

(3) $y = \sin^2(x-1)$；

(4) $y = 3^{\sin \frac{1}{x}}$；

(5) $y = \tan^2 x$；

(6) $y = \arctan \sqrt{x+1}$；

(7) $y=\ln\ln\ln x$; (8) $y=\log_3(2+3x^2)$.

26. 求下列函数的反函数.

(1) $y=3x-1$; (2) $y=\sqrt{x}+1(x\geqslant 0)$;

(3) $y=10^{x+1}$; (4) $y=\lg(x+2)$.

27. 求下列反三角函数的值.

(1) $\arcsin 1$; (2) $\arccos 0$;

(3) $\arctan 1$; (4) $\arcsin\dfrac{1}{2}$.

28. 某出租车公司提供的汽车每天租金 320 元, 每千米的附加费用为 1.2 元, 其竞争公司——另一家出租车公司提供的汽车每天租金 400 元, 每千米的附加费用为 0.8 元.

(1) 分别写出两公司出租一天汽车的费用对行程的函数表达式;

(2) 你应当如何判断哪一家公司费用较便宜?

29. 电路上某一点的电压等速下降（线性关系）. 开始时刻电压为 12V, 5s 后下降到 9V, 试建立该点电压 U 与时间 t 的函数模型.

30. 某批发商店按照下列价格成盒地批发销售某种盒装饮料:

当购货量小于或等于 20 盒时, 每盒 2.40 元; 当购货量小于或等于 50 盒时, 其超过 20 盒的饮料每盒 2.20 元; 当购货量小于或等于 100 盒时, 其超过 50 盒的饮料每盒 2.00 元; 当购货量大于 100 盒时, 其超过 100 盒的饮料每盒 1.80 元. 设 y 是总价, x 是销售量, 试建立总价与销售量之间的函数关系式, 并作出它的图像.

拓展探究练习

1. 已知某商品的需求函数和供给函数分别为 $Q_d=14-1.5p$, $Q_S=-5+4p$, 求该商品的均衡价格.

2. 设某商店以每件 a 元的价格出售商品, 若顾客一次购买 50 件以上, 则超出部分每件优惠 10%, 试将一次成交的销售收入 R 表示为销售量 x 的函数.

3. 设某商品的成本函数和收入函数分别为 $C(q)=18-3q+q^2$, $R(q)=8q$, 试求:

(1) 该商品的销售量为 5 时的利润;

(2) 该商品的盈亏平衡点, 并说明盈亏情况.

4. 八卦图是我国传统文化中非常重要的符号之一, 图中正八边形代表八卦, 中间的圆代表阴阳太极图, 图中八块面积相等的曲边梯形代表八卦田. 某职校开展劳动实习, 去测量当地八卦田的面积, 如图, 先测得正八边形的边长为 8m, 代表阴阳太极图的圆的半径为 2m, 则每块八卦田的面积为多少?

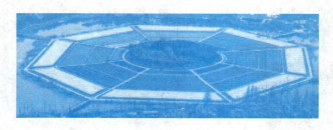

模块二
极限与连续

通过对函数的学习,我们已熟悉函数值的计算问题.但是,在客观世界中,还有大量问题需要我们研究.比如,当自变量无限增大或无限接近于某个常数时,函数无限接近于什么?是否无限接近于某一常数?这就是极限的概念.极限是贯穿高等数学始终的一个重要概念,极限概念的产生源于解决实际问题的需要,在学习过程中可逐步加深对极限思想的理解.要求理解极限的概念,掌握函数极限的运算法则,掌握两个重要极限,会用极限的思想方法解决一些简单的生活和专业问题.连续函数是微积分研究的主要对象.本模块着重讨论函数的极限与连续性问题.

问题提出

生活和专业中的极限与连续问题

1. 遗嘱分牛问题

古印度有一位老人,他去世前说:"我的遗产只有19头牛,你们分了吧!老大分1/2,老二分1/4,老三分1/5."既要遵循不宰牛的原则,又要执行老人的遗嘱,应该怎样分?

2. 野生动物保护问题

在某一自然环境保护区内放入一群野生动物,总数为20只,若被精心照料,预计野生动物增长规律满足:t年后动物总数N由以下公式给出

$$N = \frac{220}{1+10(0.83)^t}.$$

保护区中野生动物数量达到80只时,没有精心照料,野生动物群也将会进入正常的生长状态,即其群体增长仍然符合上述公式的增长规律.请分析:(1)需要精心照料的期限为多少年?(2)在这一自然保护区中,最多能供养多少只野生动物?

3. 企业投资问题

某企业获投资50万元,该企业将投资作为抵押品向银行贷款,得到相当于抵押品价值

的 0.75 的贷款,该企业将此贷款再进行投资,并将再投资作为抵押品又向银行贷款,仍得到相当于抵押品价值的 0.75 的贷款,企业又将此贷款再进行投资,这样贷款—投资—再贷款—再投资,如此反复进行扩大再生产,问该企业共计可获投资多少万元?

4. 细菌繁殖模型

在自然界中,细菌的种类和数量均是最多的,与人类的关系十分密切.由实验知道,理论上某种细菌的繁殖速度与当时的细菌总量成正比.那么能否建立简单的数学模型计算细菌的繁殖数量呢?

5. 建筑共振现象

建筑共振的危害是非常严重的,当建筑物的振动频率长时间保持一致时,很容易造成建筑物的倒塌.由结构动力学可知,结构的变形与动力系数 μ 有关.则有

$$\mu = \frac{1}{1-\left(\dfrac{\theta}{\omega}\right)^2}.$$

式中,θ 是风力、运转着的机器或地震的频率;ω 是建筑结构的自振频率.请用极限分析建筑中的共振现象.

6. 老化电路分析

电路中一个 5Ω 的电阻器与一个电阻为 R 的可变电阻并联,当含有可变电阻 R 的这条支路突然老化断路时,试分析电路中的总电阻为多少?

极限与连续知识

任务一 极限的概念

任务提出

极限概念的产生源于解决实际问题的需要.圆面积的求解是古时候最伟大的发现之一,从直到曲经历了很复杂的过程.我国古代数学家刘徽利用圆的内接正多边形推算圆周长和面积的方法称为"割圆术".刘徽说:"割之弥细,所失弥少,割之又割,以至于不可割,则与圆周合体而无所失矣."

战国时代哲学家庄周所著的《庄子·天下》引用过一句话:"一尺之棰,日取其半,万世不竭."也就是说,一根长为一尺的棍棒每天截去一半,这样的过程可以无限制地进行下去.怎样用极限解释这句话?

知识准备

一、数列的极限

数列 $y_1, y_2, \cdots, y_n, \cdots$ 可以写成 $y_n = f(n)$ ($n = 1, 2, 3, \cdots$),即数列可以看成是自变量

为正整数的函数.

定义 2-1　如果当 n 无限增大时，数列 y_n 无限接近于某一确定的常数 A，则称 A 为数列 y_n 的极限. 此时也称数列 y_n 收敛于 A，记为
$$\lim_{n \to \infty} y_n = A \text{ 或 } y_n \to A \ (n \to \infty).$$
若数列 y_n 的极限不存在，则称该数列是发散的.

【例 2-1】用极限表示下列数列，并判断极限值.

(1) $\dfrac{1}{2}, \dfrac{1}{4}, \dfrac{1}{8}, \cdots, \dfrac{1}{2^n}, \cdots$；

(2) $\dfrac{1}{2}, \dfrac{2}{3}, \dfrac{3}{4}, \cdots, \dfrac{n}{n+1}, \cdots$；

(3) $1, -1, 1, -1, \cdots, (-1)^{n+1}, \cdots$；

(4) $2, 4, 8, \cdots, 2^n, \cdots$；

(5) $2, 2, 2, \cdots, 2, \cdots$.

解　(1) $\lim\limits_{n \to \infty} \dfrac{1}{2^n} = 0$；

(2) $\lim\limits_{n \to \infty} \dfrac{n}{n+1} = 1$；

(3) $\lim\limits_{n \to \infty} (-1)^{n+1}$ 不存在；

(4) $\lim\limits_{n \to \infty} 2^n = +\infty$；

(5) $\lim\limits_{n \to \infty} 2 = 2$.

二、函数的极限

1. 自变量趋于无穷大（$x \to \infty$）时函数的极限

定义 2-2　如果当 x 的绝对值无限增大时，函数 $f(x)$ 有定义，且函数值无限趋近于某一确定的常数 A，则称 A 为 $x \to \infty$ 时函数 $f(x)$ 的极限，记作
$$\lim_{n \to \infty} f(x) = A \text{ 或 } f(x) \to A \ (x \to \infty).$$

由定义可知，当 $x \to \infty$ 时，$f(x) = \dfrac{1}{x}$ 的极限为 0，即 $\lim\limits_{x \to \infty} \dfrac{1}{x} = 0$.

如果当 $x > 0$ 且 x 无限增大时，函数 $f(x)$ 有定义，且函数值无限趋近于某一确定的常数 A，则称 A 为 $x \to +\infty$ 时 $f(x)$ 的极限，记作 $\lim\limits_{x \to +\infty} f(x) = A$.

例如，当 $x \to +\infty$ 时，$f(x) = e^{-x}$ 的极限为 0，即 $\lim\limits_{x \to +\infty} e^{-x} = 0$.

如果当 $x < 0$ 且 $|x|$ 无限增大时，函数 $f(x)$ 有定义，且函数值无限趋近于某一确定的常数 A，则称 A 为 $x \to -\infty$ 时函数 $f(x)$ 的极限，记作 $\lim\limits_{x \to -\infty} f(x) = A$.

例如，当 $x \to -\infty$ 时，$f(x) = e^x$ 的极限为 0，即 $\lim\limits_{x \to -\infty} e^x = 0$.

根据定义可得：$\lim\limits_{x \to \infty} f(x) = A \Leftrightarrow \lim\limits_{x \to -\infty} f(x) = \lim\limits_{x \to +\infty} f(x) = A$.

【例 2-2】观察下列函数当 $x \to -\infty, x \to +\infty, x \to \infty$ 时的变化趋势，写出它们的极限.

(1) $y = \dfrac{1}{x}$；　　(2) $y = \arctan x$.

解　(1) 由 $y = \dfrac{1}{x}$ 的图 2-1 可知，$\lim\limits_{x \to +\infty} \dfrac{1}{x} = 0$，$\lim\limits_{x \to -\infty} \dfrac{1}{x} = 0$.

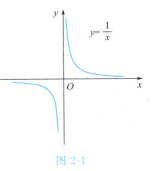

图 2-1

因为 $\lim\limits_{x\to+\infty}\dfrac{1}{x}=\lim\limits_{x\to-\infty}\dfrac{1}{x}=0$，所以 $\lim\limits_{x\to\infty}\dfrac{1}{x}=0$.

（2）由 $y=\arctan x$ 的图 2-2 可知，$\lim\limits_{x\to+\infty}\arctan x=\dfrac{\pi}{2}$，$\lim\limits_{x\to-\infty}\arctan x=-\dfrac{\pi}{2}$. $\lim\limits_{x\to+\infty}\arctan x\ne\lim\limits_{x\to-\infty}\arctan x$，所以 $\lim\limits_{x\to\infty}\arctan x$ 不存在.

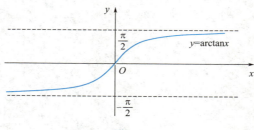

图 2-2

2. 自变量趋于某一点（$x\to x_0$）时函数的极限

为了便于描述，先介绍邻域的概念：开区间 $(x_0-\delta,x_0+\delta)$ 称为点 x_0 的 δ 邻域；开区间 $(x_0-\delta,x_0)\cup(x_0,x_0+\delta)$ 称为点 x_0 的去心 δ 邻域 $(\delta>0)$.

定义 2-3 设函数 $f(x)$ 在点 x_0 的某去心邻域内有定义. 如果当 x 无限趋近于 x_0 时，$f(x)$ 无限趋近于某一确定的常数 A，则称 A 为 $x\to x_0$ 时函数 $f(x)$ 的极限，记作

$$\lim_{x\to x_0}f(x)=A \text{ 或 } f(x)\to A(x\to x_0)$$

由极限的定义可知，$\lim\limits_{x\to1}\dfrac{x^2-1}{x-1}=2$. $\lim\limits_{x\to1}\dfrac{1}{x-1}$ 不存在，但可以记为

$$\lim_{x\to1}\dfrac{1}{x-1}=\infty.$$

设函数 $f(x)$ 在点 x_0 的某去心邻域的左侧有定义. 如果当 $x<x_0$ 且无限趋近于 x_0 时，$f(x)$ 无限趋近于某一确定的常数 A，则称 A 为 $f(x)$ 在点 x_0 处的左极限，记作

$$\lim_{x\to x_0^-}f(x)=A.$$

设函数 $f(x)$ 在点 x_0 的某去心邻域的右侧有定义. 如果当 $x>x_0$ 且无限趋近于 x_0 时，$f(x)$ 无限趋近于某一确定的常数 A，则称 A 为 $f(x)$ 在点 x_0 处的右极限，记作

$$\lim_{x\to x_0^+}f(x)=A.$$

当函数 $f(x)$ 在 x_0 处的左、右极限都存在且相等时，则称当 $x\to x_0$ 时函数 $f(x)$ 以 A 为极限，即

$$\lim_{x\to x_0}f(x)=A\Leftrightarrow\lim_{x\to x_0^-}f(x)=\lim_{x\to x_0^+}f(x)=A.$$

【例 2-3】 设 $f(x)=\begin{cases}x-1,&x<0\\0,&x=0\\x+1,&x>0\end{cases}$，讨论 $\lim\limits_{x\to0^+}f(x)$、$\lim\limits_{x\to0^-}f(x)$、$\lim\limits_{x\to0}f(x)$ 是否存在？

解 由图 2-3 可以看出

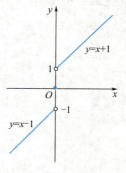

图 2-3

$$\lim_{x \to 0^+} f(x) = \lim_{x \to 0^+} (x+1) = 1,$$

$$\lim_{x \to 0^-} f(x) = \lim_{x \to 0^-} (x-1) = -1.$$

显然 $\lim\limits_{x \to 0^+} f(x) \neq \lim\limits_{x \to 0^-} f(x)$，所以 $\lim\limits_{x \to 0} f(x)$ 不存在.

任务解决

解 意思是一根长为一尺的棍棒，每天截去一半，这样的过程可以无限制地进行下去. 把每天截后剩下部分的长度记录如下（单位：尺）：第一天剩下 $\dfrac{1}{2}$；第二天剩下 $\dfrac{1}{2^2}$；第三天剩下 $\dfrac{1}{2^3}$……第 n 天剩下 $\dfrac{1}{2^n}$……这样就得到一个数列 $\dfrac{1}{2}, \dfrac{1}{2^2}, \dfrac{1}{2^3}, \cdots, \dfrac{1}{2^n}, \cdots$ 且 $\lim\limits_{n \to \infty} \dfrac{1}{2^n} = 0$. 经过很久，所截剩下的棍长趋近于 0，但不等于 0，即仍有剩余. 不竭，是不尽的意思.

评估检测

1. 观察下列函数的变化趋势，写出它们的极限.

(1) $\{u_n\} = \left\{ (-1)^n \dfrac{1}{n} \right\}$；
  (2) $\{u_n\} = \left\{ 2 + \dfrac{1}{n^2} \right\}$；

(3) $y = 2^x \ (x \to 0)$；
  (4) $y = \dfrac{2x^2 - 2}{x - 1} \ (x \to 1)$.

2. 设函数 $f(x) = \begin{cases} x^2, & x > 0 \\ x, & x \leqslant 0 \end{cases}$，求 $\lim\limits_{x \to 0} f(x)$.

3. 设函数 $f(x) = \begin{cases} 2x, & 0 \leqslant x < 1 \\ 3 - x, & 1 < x \leqslant 2 \end{cases}$，求 $\lim\limits_{x \to 1^+} f(x)$、$\lim\limits_{x \to 1^-} f(x)$、$\lim\limits_{x \to 1} f(x)$.

4. 设函数 $f(x) = \begin{cases} 2x - 1, & x < 0 \\ 0, & x = 0 \\ x + 2, & x > 0 \end{cases}$，求 $\lim\limits_{x \to 0^+} f(x)$、$\lim\limits_{x \to 0^-} f(x)$、$\lim\limits_{x \to 0} f(x)$.

专本对接

1. $\lim\limits_{x \to a} f(x) = A$ 的充分必要条件是（　　）.

A. $\lim\limits_{x \to a^-} f(x) = A$
  B. $\lim\limits_{x \to a^+} f(x) = A$

C. $\lim\limits_{x \to a^-} f(x) = \lim\limits_{x \to a^+} f(x)$
  D. $\lim\limits_{x \to a^-} f(x) = A = \lim\limits_{x \to a^+} f(x)$

2. 设函数 $f(x) = \begin{cases} x + 1, & x < 0 \\ 2, & x = 0 \\ \cos x, & x > 0 \end{cases}$，则 $\lim\limits_{x \to 0} f(x) = $（　　）.

A. 1　　　　　　　B. 2　　　　　　　C. 1 或 2　　　　　　　D. 不存在

3. 函数 $f(x) = \begin{cases} 2x + 5, & x > 0 \\ 0, & x = 0 \\ x^2 + 1, & x < 0 \end{cases}$，在点 $x = 0$ 处（　　）.

A. 极限存在，且等于 0　　　　　　　　B. 左、右极限存在，但极限不存在

C. 左极限存在，但右极限不存在　　　　D. 左极限不存在，但右极限存在

4. 判断函数 $y=3^x$ 在 $x\to\infty$ 时的极限是否存在.

拓展阅读

割圆术与圆周率

圆的面积和周长一直是古代数学研究的热点问题之一，中国古代数学家对圆的面积和周长进行了深入的研究."割圆术"是用圆内接正多边形的面积去无限逼近圆的面积，并以此求出圆周率的方法.

圆周率是圆的周长与直径的比值，一般用希腊字母 π 表示，是一个在数学及物理学中普遍存在的数学常数（约等于 3.141592653）.它是一个无理数，即无限不循环小数.在日常生活中，通常都用 3.14 代表圆周率去进行近似计算.而用 3.141592653 便足以应付一般计算.

早在约 2100 多年前，我国古代的数学著作《周髀算经》中就有"周三径一"的说法，意思是说圆的周长是它的直径的 3 倍.经过长时间的研究，人们发现，圆的周长和它的直径的比值是一个固定的数，这个比值就叫圆周率.

公元 263 年左右，中国数学家刘徽（约 225—约 295）用"割圆术"计算圆周率，他先从圆内接正六边形开始，逐次分割，一直算到圆内接正 192 边形.他说的"割之弥细，所失弥少，割之又割，以至于不可割，则与圆周合体而无所失矣"，包含了求极限的思想.刘徽给出 π＝3.141024 的圆周率近似值，他在得出圆周率的值之后，将这个数值与铜制体积度量衡标准嘉量斛的直径和容积的换算关系进行比较并检验，发现 3.14 这个数值还是偏小.于是他继续割圆到正 1536 边形，最后求出正 3072 边形的面积，得到令自己满意的圆周率.

公元 480 年左右，南北朝时期的数学家祖冲之进一步得出精确到小数点后 7 位的结果，给出不足近似值 3.1415926 和过剩近似值 3.1415927.祖冲之还给出圆周率（π）的两个分数形式：22/7（约率）和 355/113（密率），其中密率精确到小数点后 7 位.祖冲之对圆周率数值的精确推算值，领先世界约千年，对于中国乃至世界都是一个重大贡献.

刘徽通过析数学之理，建立了中国传统数学的理论体系.他的"割圆术"在人类历史上首次将极限和无穷小分割引入数学证明，成为人类文明史中不朽的篇章.

任务二　极限的运算

任务提出

你所在企业一次性付款 20 万元购买某机械设备，该设备最多使用 15 年就报废，报废补贴为 1300 元.在只考虑折旧而忽略使用价值的前提下，请帮企业分析：

（1）该设备的年折旧率；

（2）该设备使用 5 年后的最低售价；

（3）该设备已经使用 10 年，现在需要大修，修理费用为 2 万元，你认为该设备是否还值得维修？

模块二 极限与连续 **45**

知识准备

一、极限的四则运算

定理 2-1 在自变量 x 的同一变化过程中，若 $\lim f(x)=A$，$\lim g(x)=B$，则：

(1) $\lim[f(x)\pm g(x)]=\lim f(x)\pm\lim g(x)=A\pm B$；

(2) $\lim[f(x)\cdot g(x)]=\lim f(x)\cdot\lim g(x)=A\cdot B$；

(3) 若 $\lim g(x)=B\neq0$，则 $\lim\dfrac{f(x)}{g(x)}=\dfrac{\lim f(x)}{\lim g(x)}=\dfrac{A}{B}$.

推论 2-1 $\lim[Cf(x)]=C\lim f(x)$（C 为常数）.

推论 2-2 $\lim[f(x)]^n=[\lim f(x)]^n$.

注 ① 定理 2-1 中的（1）和（2）可推广到有限个函数的情形；

② 定理对 $x\to\infty$，$x\to x_0$ 和单侧极限均成立.

在求函数的极限时，利用上述定理就可以把一个复杂的函数化为若干个简单的函数来求解.

二、极限的计算方法

在极限的计算中，常见以下几种类型的极限. 下面介绍这几种计算函数极限的方法，方便求解极限.

（1）直接代值型；

（2）"$\dfrac{0}{0}$" 型；

（3）"$\infty-\infty$" 型；

（4）"$\dfrac{\infty}{\infty}$" 型.

【例 2-4】 求 $\lim\limits_{x\to2}\dfrac{x^3-2}{x^2-5x+3}$（直接代值型）.

解 $\lim\limits_{x\to2}\dfrac{x^3-2}{x^2-5x+3}=\dfrac{\lim\limits_{x\to2}(x^3-2)}{\lim\limits_{x\to2}(x^2-5x+3)}=-2.$

注 直接代值型适用于求当 $x\to x_0$ 时函数 $f(x)$ 的极限，只要 $f(x)$ 在 x_0 处有定义，若所求极限式子中有分母要首先判断分母极限不为零，就有 $\lim\limits_{x\to x_0}f(x)=f(x_0)$.

【例 2-5】 求下列极限 $\left(\text{"}\dfrac{0}{0}\text{" 型}\right)$.

（1）$\lim\limits_{x\to3}\dfrac{x-3}{x^2-9}$；（2）$\lim\limits_{x\to1}\dfrac{x^2+2x-3}{x^2-1}$；（3）$\lim\limits_{x\to0}\dfrac{x}{\sqrt{x+1}-1}$.

解 （1）$\lim\limits_{x\to3}\dfrac{x-3}{x^2-9}=\lim\limits_{x\to3}\dfrac{1}{x+3}=\dfrac{\lim\limits_{x\to3}1}{\lim\limits_{x\to3}(x+3)}=\dfrac{1}{6}$；

（2）$\lim\limits_{x\to 1}\dfrac{x^2+2x-3}{x^2-1}=\lim\limits_{x\to 1}\dfrac{(x-1)(x+3)}{(x-1)(x+1)}=\lim\limits_{x\to 1}\dfrac{x+3}{x+1}=\dfrac{4}{2}=2$；

（3）$\lim\limits_{x\to 0}\dfrac{x}{\sqrt{x+1}-1}=\lim\limits_{x\to 0}\dfrac{x(\sqrt{x+1}+1)}{(\sqrt{x+1}-1)(\sqrt{x+1}+1)}$

$$=\lim\limits_{x\to 0}\dfrac{x(\sqrt{x+1}+1)}{(\sqrt{x+1})^2-1^2}=\lim\limits_{x\to 0}\dfrac{\sqrt{x+1}+1}{1}=2.$$

注 经过观察发现分子、分母的极限都为 0，称这种类型为"$\dfrac{0}{0}$"型．解决方法是分子和分母先约去零因式，或先进行根式有理化，再约分，再利用四则运算法则求极限．

【例 2-6】 求 $\lim\limits_{x\to 1}\left(\dfrac{2}{1-x^2}-\dfrac{1}{1-x}\right)$ （"$\infty-\infty$"型）．

解 $\lim\limits_{x\to 1}\left(\dfrac{2}{1-x^2}-\dfrac{1}{1-x}\right)=\lim\limits_{x\to 1}\dfrac{2-(1+x)}{(1-x)(1+x)}$

$$=\lim\limits_{x\to 1}\dfrac{(1-x)}{(1-x)(1+x)}=\lim\limits_{x\to 1}\dfrac{1}{1+x}=\dfrac{1}{2}.$$

注 经过观察发现两个相减的分式都趋于 ∞，称这种类型为"$\infty-\infty$"型．解决方法是通分，整理后约去零因式，再代值求极限．

【例 2-7】 求下列极限 $\left("\dfrac{\infty}{\infty}"\ \text{型}\right)$．

（1）$\lim\limits_{x\to\infty}\dfrac{3x^3+4x^2-1}{4x^3-x^2+3}$；（2）$\lim\limits_{x\to\infty}\dfrac{4x^2+2x-3}{3x^3-1}$；（3）$\lim\limits_{x\to\infty}\dfrac{3x^4-2x-5}{5x^2+2}$．

解 （1）$\lim\limits_{x\to\infty}\dfrac{3x^3+4x^2-1}{4x^3-x^2+3}=\lim\limits_{x\to\infty}\dfrac{3+\dfrac{4}{x}-\dfrac{1}{x^3}}{4-\dfrac{1}{x}+\dfrac{3}{x^3}}=\dfrac{3}{4}$；

（2）$\lim\limits_{x\to\infty}\dfrac{4x^2+2x-3}{3x^3-1}=\lim\limits_{x\to\infty}\dfrac{\dfrac{4}{x}+\dfrac{2}{x^2}-\dfrac{3}{x^3}}{3-\dfrac{1}{x^3}}=0$；

（3）$\lim\limits_{x\to\infty}\dfrac{3x^4-2x-5}{5x^2+2}=\lim\limits_{x\to\infty}\dfrac{3-\dfrac{2}{x^3}-\dfrac{5}{x^4}}{\dfrac{5}{x^2}+\dfrac{2}{x^4}}=\infty.$

注 用直接代入法将 ∞ 代入式子后，发现成为"$\dfrac{\infty}{\infty}$"型，这时式子的极限不确定，需要考虑其他方法，此时，分子、分母同时除以最高次项，可得结果．下面将 $\dfrac{\infty}{\infty}$ 的情况总结成公式

$$\lim\limits_{x\to\infty}\dfrac{a_0x^n+a_1x^{n-1}+\cdots+a_n}{b_0x^m+b_1x^{m-1}+\cdots+b_m}=\begin{cases}\infty, & m<n\\[2mm]\dfrac{a_0}{b_0}, & m=n(a_0\ne 0,b_0\ne 0).\\[2mm]0, & m>n\end{cases}$$

三、两个重要极限

在求极限过程中，利用两个重要极限公式来求，相当方便.

1. 第一个重要极限 $\lim\limits_{x \to 0} \dfrac{\sin x}{x} = 1$

第一个重要极限的特点如下：

（1）它是关于三角函数"$\dfrac{0}{0}$"型的极限；

（2）其结构为 $\lim\limits_{\triangle \to 0} \dfrac{\sin \triangle}{\triangle} = 1$，其中 $\triangle$ 表示自变量 x 或 x 的函数；

（3）当所求极限满足上述两个特征时，所求极限为 1.

经常应用它的变量代换形式，即：若 $\lim\limits_{x \to x_0} \varphi(x) = 0$，则 $\lim\limits_{x \to x_0} \dfrac{\sin[\varphi(x)]}{\varphi(x)} = 1$.

【例 2-8】 求 $\lim\limits_{x \to 0} \dfrac{x}{\sin 2x}$.

解 $\lim\limits_{x \to 0} \dfrac{x}{\sin 2x} = \lim\limits_{x \to 0} \dfrac{1}{\dfrac{\sin 2x}{x}} = \dfrac{1}{2\lim\limits_{x \to 0} \dfrac{\sin 2x}{2x}} = \dfrac{1}{2}$.

【例 2-9】 求 $\lim\limits_{x \to 0} \dfrac{\sin ax}{\sin bx}$.

解 $\lim\limits_{x \to 0} \dfrac{\sin ax}{\sin bx} = \lim\limits_{x \to 0} \dfrac{a}{b} \cdot \dfrac{\dfrac{\sin ax}{ax}}{\dfrac{\sin bx}{bx}} = \dfrac{a}{b}$.

【例 2-10】 求 $\lim\limits_{x \to \infty} x \sin \dfrac{1}{x}$.

解 $\lim\limits_{x \to \infty} x \sin \dfrac{1}{x} = \lim\limits_{x \to \infty} \dfrac{\sin \dfrac{1}{x}}{\dfrac{1}{x}} = 1$.

2. 第二个重要极限 $\lim\limits_{x \to \infty} \left(1 + \dfrac{1}{x}\right)^x = \mathrm{e}$

注 e 是无理数，其值为 2.71828….

观察表 2-1，可以看出，当 x 无限趋于 ∞ 时，$\left(1 + \dfrac{1}{x}\right)^x$ 的值无限趋于 e.

表 2-1

x	-10	-1000	-100000	-1000000	$\cdots \to -\infty$
$\left(1 + \dfrac{1}{x}\right)^x$	2.86797	2.71964	2.71830	2.71828	$\cdots$
x	10	1000	100000	1000000	$\cdots \to +\infty$
$\left(1 + \dfrac{1}{x}\right)^x$	2.59374	2.71692	2.71827	2.71828	$\cdots$

第二个重要极限的特点如下：

（1）极限中的底数一定是数 1 加上一个无穷小量，属于 1^∞ 型极限；

（2）指数与底数中无穷小量具有互为倒数的关系；

（3）当所求极限满足上述两个特征时，所求极限值为 e.

经常应用它的变量代换形式，即

$$\lim_{\varphi(x)\to\infty}\left[1+\frac{1}{\varphi(x)}\right]^{\varphi(x)}=e \quad 或 \quad \lim_{\varphi(x)\to0}\left[1+\varphi(x)\right]^{\frac{1}{\varphi(x)}}=e.$$

【例 2-11】 求下列极限.

（1）$\lim\limits_{x\to\infty}\left(1-\dfrac{1}{x}\right)^x$；（2）$\lim\limits_{x\to\infty}\left(1+\dfrac{1}{x}\right)^{2x-3}$；（3）$\lim\limits_{x\to0}\left(1+\dfrac{x}{3}\right)^{\frac{2}{x}}$.

解 （1）$\lim\limits_{x\to\infty}\left(1-\dfrac{1}{x}\right)^x=\lim\limits_{x\to\infty}\left[1+\left(-\dfrac{1}{x}\right)\right]^{(-x)(-1)}=\left\{\lim\limits_{x\to\infty}\left[1+\left(-\dfrac{1}{x}\right)\right]^{(-x)}\right\}^{-1}=e^{-1}.$

（2）$\lim\limits_{x\to\infty}\left(1+\dfrac{1}{x}\right)^{2x-3}=\lim\limits_{x\to\infty}\left\{\left[\left(1+\dfrac{1}{x}\right)^x\right]^2\cdot\left(1+\dfrac{1}{x}\right)^{-3}\right\}$

$$=\left[\lim_{x\to\infty}\left(1+\frac{1}{x}\right)^x\right]^2\cdot\lim_{x\to\infty}\left(1+\frac{1}{x}\right)^{-3}=e^2\cdot1=e^2.$$

（3）$\lim\limits_{x\to0}\left(1+\dfrac{x}{3}\right)^{\frac{2}{x}}=\lim\limits_{x\to0}\left(1+\dfrac{x}{3}\right)^{\frac{3}{x}\cdot\frac{2}{3}}=\lim\limits_{x\to0}\left[\left(1+\dfrac{x}{3}\right)^{\frac{3}{x}}\right]^{\frac{2}{3}}=e^{\frac{2}{3}}.$

任务解决

解 （1）记该设备购买 m 年后的剩余价值为 A_m（$m=0,1,2,\cdots,15$），即 $A_0=200000$ 元，$A_{15}=1300$ 元. 设该设备的年折旧率为 r，则有以下两种情况.

如果按年折旧，有

$$A_1=A_0(1-r),A_2=A_0(1-r)^2,\cdots,A_m=A_0(1-r)^m,\cdots;$$

如果按月折旧，有

$$A_1=A_0\left(1-\frac{r}{12}\right)^{12},A_2=A_0\left(1-\frac{r}{12}\right)^{2\times12},\cdots,A_m=A_0\left(1-\frac{r}{12}\right)^{12m},\cdots.$$

按月折旧，折旧周期为 $\dfrac{1}{12}$ 年. 而时间是连续的，即折旧是时刻发生的，所以折旧周期 $\dfrac{1}{n}$ 年是一个无穷小量. 就是说，连续折旧，有

$$A_m=\lim_{n\to\infty}A_0\left(1-\frac{r}{n}\right)^{nm}=A_0\lim_{n\to\infty}\left[\left(1-\frac{r}{n}\right)^{-\frac{n}{r}}\right]^{-mr}=A_0e^{-mr}.$$

由 $A_0=200000$ 元，$A_{15}=1300$ 元，得 $1300=200000e^{-15r}$，解得 $r\approx0.3357$. 故该设备的年折旧率约为 33.57%.

（2）$A_5=200000e^{-5\times0.3357}\approx37331$ 元，故该设备使用 5 年后的最低售价约为 37331 元.

（3）因为 $A_{10}=200000e^{-10\times0.3357}\approx6968$ 元，即使用 10 年后，该设备的剩余价值只有约 6968 元，而修理费用却高达 2 万元，远高于 10 年后设备的剩余价值. 所以，该设备不宜再修.

评估检测

1.利用四则运算法则求下列极限.

（1）$\lim\limits_{x\to 1}(5x^3-1)$；

（2）$\lim\limits_{x\to 0}\dfrac{3x-2}{x^3-1}$；

（3）$\lim\limits_{x\to 2}\dfrac{x^2-4}{x-2}$；

（4）$\lim\limits_{x\to\infty}\dfrac{x^2+x-1}{3x^2-2x}$；

（5）$\lim\limits_{x\to 2}\left(\dfrac{1}{x-2}-\dfrac{4}{x^2-4}\right)$；

（6）$\lim\limits_{x\to 0}\dfrac{\sqrt{1-x}-1}{x}$．

2.利用重要极限求下列极限.

（1）$\lim\limits_{x\to\infty}x\tan\dfrac{1}{x}$；

（2）$\lim\limits_{x\to 0}\dfrac{\sin 3x}{\sin 4x}$；

（3）$\lim\limits_{x\to\infty}\left(1+\dfrac{2}{x}\right)^x$；

（4）$\lim\limits_{x\to 0}(1-2x)^{\frac{1}{x}}$；

（5）$\lim\limits_{x\to\infty}\left(1+\dfrac{1}{x}\right)^{x-1}$；

（6）$\lim\limits_{x\to\infty}\left(\dfrac{x+1}{x-1}\right)^{2x}$．

专本对接

1.设数列 $a_n=\dfrac{2n^2+n-1}{3n^2-5n+7}$，则 $\lim\limits_{n\to\infty}a_n=$ _____．

2.若 $f(x)=\dfrac{2x^2+10x-1}{3x^3-5x^2+8}$，则 $\lim\limits_{x\to\infty}f(x)=$ _____．

3.极限 $\lim\limits_{x\to\infty}\left(1+\dfrac{1}{x}\right)^{\frac{x}{3}}=$（　　　）.

A. e^{-1} 　　　　　　B. $e^{-\frac{1}{3}}$ 　　　　　　C. $e^{\frac{1}{3}}$ 　　　　　　D. e^3

4.极限 $\lim\limits_{x\to 0}(1+x)^{\frac{3}{x}}=$（　　　）.

A. $\dfrac{1}{e^3}$ 　　　　　　B. e 　　　　　　C. e^3 　　　　　　D. 1

5.极限 $\lim\limits_{x\to\infty}\left(1-\dfrac{1}{3x}\right)^x=$（　　　）.

A. e^3 　　　　　　B. $\sqrt[3]{e}$ 　　　　　　C. $\dfrac{1}{e^3}$ 　　　　　　D. $\dfrac{1}{\sqrt[3]{e}}$

拓展阅读

极限思想起源与发展

极限一词经常出现在生活中，有些人或许有这样类似经历：长跑三千米，累得气喘吁吁，终点却遥不可及.此时我们的想法是"不行了""忍受不了了""没有尽头了"，这就是生活中的极限状态.然而这只是生活中我们对极限的理解，还很幼稚、很肤浅，与数学里讲的"极限"还有很大的差别.通常，我们把极限思想的发展分为三个阶段——萌芽阶段、发展阶段、进一步发展完善阶段.

极限思想的历史源远流长，可以追溯到 2000 多年前，这一时期称作极限思想的萌芽阶段.人们开始意识到极限的存在，并且运用极限思想解决一些实际问题，但是不能够得出极限思想的抽象概念.极限思想的萌芽阶段以古希腊的芝诺，中国古代的惠施、刘徽、祖冲之等为代表人物.

提到极限思想，就不得不提著名的阿基里斯悖论——一个困扰了数学界十几个世纪的问题.阿基里斯悖论是由古希腊的著名哲学家芝诺提出的，一个从直觉与现实两个角度都不可能实现的问题困扰了世人十几个世纪.17 世纪，随着微积分的发展，极限的概念得到进一步的完善，阿基里斯悖论的困惑才得以解除.

极限思想萌芽阶段，人们没有明确提出极限的概念，但现实的生动事例却是激发后人继续积极探索极限、发展极限思想的不竭动力.极限思想的发展阶段在十六七世纪，真正意义上的极限概念产生于 17 世纪.从这一时期开始，极限与微积分形成密不可分的关系，最终成为微积分的直接基础.尽管极限概念被明确提出，可是它仍然过于直观，与数学上追求严密的原则相抵触.极限需要有一个更严格意义的概念.

于是，人们继续对极限进行深入的探索，推动极限进入了发展的第三个阶段.值得注意的是，极限思想的完善与微积分的严格化密切相关.18 世纪时，罗宾斯、达朗贝尔与罗伊里埃等先后明确地表示必须将极限作为微积分的基础，并且都对极限作出了定义，然而他们仍然没有摆脱对几何直观的依赖.尽管如此，他们对极限的定义也是有所突破的，极限思想也是无时无刻不在进步着的.

直至 19 世纪，维尔斯特拉斯提出了极限的静态定义，"如果对任何 $\varepsilon > 0$，总存在自然数 N，使得当 $n > N$ 时，不等式 $|x_n - A| < \varepsilon$ 恒成立"，称为数学极限的"ε-N"定义."无限""接近"等字眼消失了，取而代之的是数字及其大小关系，排除了极限概念中的直观痕迹.极限终于迎来了属于自己的严格意义上的定义，这为以后极限思想的进一步发展以及微积分的发展开辟了新的道路.

在极限思想的发展历程中，变量与常量、有限与无限、近似与精确的对立统一关系体现得淋漓尽致，从这里，我们可以看出数学与其他学科有着千丝万缕的联系，正如数学史家 M.克莱因所说"数学不仅是一种方法，一门艺术或一种语言，数学更是一门有着丰富内容的知识体系".在探求极限起源与发展的过程中，数学确实像是一个美丽的世界.在数学推理的过程中，人们可以尽情发散自己的思维，抛开身边的烦恼，插上智慧的双翼遨游于浩瀚无疆的数学世界，全身心投入其中，享受智慧的自由飞翔.

任务三　无穷小与无穷大

任务提出

在建筑测量中，距建筑物 L 处测试建筑物的视角为 α，由此可知建筑物的高度为 $h = L\tan\alpha$，求解以下问题：

（1）当 $L = 500\text{m}$，$\alpha = 6°$时，试用公式 $h = L\tan\alpha$ 计算建筑物的高度；

（2）当 α 很小时，可将公式近似为 $h = \dfrac{\pi L \alpha}{180}$，试分析原因，并与（1）中结果相比较.

知识准备

一、无穷小量与无穷大量

1. 无穷小量

定义 2-4 在某变化过程中以零为极限的量称为**无穷小量**，简称**无穷小**. 即

$$\lim_{x \to x_0} f(x) = 0 \ (\text{或} \lim_{x \to \infty} f(x) = 0),$$

则称函数 $f(x)$ 为当 $x \to x_0$（或 $x \to \infty$）时的无穷小量. 例如，当 $x \to 0$ 时，函数 $f(x) = 2^x - 1$ 就是 $x \to 0$ 时的无穷小量.

说明 （1）无穷小不是很小的数，而是以零为极限的函数.

（2）常数 0 是无穷小.

（3）若一个函数是无穷小，必须同时指出自变量的变化过程.

由于无穷小是在某种趋向下极限为零的函数，由极限的四则运算容易得到以下结论.

性质 2-1 有限个无穷小的代数和仍是无穷小.

性质 2-2 有限个无穷小的乘积仍是无穷小.

性质 2-3 有界函数与无穷小的乘积仍是无穷小.

推论 2-3 常数与无穷小的乘积仍是无穷小.

【例 2-12】 求 $\lim\limits_{x \to \infty} \dfrac{\sin x}{x}$.

解 因为 $|\sin x| \leqslant 1$，$\dfrac{1}{x}$ 为 $x \to \infty$ 时的无穷小量，所以 $\lim\limits_{x \to \infty} \dfrac{\sin x}{x} = \lim\limits_{x \to \infty} \dfrac{1}{x} \sin x = 0$.

2. 无穷大量

定义 2-5 在某变化过程中绝对值无限增大的量称为**无穷大量**，简称**无穷大**.

说明 （1）无穷大不是很大的数，它是一个绝对值无限增大的函数.

（2）若一个函数是无穷大，必须同时指出自变量的变化过程.

3. 无穷小量与无穷大量的关系

当 $x \to 0$ 时，x^2 是无穷小，而 $\dfrac{1}{x^2}$ 是无穷大. 说明**无穷小（数 0 除外）的倒数是无穷大**.

当 $x \to -2$ 时，$\dfrac{1}{x+2}$ 是无穷大，而 $x+2$ 是无穷小. 说明**无穷大的倒数是无穷小**.

【例 2-13】 求下列函数的极限.

（1）$\lim\limits_{x \to 1} \dfrac{2x-3}{x^2-5x+4}$；

（2）$\lim\limits_{x \to \infty} \dfrac{2x+1}{x^2+x}$.

解 （1）因为 $\lim\limits_{x \to 1} \dfrac{x^2-5x+4}{2x-3} = 0$，所以 $\lim\limits_{x \to 1} \dfrac{2x-3}{x^2-5x+4} = \infty$.

（2）$\lim\limits_{x \to \infty} \dfrac{2x+1}{x^2+x} = \lim\limits_{x \to \infty} \dfrac{x+(x+1)}{x(x+1)} = \lim\limits_{x \to \infty} \left(\dfrac{1}{x+1} + \dfrac{1}{x} \right) = 0 + 0 = 0.$

二、无穷小的比较与计算

定义 2-6 设在自变量的同一变化过程中有 $\lim \alpha = 0$，$\lim \beta = 0$，且 $\alpha(x) \neq 0$.

（1）若 $\lim \dfrac{\beta}{\alpha} = 0$，则称 β 是 α 的高阶无穷小，记作 $\beta = o(\alpha)$.

（2）若 $\lim \dfrac{\beta}{\alpha} = \infty$，则称 β 是 α 的低阶无穷小.

（3）若 $\lim \dfrac{\beta}{\alpha} = C(C \neq 0)$，当 $C \neq 1$ 时，称 β 与 α 是同阶无穷小；特别地，当 $C = 1$ 时，称 β 与 α 是等价无穷小，记作 $\alpha \sim \beta$.

【例 2-14】 比较下面的无穷小.

（1）当 $x \to 0$ 时，$2x^3$ 与 x^2；　　　　（2）当 $x \to 2$ 时，$x^2 - 4$ 与 $x - 2$；

（3）当 $x \to 0$ 时，$\sin x$ 与 x；　　　　（4）当 $x \to 0$ 时，$x^{\frac{1}{3}}$ 与 $x^{\frac{2}{3}}$.

解　（1）$\lim\limits_{x \to 0} \dfrac{2x^3}{x^2} = \lim\limits_{x \to 0} 2x = 0$，此时 $2x^3$ 是 x^2 的高阶无穷小.

（2）$\lim\limits_{x \to 2} \dfrac{x^2 - 4}{x - 2} = 4$，此时 $x^2 - 4$ 与 $x - 2$ 是同阶无穷小.

（3）$\lim\limits_{x \to 0} \dfrac{\sin x}{x} = 1$，此时 $\sin x$ 与 x 是等价无穷小.

（4）$\lim\limits_{x \to 0} \dfrac{x^{\frac{1}{3}}}{x^{\frac{2}{3}}} = \lim\limits_{x \to 0} \dfrac{1}{x^{\frac{1}{3}}} = \infty$，此时 $x^{\frac{1}{3}}$ 是 $x^{\frac{2}{3}}$ 的低阶无穷小.

定理 2-2 设 α、β 均为无穷小，且 $\alpha \sim \alpha'$、$\beta \sim \beta'$，$\lim \dfrac{\beta'}{\alpha'}$ 存在，则 $\lim \dfrac{\beta}{\alpha} = \lim \dfrac{\beta'}{\alpha'}$.

此定理表明，求两个无穷小之比的极限时，分子及分母可用与之等价的无穷小来替换.

注　当 $x \to 0$ 时，常用的等价无穷小有：

（1）$\sin x \sim x$；

（2）$\tan x \sim x$；

（3）$\arcsin x \sim x$；

（4）$\arctan x \sim x$；

（5）$e^x - 1 \sim x$；

（6）$\ln(1 + x) \sim x$；

（7）$1 - \cos x \sim \dfrac{x^2}{2}$；

（8）$\sqrt{1 + x} - 1 \sim \dfrac{1}{2}x$.

【例 2-15】 求下列极限.

（1）$\lim\limits_{x \to 0} \dfrac{\tan 2x}{\sin 5x}$；　　　　（2）$\lim\limits_{x \to 0} \dfrac{\sin x}{x^3 + 3x}$.

解　（1）当 $x \to 0$ 时，$\tan 2x \sim 2x$，$\sin 5x \sim 5x$. 所以

$$\lim_{x \to 0} \frac{\tan 2x}{\sin 5x} = \lim_{x \to 0} \frac{2x}{5x} = \frac{2}{5}.$$

（2）当 $x \to 0$ 时，$\sin x \sim x$. 所以

$$\lim_{x \to 0} \frac{\sin x}{x^3 + 3x} = \lim_{x \to 0} \frac{x}{x^3 + 3x} = \lim_{x \to 0} \frac{1}{x^2 + 3} = \frac{1}{3}.$$

任务解决

解　（1）当 $L = 500\mathrm{m}$，$\alpha = 6°$ 时，有

$$h = L \tan\alpha = 500 \times \tan 6° \approx 52.55 \text{（m）}.$$

（2）当 α 很小时，由于 $\tan\alpha$ 与 α 是等价无穷小，可将公式近似为

$$h = L \cdot \frac{\pi\alpha}{180} = 500 \times \frac{6\pi}{180} \approx 52.36 \text{（m）}.$$

当 α 很小时，两者结果相近，可以用等价量进行替换计算.

评估检测

1.判断下列函数，在什么条件下是无穷小，在什么条件下为无穷大.

（1）$y = \dfrac{x}{x-5}$；

（2）$y = \ln(1+x)$.

2.利用无穷小求下列极限.

（1）$\lim\limits_{x \to 0} x \sin\dfrac{1}{x}$；

（2）$\lim\limits_{x \to \infty} \dfrac{\arctan x}{x}$；

（3）$\lim\limits_{x \to 0} \dfrac{1-\cos x}{\sin 3x}$；

（4）$\lim\limits_{x \to \infty} \dfrac{\cos x}{\sqrt{1+x^2}}$.

专本对接

1.当 $x \to 0$ 时，无穷小量 $\tan ax$ 与 $4x$ 等价，则常数 a 的值为（　　）.

A. 1　　　　　　　　B. 2　　　　　　　　C. 3　　　　　　　　D. 4

2.当 $x \to 0$ 时，下列各组函数为等价无穷小量的是（　　）.

A. $\sin 5x$ 与 $3x^2$　　　B. $\ln(1+3x)$ 与 $5x$　　　C. $1-\cos 2x$ 与 x　　　D. $e^{3x}-1$ 与 $3x$

3.当 $x \to 0$ 时，下列无穷小量中有一个是比其余三个更高阶的无穷小量，这个无穷小量是（　　）.

A. $\sin 2x$　　　　　B. $e^{3x}-1$　　　　　C. $\ln(1+4x^3)$　　　　　D. $1-\cos 5x$

4.当 $x \to 0$ 时，无穷小量 $a(1-\cos x)$ 与 $\sqrt{1+x^2}-1$ 等价，则常数 a 等于（　　）.

A. 0　　　　　　　　B. 1　　　　　　　　C. 2　　　　　　　　D. 3

拓展阅读

无穷小量究竟是不是零？

历史上，数学的发展经历了三次重大的危机.从哲学上来看，矛盾是无处不存在的，即便是以确定无疑著称的数学也不例外.当矛盾激化到涉及整个数学的基础时，就会产生数学

危机，每次危机也为数学的发展提供前进的动力．第二次数学危机是发生在 17 世纪牛顿和莱布尼茨发明了微积分后到来的，是对微积分中无穷小量的质疑．

第二次数学危机的导火索就是围绕微积分中无穷小量的争议．牛顿在研究自由落体运动时，认为 t_0 时刻的瞬时速度为 $\dfrac{\Delta y}{\Delta t} = gt_0 + \dfrac{1}{2}g \cdot \Delta t$，他认为 Δt 是一个无穷小量，因此 $\dfrac{1}{2}g \cdot \Delta t$ 也是一个非常小的量，因此 t_0 时刻的瞬时速度就为 gt_0．牛顿这一发现，解决了以往很多解决不了的问题，因此非常受欢迎．

但是，贝克莱认为，Δt 作为分母是不能为 0 的，在求瞬时速度时又假设它为 0，这是一个悖论．他认为这个理论非常荒谬．这次危机不但没有阻止微积分发展的脚步，相反，数学家们经过一个世纪的努力与探索，直到柯西创立了极限理论，才较好地反驳了这个悖论．最终，数学家们不仅完全摆脱了第二次数学危机，还使得微积分更加系统、完善．

任务四　函数的连续性

任务提出

在客观世界和日常生活中，许多变量的变化都是连续不断的．气温的变化、河水的流动、动物和植物的生长等都是连续变化着．很多物理现象通常是连续的，例如，一个人的身高、一辆汽车的位移或速度，都是随着时间连续变化的．这反映在函数关系上是函数的连续性．如何用数学语言来刻画连续性呢？

某人乘坐某公司出租车，行驶路程不超过 3km 时，付费 13 元；行驶路程超过 3km 时，超过部分每 1km 付费 2.3 元，每一运次加收 1 元的燃油附加费．假设出租车在行驶中没有拥堵和等候时间，那么出租车公司这么设定的付费金额是否是连续的呢？

知识准备

一、函数的连续性定义

1. 增量（改变量）

在定义函数的连续性之前我们先来学习一个概念——增量．

变量 x 从它的初值 x_0 变到终值 x_1，终值与初值的差 $x_1 - x_0$ 就叫作变量 x 的增量（改变量），记为 Δx，即

$$\Delta x = x_1 - x_0.$$

注（1）增量可以是正的，可以是负的，也可以是零；

（2）Δx 是一个完整的记号．

如果函数 $y = f(x)$ 在 x_0 的某个邻域内有定义，当自变量由 x_0 变化到 x 时的增量为 $\Delta x = x - x_0$，则函数 y 的相应改变量为

模块二　极限与连续　**55**

$$\Delta y = f(x_0 + \Delta x) - f(x_0) = f(x) - f(x_0).$$

2. 函数在一点处连续

定义 2-7　设函数 $y = f(x)$ 在点 x_0 的某一邻域内有定义，记 Δx 为自变量 x 在点 x_0 处的改变量，Δy 为相应函数值的改变量. 如果 $\lim\limits_{\Delta x \to 0} \Delta y = \lim\limits_{\Delta x \to 0} [f(x_0 + \Delta x) - f(x_0)] = 0$，则称函数 $f(x)$ 在点 x_0 处连续.

在上述定义中，设 $x_0 + \Delta x = x$，则当 $\Delta x \to 0$ 时，有 $x \to x_0$，从而，函数在一点连续的概念也可以如下定义.

定义 2-8　设函数 $y = f(x)$ 在点 x_0 的某一邻域内有定义，若 $\lim\limits_{x \to x_0} f(x) = f(x_0)$，则称函数 $f(x)$ 在点 x_0 处连续.

注　在数学定义中，$f(x)$ 在点 x_0 处连续表现为满足下面三个条件：

(1) 函数 $y = f(x)$ 在点 x_0 的某一邻域内有定义；

(2) $\lim\limits_{x \to x_0} f(x)$ 存在；

(3) $\lim\limits_{x \to x_0} f(x)$ 恰好等于函数 $f(x)$ 在点 x_0 处的函数值，即 $\lim\limits_{x \to x_0} f(x) = f(x_0)$.

【例 2-16】　讨论函数 $f(x) = \begin{cases} \dfrac{x^2 - 1}{x - 1}, & x \neq 1 \\ 2, & x = 1 \end{cases}$，在 $x = 1$ 处的连续性.

解　因为

$$\lim\limits_{x \to 1} f(x) = \lim\limits_{x \to 1} \frac{x^2 - 1}{x - 1} = \lim\limits_{x \to 1} (x + 1) = 2,$$

又因为

$$f(1) = 2,$$

所以有

$$\lim\limits_{x \to 1} f(x) = f(1) = 2,$$

函数 $f(x)$ 在 $x = 1$ 处连续.

3. 函数在一点处的左右连续

定义 2-9　设函数 $y = f(x)$ 在点 x_0 的某一邻域内有定义，若 $\lim\limits_{x \to x_0^-} f(x) = f(x_0)$（或 $\lim\limits_{x \to x_0^+} f(x) = f(x_0)$），则称函数 $f(x)$ 在点 x_0 处左连续（或右连续）.

定理 2-3　函数 $f(x)$ 在点 x_0 处连续的充分必要条件是函数 $f(x)$ 在点 x_0 处左连续且右连续.

【例 2-17】　函数 $f(x) = \begin{cases} e^x, & x < 0 \\ 2, & x = 0 \\ \dfrac{\sin x}{x}, & x > 0 \end{cases}$，判断 $f(x)$ 在 $x = 0$ 处是否连续.

解　因为

$$\lim\limits_{x \to 0^-} f(x) = \lim\limits_{x \to 0^-} e^x = 1,$$

$$\lim\limits_{x \to 0^+} f(x) = \lim\limits_{x \to 0^+} \frac{\sin x}{x} = 1,$$

56 | 应用高等数学

所以

$$\lim_{x \to 0} f(x) = 1.$$

又 $f(0)=2$，$\lim\limits_{x \to 0} f(x) \neq f(0)$，所以函数 $f(x)$ 在 $x=0$ 处不连续.

4. 函数在区间上连续

若函数 $y=f(x)$ 在开区间 (a,b) 内的每一点处均连续，则称该函数在开区间 (a,b) 内连续；若函数 $y=f(x)$ 在 (a,b) 内连续，且在左端点 a 处右连续，在右端点 b 处左连续，即 $\lim\limits_{x \to b^-} f(x)=f(b)$，$\lim\limits_{x \to a^+} f(x)=f(a)$，则称该函数在闭区间 $[a,b]$ 上连续.

二、初等函数的连续性

定理 2-4（连续的四则运算法则）　若函数 $f(x)$ 和 $g(x)$ 在点 x_0 处连续，则它们的和 $f(x)+g(x)$、差 $f(x)-g(x)$、积 $f(x) \cdot g(x)$ 以及商 $\dfrac{f(x)}{g(x)}[g(x) \neq 0]$ 在点 x_0 处连续.

定理 2-5（复合函数的连续性）　设函数 $y=f(u)$ 在 u_0 处连续，函数 $u=\varphi(x)$ 在 x_0 处连续，且 $u_0=\varphi(x_0)$，如果在点 x_0 的某个邻域内复合函数 $y=f[\varphi(x)]$ 有定义，则复合函数 $y=f[\varphi(x)]$ 在 x_0 处连续. 并且有

$$\lim_{x \to x_0} f[\varphi(x)] = f[\varphi(x_0)] = f[\lim_{x \to x_0} \varphi(x)].$$

定理 2-6　初等函数在其定义区间内是连续的.

【例 2-18】　求 $\lim\limits_{x \to 3} \sqrt{\dfrac{x-3}{x^2-9}}$.

解　$\lim\limits_{x \to 3} \sqrt{\dfrac{x-3}{x^2-9}} = \sqrt{\lim\limits_{x \to 3} \dfrac{x-3}{x^2-9}} = \sqrt{\dfrac{1}{6}} = \dfrac{\sqrt{6}}{6}$.

【例 2-19】　求 $\lim\limits_{x \to \frac{\pi}{6}} \ln(2\cos 2x)$.

解　$\lim\limits_{x \to \frac{\pi}{6}} \ln(2\cos 2x) = \ln \lim\limits_{x \to \frac{\pi}{6}} 2\cos 2x = \ln \left[2\cos\left(2 \times \dfrac{\pi}{6}\right)\right] = \ln 1 = 0$.

三、闭区间上连续函数的性质

定理 2-7（有界定理）　若函数 $f(x)$ 在闭区间 $[a,b]$ 上连续，则函数 $f(x)$ 在 $[a,b]$ 上有界.

定理 2-8（最值定理）　若函数 $f(x)$ 在闭区间 $[a,b]$ 上连续，则函数 $f(x)$ 在 $[a,b]$ 上有最大值和最小值.

定理 2-9（介值定理）　若函数 $f(x)$ 在闭区间 $[a,b]$ 上连续，m 和 M 分别是函数 $f(x)$ 在 $[a,b]$ 上的最大值和最小值，则对于任一数 c（$m<c<M$），在开区间 (a,b) 内至少存在一点 ξ，使得 $f(\xi)=c$.

定理 2-10（零点定理）　若函数 $f(x)$ 在闭区间 $[a,b]$ 上连续，且 $f(a)$ 与 $f(b)$ 异号，则在 (a,b) 内至少存在一点 ξ，使得 $f(\xi)=0$.

【例 2-20】 证明方程 $x^5-3x-1=0$ 在 $(1,2)$ 内至少有一个实根.

解 设 $f(x)=x^5-3x-1$，显然 $f(x)$ 在 $[1,2]$ 上连续. 又 $f(1)=-3<0$，$f(2)=25>0$. 由零点定理，至少存在一点 $\xi\in(1,2)$，使得 $f(\xi)=0$，即方程 $x^5-3x-1=0$ 在 $(1,2)$ 内至少有一个实根.

四、函数间断点

1. 函数间断点的定义

定义 2-10 设函数 $f(x)$ 在 x_0 的某个去心邻域内有定义，若函数 $f(x)$ 在 x_0 处不连续，则点 x_0 称为函数 $f(x)$ 的<u>不连续点</u>或<u>间断点</u>.

若点 x_0 为函数 $f(x)$ 的间断点，则根据极限的定义，它至少满足以下三个条件之一（图 2-4）：

(1) $f(x)$ 在点 x_0 处没有定义；

(2) $\lim\limits_{x\to x_0}f(x)$ 不存在；

(3) $\lim\limits_{x\to x_0}f(x)\neq f(x_0)$.

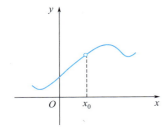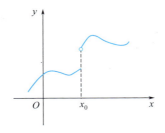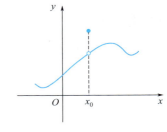

图 2-4

2. 函数间断点的分类

定义 2-11 设 x_0 为 $f(x)$ 的一个间断点，如果当 $x\to x_0$ 时，$f(x)$ 的左右极限都存在，则称 x_0 为 $f(x)$ 的<u>第一类间断点</u>.

(1) 若 $\lim\limits_{x\to x_0^+}f(x)=\lim\limits_{x\to x_0^-}f(x)$，称 x_0 为 $f(x)$ 的<u>可去间断点</u>；

(2) 若 $\lim\limits_{x\to x_0^+}f(x)\neq\lim\limits_{x\to x_0^-}f(x)$，称 x_0 为 $f(x)$ 的<u>跳跃间断点</u>.

函数 $f(x)$ 除此之外的间断点都称为 $f(x)$ 的<u>第二类间断点</u>.

(1) 若 $x=x_0$ 为函数 $f(x)$ 的间断点，且 $\lim\limits_{x\to x_0}f(x)=\infty$，称 x_0 为函数 $f(x)$ 的<u>无穷间断点</u>；

(2) 若 $x=x_0$ 为函数 $f(x)$ 的间断点，且 $\lim\limits_{x\to x_0}f(x)$ 不存在，呈上下振荡情形，称 x_0 为函数 $f(x)$ 的<u>振荡间断点</u>.

【例 2-21】 求函数 $f(x)=\dfrac{x^2-1}{x^2-3x+2}$ 的间断点，并判断是何种类型的间断点.

解 令 $x^2-3x+2=(x-1)(x-2)=0$，解得 $x=1$ 或 $x=2$. 由间断点的定义可知，$x=$

$1，x=2$ 是函数 $f(x)$ 的间断点. 因为

$$\lim_{x \to 1} f(x) = \lim_{x \to 1} \frac{x^2 - 1}{x^2 - 3x + 2} = \lim_{x \to 1} \frac{x + 1}{x - 2} = -2,$$

所以 $x=1$ 是第一类间断点中的可去间断点. 而

$$\lim_{x \to 2} f(x) = \lim_{x \to 2} \frac{x^2 - 1}{x^2 - 3x + 2} = \lim_{x \to 2} \frac{x + 1}{x - 2} = \infty,$$

所以 $x=2$ 是第二类间断点，属于无穷间断点.

任务解决

解 设付费金额为 $f(x)$，行驶路程为 x，则付费金额 $f(x)$ 与行驶路程 x 之间的函数关系为

$$f(x) = \begin{cases} 14, & 0 < x \leqslant 3 \\ 14 + 2.3(x - 3), & x > 3 \end{cases},$$

初等函数在其定义区间内是连续的，只需考察这个函数在 $x=3$ 处的连续性.

$$\lim_{x \to 3^-} 14 = \lim_{x \to 3^+} [14 + 2.3(x - 3)] = 14.$$

所以它在点 $x=3$ 处连续.

评估检测

1.指出下列函数的间断点，并说明间断点的类型.

(1) $f(x) = \dfrac{1}{x^2 - 1}$;

(2) $f(x) = \begin{cases} x - 1, & x \leqslant 1 \\ 2 - x, & x > 1 \end{cases}$;

(3) $f(x) = \sin \dfrac{1}{x}$;

(4) $f(x) = \begin{cases} 3 + x^2, & x < 0 \\ \dfrac{\sin 3x}{x}, & x > 0 \end{cases}$.

2.判断下列函数在分界点处是否连续.

(1) $f(x) = \begin{cases} x^2 - 1, & x \leqslant 1 \\ x + 1, & x > 1 \end{cases}$;

(2) $f(x) = \begin{cases} x \sin \dfrac{1}{x}, & x \neq 0 \\ 0, & x = 0 \end{cases}$.

3.求下列函数的极限.

(1) $\lim\limits_{x \to 2} \sqrt{\dfrac{x - 2}{x^2 - 4}}$; (2) $\lim\limits_{x \to 0} \ln \dfrac{\sin x}{x}$; (3) $\lim\limits_{x \to 0} \dfrac{\ln(1 + x)}{x}$.

4.证明方程 $x^3 + 2x = 8$ 在 $(1,3)$ 内至少有一个实根.

专本对接

1.函数 $f(x)$ 在 $x=x_0$ 处有定义是 $f(x)$ 在 $x=x_0$ 处连续的 ( ).

A. 充分不必要条件　　　　　　　　B. 必要不充分条件

C. 充分必要条件　　　　　　　　　D. 既不充分也不必要条件

2.设函数 $f(x) = \begin{cases} 5x - 1, & x \leqslant 1 \\ x^2 - 1, & x > 1 \end{cases}$，则 $x=1$ 是 $f(x)$ 的 ( ).

A. 跳跃间断点   B. 振荡间断点

C. 可去间断点   D. 无穷间断点

3. 函数 $f(x) = \begin{cases} x-1, & x \leqslant 1 \\ 3-x, & x > 1 \end{cases}$，则 $x=1$ 是 $f(x)$ 的（   ）.

A. 连续点   B. 第一类可去间断点

C. 第一类跳跃间断点   D. 第二类间断点

4. 若函数 $f(x) = \dfrac{x^2-4}{x-2}$，则 $x=2$ 是 $f(x)$ 的（   ）.

A. 无穷间断点   B. 振荡间断点

C. 可去间断点   D. 跳跃间断点

拓展阅读

函数连续性——"欲速则不达"

在生活中，很多事物的变化都是连续的，像函数一样. 比如，植物的生长、气温的变换、知识的积累等，不能急于求成，必须遵循它原本的规律.

古语有云"欲速则不达"，做事不能急于求成. 工作和学习更是如此，我们要想把一件事情做好，就得循序渐进，一步一个脚印，绝不能急于求成，妄想一口吃成一个胖子. 知识的积累是需要时间和付出持久不懈的努力的，妄图寻求捷径，只能事与愿违.

战国时期的《孟子·公孙丑上》记载了一则成语故事——揠苗助长，说的是宋国有个人嫌自己种的禾苗老是长不高，于是到地里去用手把它们一株一株地拔高，累得气喘吁吁地回家，对他家里人说："今天可真把我累坏啦！不过，我总算让禾苗一下子就长高了！"他的儿子跑到地里去一看，禾苗已全部死了.

成语"揠苗助长"告诫我们：不管做什么事情，都要遵循事物的发展规律，如果强求速成，反而会把事情弄糟. 函数的连续性就是印证了这一道理.

任务五   函数极限实验

一、实验目的

了解函数极限的基本概念；学习并掌握 MATLAB 软件有关求极限的命令.

二、基本命令

（1）limit(s)：求表达式 s 当默认自变量趋于 0 时的极限.

（2）limit(s,a)：求表达式 s 当默认自变量趋于 a 时的极限.

（3）limit(s,x,a)：求表达式 s 当 x 趋于 a 时的极限.

（4）limit(s,x,inf)：求表达式 s 当 x 趋于无穷大时的极限.

（5）limit(s,x,a,$'$left$'$)：求表达式 s 当 x 趋于 a 时的左极限.

（6）limit(s,x,a,$'$right$'$)：求表达式 s 当 x 趋于 a 时的右极限.

三、实训案例

【例 2-22】 求极限 $\lim\limits_{x \to 0} \dfrac{\sin 2x}{\sin 3x}$.

解 在命令窗口输入下面的命令：

```
>> syms x y
>> y = sin(2 * x)/sin(3 * x);
>> limit(y)
```

得

```
ans =
     2/3
```

【例 2-23】 求极限 $\lim\limits_{x \to 0} x^3 \sin \dfrac{1}{x}$.

解 在命令窗口输入下面的命令：

```
>> syms x y
>> y = (x^3) * sin(1/x);
>> limit(y)
```

得

```
ans =
     0
```

【例 2-24】 求极限 $\lim\limits_{x \to \infty} \dfrac{1}{x} \sin \dfrac{1}{x}$.

解 在命令窗口输入下面的命令：

```
>> syms x y
>> y = (1/x) * sin(1/x);
>> limit(y,inf)
```

得

```
ans =
     0
```

【例 2-25】 求极限 $\lim\limits_{x \to 0} \dfrac{\sqrt{1+x}-1}{x}$.

解 在命令窗口输入下面的命令：

```
>> syms x y
>> y = (sqrt(1 + x) - 1)/x;
>> limit(y)
```

得

```
ans =
     1/2
```

【例 2-26】 求极限 $\lim\limits_{x \to 1} \dfrac{x^2 - 3x + 2}{x - 1}$.

解 在命令窗口输入下面的命令：

```
>> syms x y
```

模块二　极限与连续　　**61**

```
≫ y = (x^2 − 3 * x + 2)/(x − 1);
≫ limit(y,1)
```

得

```
ans =

    − 1
```

【例 2-27】　求极限 $\lim\limits_{n \to \infty} \dfrac{n+(-1)^{n-1}}{n}(n \in \mathbf{N})$.

解　在命令窗口输入下面的命令：

```
≫ syms n
≫ limit((n + ( − 1)^(n − 1))/n,n,inf)
```

得

```
ans =

    1
```

【例 2-28】　求极限 $\lim\limits_{x \to 0^-} \dfrac{1}{x}$.

解　在命令窗口输入下面的命令：

```
≫ syms x
≫ limit(1/x,x,0,'left')
```

得

```
ans =

    − Inf
```

评估检测

1. 利用软件 MATLAB 求 $\lim\limits_{x \to 0^+} \dfrac{1}{x}$ 的值.

2. 利用软件 MATLAB 求 $\lim\limits_{x \to \infty} \dfrac{x^2-1}{4x^2-7x+1}$ 的值.

3. 利用软件 MATLAB 求 $\lim\limits_{x \to 0} \dfrac{\tan x - \sin x}{x^3}$ 的值.

4. 利用软件 MATLAB 求 $\lim\limits_{x \to \infty} \left(1+\dfrac{2}{x}\right)^x$ 的值.

5. 利用软件 MATLAB 求 $\lim\limits_{x \to 0} \dfrac{\sin 3x}{5x}$ 的值.

6. 利用软件 MATLAB 求 $\lim\limits_{x \to +\infty} x(\sqrt{x^2+1}-x)$ 的值.

问题解决

生活和专业中的极限与连续问题

1. 遗嘱分牛问题（见问题提出）

解　老大分 $\dfrac{19}{2}$ 头，老二分 $\dfrac{19}{4}$ 头，老三分 $\dfrac{19}{5}$ 头，还剩 $19-\left(\dfrac{19}{2}+\dfrac{19}{4}+\dfrac{19}{5}\right)=\dfrac{19}{20}$ 头；继续按

照规定比例来分，仍剩下 $\dfrac{19}{20^2}$ 头；再分一次，又剩下 $\dfrac{19}{20^3}$ 头······设老大分到 s_1 头，则 $s_1 =$

$\dfrac{19}{2}\left(1+\dfrac{1}{20}+\dfrac{1}{20^2}+\dfrac{1}{20^3}+\cdots\right)=\dfrac{19}{2}\lim\limits_{n\to\infty}\dfrac{1-\dfrac{1}{20^n}}{1-\dfrac{1}{20}}=10.$ 说明老大分 10 头牛十分合理. 同样，老二

分 5 头牛，老三分 4 头牛.

2. 野生动物保护问题（见问题提出）

解 （1）由于 $N<80$ 时，需要精心照料，令 $N=80$，可得

$$80=\dfrac{220}{1+10\times(0.83)^t}.$$

于是可以解出：$t=9.35423$. 说明，精心照料的期限约为九年半.

（2）九年半以后，没有精心的照料，野生动物群体仍然符合上述公式的增长规律. 随着时间的延续，由于自然保护区内的各种资源限制，这一动物数量不可能无限增大，它应达到某一饱和状态，此时

$$\lim_{t\to+\infty}N=\lim_{t\to+\infty}\dfrac{220}{1+10\times(0.83)^t}=220.$$

即在这一自然保护区内，最多能供养 220 只野生动物.

3. 企业投资问题（见问题提出）

解 设企业获投资本金为 A，贷款额占抵押品价值的百分比为 r（$0<r<1$），第 n 次投资或再投资（贷款）额为 a_n，n 次投资与再投资的资金总和为 S_n，投资与再投资的资金总和为 S.

$$a_1=A\,, a_2=Ar\,, a_3=Ar^2\,,\cdots\,, a_n=Ar^{n-1}\,,$$

$$\begin{aligned}
S_n &=a_1+a_2+a_3+\cdots+a_n\\
&=A+Ar+Ar^2+\cdots+Ar^{n-1}\\
&=\dfrac{A(1-r^n)}{1-r}\,,
\end{aligned}$$

$$S=\lim_{n\to\infty}S_n=\lim_{n\to\infty}\dfrac{A(1-r^n)}{1-r}=\dfrac{A}{1-r}\,,$$

$$A=50\,, r=0.75\,, S=\dfrac{50}{1-0.75}=200.$$

4. 细菌繁殖模型（见问题提出）

解 假设 $t=0$ 时，细菌的数量 $A=A_0$，细菌的繁殖速度 v 与当时的总量 A 成正比，则可设为 $v=kA(k>0)$. 求在 t 时刻细菌的数量.

将时间段 $[0,t]$ 分成 n 等份，每一等份小时间段内非常短，假设速度在小时间段内是不变的，建立模型. 在第一个小时间段 $\left(0,\dfrac{t}{n}\right)$，细菌繁殖的数量近似为 $kA_0\cdot\dfrac{t}{n}$；在 $\dfrac{t}{n}$ 这一时刻，细菌的数量近似为 $A_0+kA_0\cdot\dfrac{t}{n}=A_0\left(1+\dfrac{kt}{n}\right)$······依此类推，在 t 时刻，细菌的数量近似为 $A_0\left(1+\dfrac{kt}{n}\right)^n$.

当 $n \to \infty$ 时，即将时刻无限细分，细菌的数量为

$$\lim_{n \to \infty} A_0 \left(1 + \frac{kt}{n}\right)^n = \lim_{n \to \infty} A_0 \left[\left(1 + \frac{kt}{n}\right)^{\frac{n}{kt}}\right]^{kt} = A_0 \mathrm{e}^{kt}.$$

5. 建筑共振现象（见问题提出）

解 当外力的频率 θ 趋近于建筑物的自振频率 ω 时，$\frac{\theta}{\omega} \to 1$，此时，动力系数的分母 $1 - \left(\frac{\theta}{\omega}\right)^2 \to 0$，为无穷小量，根据无穷小与无穷大的关系可知，动力系数 $\mu \to \infty$. 故函数 $\mu = \dfrac{1}{1 - \left(\dfrac{\theta}{\omega}\right)^2}$ 在 $\frac{\theta}{\omega} = 1$ 时不连续. 这时无论其他外力的干扰多么小，都会使建筑结构的变形很大，影响建筑结构的正常使用，甚至对建筑物造成毁灭性的破坏. 所以，在建筑结构设计中，应该努力避免共振现象发生.

6. 老化电路分析（见问题提出）

解 由并联电路的电阻知识可知，$\dfrac{1}{R_{\text{总}}} = \dfrac{1}{5} + \dfrac{1}{R}$. 即电路的总电阻为 $R_{\text{总}} = \dfrac{5R}{5+R}$，当含有可变电阻 R 的这条支路突然老化断路时，电路的总电阻为 $R \to +\infty$ 时电路的总电阻的极限，即为 $\lim\limits_{R \to +\infty} \dfrac{5R}{5+R} = 5$.

综合实训

基础过关检测

一、单项选择题

1. 当 $x \to +\infty$ 时，下列函数极限不存在的是 （　　　）.

A. $\sin x$ 　　　　B. $\dfrac{1}{\mathrm{e}^x}$ 　　　　C. $\dfrac{x+1}{x^2-1}$ 　　　　D. $\arctan x$

2. $\lim\limits_{x \to \infty} kx \sin \dfrac{3}{x} = 1$，则 k 为 （　　　）.

A. $\dfrac{1}{3}$ 　　　　B. 1 　　　　C. 3 　　　　D. $\dfrac{1}{2}$

3. $\lim\limits_{x \to 0} (1-2x)^{\frac{1}{x}} = $ （　　　）.

A. e^2 　　　　B. e^{-2} 　　　　C. $-\mathrm{e}^{-2}$ 　　　　D. $-\mathrm{e}^2$

4. $\lim\limits_{x \to \infty} \dfrac{x + \sin x}{x}$ （　　　）.

A. 0 　　　　B. 1 　　　　C. 不存在 　　　　D. ∞

二、填空题

5. $\lim\limits_{n \to \infty} (\sqrt{n^2 - n} - n) = $ _____.

6. $\lim\limits_{x \to \infty}\left(1+\dfrac{k}{x}\right)^x = $ _____ .

7. 若 $\lim\limits_{x \to \infty}\dfrac{3x^3-4x-5}{ax^3+5x^2-6}=-1$，则 $a=$ _____ .

三、计算题

8. 求下列函数的极限.

(1) $\lim\limits_{x \to 4}\dfrac{\sqrt{2x+1}-3}{\sqrt{x}-2}$；

(2) $\lim\limits_{x \to 0}\dfrac{\sqrt{x+9}-3}{\sin 4x}$；

(3) $\lim\limits_{x \to \infty}\left[\dfrac{1}{1\times 2}+\dfrac{1}{2\times 3}+\cdots+\dfrac{1}{n(n+1)}\right]$；

(4) $\lim\limits_{x \to 1}\left(\dfrac{2}{1-x^2}-\dfrac{x}{1-x}\right)$.

9. 设 $f(x)=\begin{cases}3x, & -1<x<1 \\ 2, & x=1 \\ 3x^2, & 1<x<2\end{cases}$，求 $\lim\limits_{x \to 0}f(x)$，并判断 $f(x)$ 在 $x=1$ 处是否连续.

四、应用题

10. 在边长为 a 的等边三角形里，连接各边中点作一个内接等边三角形，如此继续下去，求所有这些等边三角形的面积之和.

拓展探究练习

1. 当 $x\to 0$ 时，下列无穷小量中有一个是比其余三个更高阶的无穷小量，这个无穷小量是（　　）.

A. $\sin 3x$ B. $1-\cos 2x$ C. $\tan x^4$ D. $\arcsin 5x^2$

2. $x=0$ 是函数 $f(x)=x\sin\dfrac{1}{x}$ 的（　　）.

A. 连续点   B. 第一类可去间断点

C. 第二类振荡间断点   D. 第二类无穷间断点

3. 设函数 $f(x)=\begin{cases}x^2+1, & x<0 \\ x, & 0\leqslant x\leqslant 1 \\ 2-x, & 1<x\leqslant 2\end{cases}$，则 $f(x)$ 在（　　）.

A. $x=0$，$x=1$ 处都间断   B. $x=0$，$x=1$ 处都连续

C. $x=0$ 处间断，$x=1$ 处连续   D. $x=0$ 处连续，$x=1$ 处间断

4. 判断函数 $f(x)=\begin{cases}\dfrac{\ln(1+x)}{2x}, & x>0 \\ 5, & x=0 \\ \sin x+\dfrac{1}{2}, & x<0\end{cases}$，在点 $x=0$ 处的连续性.

模块三
导数与微分

微分学是微积分的重要组成部分，它的基本概念是导数和微分. 在解决实际问题时，仅知道变量间的函数关系是不够的，有时还需要知道变量变化快慢的程度，如物体运动的速度、曲线的切线斜率、电流强度、生物繁殖率等，这些都是导数研究的问题. 导数反映出因变量相对于自变量变化的快慢程度和增减情况，而微分则指明当自变量有微小变化时函数的主要变化量. 本模块主要讨论导数和微分的概念以及它们的运算公式和法则，从而解决有关变化率的计算问题.

问题提出

生活和专业中的导数与微分问题

1. 物体冷却速度问题

当物体的温度高于周围介质的温度时，物体就不断冷却. 若物体的温度 T 与时间 t 的函数关系为 $T = T(t)$，应该怎样确定该物体在时刻 t 的冷却速度呢？

2. 汽车刹车速度问题

随着我国经济的快速发展，汽车保有量也在不断地增加，因而安全驾驶成为一个不容忽视的话题. 现测试一新能源汽车的刹车性能，发现刹车后汽车行驶的路程 s（单位：m）与时间 t（单位：s）的关系满足 $s = 4t^2 + 3$，求汽车在 $t = 3\mathrm{s}$ 时的速度.

3. 放射性物质的衰减问题

碳 14 是碳元素的一种具有放射性的同位素，主要有两个方面的应用：一是在考古学中测定生物死亡年代；二是以碳 14 为主的标记化合物作为灵敏的示踪剂，探索化学和生命科学中的微观运动. 现已知放射性元素碳 14 的衰减函数为 $Q = \mathrm{e}^{-0.000121t}$，其中 Q 是 t 年后碳 14 存余的数量，试求出碳 14 的衰减速度.

4. 插头镀铜问题

扩音器插头为圆柱形，截面半径 r 等于 $0.15\mathrm{cm}$，长度 l 等于 $4\mathrm{cm}$，为了提高它的导电性能，要在圆柱的侧面镀上一层厚为 $0.001\mathrm{cm}$ 的纯铜，试估计每个插头大约需要多少克纯铜（铜的密度是 8.9g/cm³）.

5. 单摆问题

单摆是一个很简单的装置，也是一个理想化的模型. 物理实验中经常会用单摆测重力加速度. 已知单摆的运动周期 $T = 2\pi\sqrt{\dfrac{l}{g}}$（其中 g 表示重力加速度，单位：cm/s²），当摆长 l 由 20cm 增加到 20.1cm 时，周期大约变化了 0.00224s，试求出重力加速度 g 的值.

6. 导数在微观经济中的简单应用

供给函数 $Q = 2p^2 + 3p + 1$，问当价格 $p = 2$ 时，价格改变一个单位（增加或减少一个单位），供给量 Q 改变多少个单位？

7. 经济分析中的边际函数问题

边际概念是经济学中一个重要的概念，一般指经济函数的变化率. 利用导数研究经济变量的边际变化的方法，称为边际分析方法. 边际成本的经济意义为产量增加一个单位时所增加（或减少）的成本；边际收入的经济意义为多销售一个单位产品所增加（或减少）的销售收入；边际利润的经济意义为多销售一个单位产品所增加（或减少）的利润. 现已知某产品的总成本 C（单位：元）与产量 q（单位：件）之间的函数关系为 $C(q) = 1000 + 7q + 50\sqrt{q}$，试求产量为 100 件时的边际成本.

导数与微分知识

任务一　导数的概念

任务提出

改革开放以来，中国铁路建设快速发展. 截至 2020 年年底，高速铁路运营总里程达 3.8 万千米，位居世界第一. 中国高铁 5 年走完国际上 40 年的道路，从追赶者变为全球领跑者，这样神奇的中国速度，缔造了自主创新、拼搏奉献的"高铁精神"，高铁已经成为中国科技创新的标志性成果之一，也是中国向世界递出的一张"亮丽的名片".

高铁在实际运行中每一时刻的速度都是变化的，车厢内电子屏幕上显示的是某一时刻的速度，即瞬时速度（图 3-1）. 请同学们想一想如何计算高铁在行驶过程中的瞬时速度.

图 3-1

知识准备

一、实例分析

1. 直线运动中的瞬时速度问题

一物体做直线运动,已知物体运动的路程 s 与时间 t 的关系是 $s=f(t)$,则它从 t_0 到 $t_0+\Delta t$ 这一段时间的平均速度为

$$\bar{v}=\frac{\Delta s}{\Delta t}=\frac{f(t_0+\Delta t)-f(t_0)}{\Delta t}.$$

若物体的运动是匀速的,平均速度 $\bar{v}$ 就是物体在每个时刻的速度. 若物体的运动是非匀速的,平均速度 $\bar{v}$ 就是 t_0 到 $t_0+\Delta t$ 这段时间内的运动速度的平均值,当时间间隔 Δt 越小时,平均速度 $\bar{v}$ 越能够近似地表明 t_0 时刻运动的快慢. 因此, t_0 时刻的瞬时速度即为平均速度 $\bar{v}$ 当 $\Delta t \to 0$ 时的极限值,即

$$v(t_0)=\lim_{\Delta t \to 0}\bar{v}=\lim_{\Delta t \to 0}\frac{\Delta s}{\Delta t}=\lim_{\Delta t \to 0}\frac{f(t_0+\Delta t)-f(t_0)}{\Delta t}.$$

由此式可以看出,瞬时速度是路程对时间的变化率.

2. 曲线的切线斜率问题

已知平面曲线 C 的方程为 $y=f(x)$. 点 $M(x_0,y_0)$ 是曲线 C 上的一点,其中 $y_0=f(x_0)$(图 3-2).

若想求出曲线 C 在点 M 处的切线 MT,只需求出切线的斜率即可. 在曲线 C 上另取一点 $N(x,y)$,过点 M、点 N 作曲线的割线,则割线 MN 的斜率为

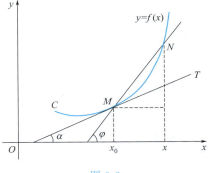

图 3-2

$$k_{MN}=\tan\varphi=\frac{\Delta y}{\Delta x}=\frac{f(x)-f(x_0)}{x-x_0}.$$

当点 N 沿着曲线 C 向点 M 趋近时,即 $x \to x_0$ 时,割线 MN 绕点 M 旋转趋向极限位置切线 MT,有 $\angle\varphi \to \angle\alpha$. 当上式的极限存在时,设为 k,则有切线的斜率为割线斜率的极限值,即

$$k=\tan\alpha=\lim_{\Delta x \to 0}\frac{\Delta y}{\Delta x}=\lim_{x \to x_0}\frac{f(x)-f(x_0)}{x-x_0}.$$

这两个实例中,抛开这些量的具体意义,从抽象的数量关系来看,其实质是一样的,都是函数的改变量与自变量的改变量之比,当自变量改变量趋于 0 时的极限,这就是函数的导数概念.

二、导数的定义

定义 3-1 设函数 $y=f(x)$ 在点 x_0 的某个邻域内有定义,当自变量 x 在 x_0 处取得增量 Δx(点 $x_0+\Delta x$ 仍在该邻域内)时,相应地函数 y 取得增量 $\Delta y=f(x_0+\Delta x)-f(x_0)$;如果 Δy 与 Δx 之比当 $\Delta x \to 0$ 时的极限存在,则称函数 $y=f(x)$ 在 x_0 处可导,并称这个极限为函数 $y=f(x)$ 在 x_0 处导数,记为 $f'(x_0)$,即

$$f'(x_0) = \lim_{\Delta x \to 0} \frac{\Delta y}{\Delta x} = \lim_{\Delta x \to 0} \frac{f(x_0 + \Delta x) - f(x_0)}{\Delta x},$$

也可记作

$$y'\big|_{x=x_0}, \quad \frac{\mathrm{d}y}{\mathrm{d}x}\bigg|_{x=x_0}, \quad \frac{\mathrm{d}f(x)}{\mathrm{d}x}\bigg|_{x=x_0}.$$

上面导数的定义式也可写作不同的形式，常见的有

$$f'(x_0) = \lim_{h \to 0} \frac{f(x_0 + h) - f(x_0)}{h} \quad (h \text{ 表示自变量的增量}),$$

$$f'(x_0) = \lim_{x \to x_0} \frac{f(x) - f(x_0)}{x - x_0}.$$

在实际中，需要讨论各种具有不同意义的变量的变化"快慢"问题，在数学上就是所谓函数的变化率问题.导数概念就是函数变化率的精确描述.它抛开了自变量和因变量所代表的几何或物理等方面的特殊意义，纯粹从数量方面来刻画变化率的本质：因变量增量与自变量增量之比 $\dfrac{\Delta y}{\Delta x}$ 是因变量 y 在以 x_0 和 $x_0 + \Delta x$ 为端点的区间上的平均变化率，而导数 $f'(x_0)$ 则是因变量 y 在点 x_0 处的变化率，它反映了因变量随自变量的变化而变化的快慢程度.

上面讲的是函数在一点处可导.如果函数 $f(x)$ 在区间 (a,b) 内每一点都可导，则称函数 $f(x)$ 在该区间内可导.这时，对该区间内的任意一点 x 都有导数 $f'(x)$ 与之对应，点 x 与导数 $f'(x)$ 构成一个新的函数，这个函数就叫作原来函数 $f(x)$ 的导函数，或简称为导数，记作

$$y', \quad f'(x), \quad \frac{\mathrm{d}y}{\mathrm{d}x}, \quad \frac{\mathrm{d}f(x)}{\mathrm{d}x}.$$

显然，函数 $f(x)$ 在点 x_0 处的导数 $f'(x_0)$ 就是导函数 $f'(x)$ 在点 x_0 处的函数值，即

$$f'(x_0) = f'(x)\big|_{x=x_0}.$$

定义 3-2 根据函数 $f(x)$ 在点 x_0 处的导数 $f'(x_0)$ 的定义，导数 $f'(x_0)$ 是一个极限，而极限存在的充分必要条件是左、右极限都存在且相等，因此 $f'(x_0)$ 存在即 $f(x)$ 在点 x_0 处可导的充分必要条件是左、右极限

$$\lim_{\Delta x \to 0^-} \frac{f(x_0 + \Delta x) - f(x_0)}{\Delta x} \quad \text{及} \quad \lim_{\Delta x \to 0^+} \frac{f(x_0 + \Delta x) - f(x_0)}{\Delta x}$$

都存在且相等.这两个极限分别称为函数 $f(x)$ 在点 x_0 处的左导数和右导数，记作 $f'_-(x_0)$ 及 $f'_+(x_0)$，即

$$f'_-(x_0) = \lim_{\Delta x \to 0^-} \frac{f(x_0 + \Delta x) - f(x_0)}{\Delta x},$$

$$f'_+(x_0) = \lim_{\Delta x \to 0^+} \frac{f(x_0 + \Delta x) - f(x_0)}{\Delta x}.$$

左导数、右导数统称为单侧导数.

显然，函数在点 x_0 处可导的充分必要条件是左导数 $f'_-(x_0)$ 和右导数 $f'_+(x_0)$ 都存在且相等.如果函数 $f(x)$ 在开区间 (a,b) 内可导，且 $f'_+(a)$ 及 $f'_-(b)$ 都存在，就说 $f(x)$ 在闭区间 $[a,b]$ 上可导.

根据导数的定义，求函数 $f(x)$ 的导数的一般步骤如下：

（1）求增量 $\Delta y = f(x + \Delta x) - f(x)$；

（2）作比值 $\dfrac{\Delta y}{\Delta x} = \dfrac{f(x + \Delta x) - f(x)}{\Delta x}$；

（3）取极限 $f'(x) = \lim\limits_{\Delta x \to 0} \dfrac{\Delta y}{\Delta x} = \lim\limits_{\Delta x \to 0} \dfrac{f(x + \Delta x) - f(x)}{\Delta x}$.

【例 3-1】 设函数 $f(x)$ 在点 x_0 处可导，求 $\lim\limits_{\Delta x \to 0} \dfrac{f(x_0 + 3\Delta x) - f(x_0)}{\Delta x}$ 的值.

解 由题意可知，函数 $f(x)$ 在点 x_0 处可导有

$$f'(x_0) = \lim_{h \to 0} \frac{f(x_0 + h) - f(x_0)}{h}.$$

原式作变换可得

$$\lim_{\Delta x \to 0} \frac{f(x_0 + 3\Delta x) - f(x_0)}{\Delta x} = 3 \lim_{\Delta x \to 0} \frac{f(x_0 + 3\Delta x) - f(x_0)}{3\Delta x}.$$

令 $h = 3\Delta x$，当 $\Delta x \to 0$ 时，$h \to 0$，于是

$$原式 = 3 \lim_{h \to 0} \frac{f(x_0 + h) - f(x_0)}{h} = 3f'(x_0),$$

故

$$\lim_{\Delta x \to 0} \frac{f(x_0 + 3\Delta x) - f(x_0)}{\Delta x} = 3f'(x_0).$$

【例 3-2】 利用导数定义，求函数 $f(x) = C$（C 为常数）的导数.

解 求增量为

$$\Delta y = f(x + \Delta x) - f(x) = C - C = 0,$$

作比值为

$$\frac{\Delta y}{\Delta x} = \frac{f(x + \Delta x) - f(x)}{\Delta x} = \frac{0}{\Delta x},$$

取极限为

$$f'(x) = \lim_{\Delta x \to 0} \frac{\Delta y}{\Delta x} = \lim_{\Delta x \to 0} \frac{0}{\Delta x} = 0,$$

即

$$C' = 0.$$

【例 3-3】 求函数 $f(x) = x^n$（n 为正整数）在 $x = a$ 处的导数.

解 根据导数定义有

$$\begin{aligned}
f'(a) &= \lim_{x \to a} \frac{f(x) - f(a)}{x - a} \\
&= \lim_{x \to a} \frac{x^n - a^n}{x - a} \\
&= \lim_{x \to a} (x^{n-1} + a x^{n-2} + \cdots + a^{n-2} x + a^{n-1}) \\
&= n a^{n-1}.
\end{aligned}$$

【例 3-4】 判定函数 $f(x) = |x|$ 在 $x = 0$ 处是否可导.

解 由题意可知 $f(0) = |0| = 0$，于是左导数为

$$f'_-(0) = \lim_{\Delta x \to 0^-} \frac{f(0 + \Delta x) - f(0)}{\Delta x} = \lim_{\Delta x \to 0^-} \frac{|\Delta x| - 0}{\Delta x} = -1,$$

右导数为

$$f'_+(0) = \lim_{\Delta x \to 0^+} \frac{f(0 + \Delta x) - f(0)}{\Delta x} = \lim_{\Delta x \to 0^+} \frac{|\Delta x| - 0}{\Delta x} = 1,$$

故有
$$f'_-(0) \neq f'_+(0),$$

即函数 $f(x) = |x|$ 在 $x = 0$ 处的左导数与右导数虽然都存在，但不相等.

故函数 $f(x) = |x|$ 在 $x = 0$ 处不可导.

三、导数的几何意义

由前面实例分析中曲线的切线斜率问题及导数的定义可知，曲线 $y = f(x)$ 在点 x_0 处的导数 $f'(x_0)$ 在几何上表示曲线 $y = f(x)$ 在点 $M(x_0, y_0)$ 处的切线斜率，即 $k = f'(x_0)$，它是导数的几何意义.

根据导数的几何意义并应用直线的点斜式方程，可知曲线 $y = f(x)$ 在点 $M(x_0, y_0)$ 处的切线方程为

$$y - y_0 = f'(x_0) \cdot (x - x_0).$$

过切点 $M(x_0, y_0)$ 且与切线垂直的直线叫作曲线 $y = f(x)$ 在点 $M(x_0, y_0)$ 处的法线.

如果 $f'(x_0) \neq 0$，法线的斜率为 $-\dfrac{1}{f'(x_0)}$，从而法线方程为

$$y - y_0 = -\frac{1}{f'(x_0)} \cdot (x - x_0).$$

如果 $f'(x_0) = 0$，则曲线 $y = f(x)$ 在点 $M(x_0, y_0)$ 处的切线方程为 $y = f(x_0)$，法线方程为 $x = x_0$；如果 $f'(x_0) = \infty$，则曲线 $y = f(x)$ 在点 $M(x_0, y_0)$ 处的切线方程为 $x = x_0$，法线方程为 $y = f(x_0)$.

由上述公式可以看出，求曲线 $y = f(x)$ 的切线（或法线）问题时，解题的关键就是确定切点 $M(x_0, y_0)$ 和斜率. 当切点 $M(x_0, y_0)$ 已知时，可求出曲线 $y = f(x)$ 在切点处的切线斜率 $k = f'(x_0)$，进而求得切线（或法线）方程；当切点 $M(x_0, y_0)$ 未知时，先设出切点，注意切点既是曲线上的点，又是切线上的点，列出方程组求出切点，进而求得斜率及切线（或法线）方程.

【例 3-5】 求曲线 $f(x) = x^2$ 在 $x = 1$ 处的切线方程和法线方程.

解 由题意可知，当 $x = 1$ 时，$f(1) = 1^2 = 1$，故切点为 $(1, 1)$.

根据导数定义和导数的几何意义可计算出切线的斜率为

$$k = f'(1) = 2x \big|_{x=1} = 2.$$

故切线方程为

$$y - 1 = 2(x - 1),$$

化简得

$$2x - y - 1 = 0.$$

法线方程为

$$y - 1 = -\frac{1}{2}(x - 1),$$

化简得

模块三 导数与微分 | 71

$$x+2y-3=0.$$

很多物理量也都是借助变化率定义的，如在前面实例分析中的瞬时速度，可记为 $v(t_0)=s'(t_0)$，这是导数的一个物理意义. 再如，角速度是角度（作为时间的函数）对时间的变化率，电流是电量（作为时间的函数）对时间的变化率，瞬时功率是功（作为时间的函数）对时间的变化率，瞬时电动势是磁能（作为时间的函数）对时间的变化率，都可以由导数来计算.

四、函数可导性与连续性的关系

设函数 $y=f(x)$ 在点 x 处可导，即下式存在

$$\lim_{\Delta x \to 0} \frac{\Delta y}{\Delta x}=f'(x).$$

由具有极限的函数与无穷小的关系可知

$$\frac{\Delta y}{\Delta x}=f'(x)+\alpha,$$

其中 α 为当 $\Delta x \to 0$ 时的无穷小. 上式两边同乘以 Δx，得

$$\Delta y=f'(x)\Delta x+\alpha\Delta x.$$

由此可见，当 $\Delta x \to 0$ 时，$\Delta y \to 0$，即 $\lim\limits_{\Delta x \to 0} \Delta y=0$.

这就是说，函数 $y=f(x)$ 在点 x 处是连续的. 所以我们可以得出下面的定理.

定理 3-1 如果函数 $y=f(x)$ 在点 x 处可导，则函数 $y=f(x)$ 在该点必连续.

【例 3-6】 讨论函数 $f(x)=\begin{cases} x^2+1, & x<1 \\ 2x, & x\geqslant 1 \end{cases}$ 在点 $x=1$ 处的连续性与可导性.

解 由题意可知，当 $x=1$ 时，$f(1)=2\times 1=2$.

可计算出

$$f'_-(1)=\lim_{x\to 1^-} \frac{f(x)-f(1)}{x-1}=\lim_{x\to 1^-} \frac{x^2+1-2}{x-1}=2,$$

$$f'_+(1)=\lim_{x\to 1^+} \frac{f(x)-f(1)}{x-1}=\lim_{x\to 1^+} \frac{2x-2}{x-1}=2.$$

因为 $f'_-(1)=f'_+(1)=2$，所以 $f'(1)=2$，故函数 $f(x)$ 在点 $x=1$ 处可导. 由定理 3-1 可得函数 $f(x)$ 在点 $x=1$ 处也连续.

【例 3-7】 判定函数 $f(x)=\sqrt[3]{x}$ 在点 $x=0$ 处的连续性和可导性.

解 由题意知，$x=0$ 时，$f(0)=0$.

因

$$\lim_{x\to 0} f(x)=\lim_{x\to 0} \sqrt[3]{x}=0=f(0),$$

则函数 $f(x)=\sqrt[3]{x}$ 在点 $x=0$ 处连续.

但函数在点 $x=0$ 处不可导. 这是因为

$$\lim_{h\to 0} \frac{f(0+h)-f(0)}{h}=\lim_{h\to 0} \frac{\sqrt[3]{h}-0}{h}=\lim_{h\to 0} h^{-\frac{2}{3}}=+\infty,$$

即函数 $f(x)=\sqrt[3]{x}$ 在点 $x=0$ 处的导数为无穷大，不存在.

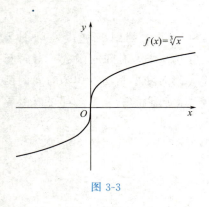

图 3-3

在图形中表现为曲线 $f(x)=\sqrt[3]{x}$ 在原点 O 处具有垂直于 x 轴的切线 $x=0$（图 3-3）.

由该例题的讨论可知，定理 3-1 的逆命题不成立，函数在某点连续却不一定在该点可导. 也就是说，函数在某点连续是函数在该点可导的必要条件，但不是充分条件.

任务解决

若已知高铁在运行中行驶的路程 s 与时间 t 的关系式 $s=s(t)$，根据导数的物理意义，在 t 时刻的瞬时速度 v 可由下式计算

$$v(t)=s'(t)=\lim_{\Delta t \to 0}\frac{\Delta s}{\Delta t}=\lim_{\Delta t \to 0}\frac{s(t+\Delta t)-s(t)}{\Delta t}.$$

评估检测

1. 已知函数 $f(x)$ 在点 x_0 处可导，试利用导数定义确定下列各题的系数 k.

(1) $\lim\limits_{\Delta x \to 0}\dfrac{f(x_0+5\Delta x)-f(x_0)}{\Delta x}=kf'(x_0)$；

(2) $\lim\limits_{h \to 0}\dfrac{f(x_0-2h)-f(x_0)}{h}=kf'(x_0)$；

(3) $\lim\limits_{\Delta x \to 0}\dfrac{f(x_0+a\Delta x)-f(x_0-a\Delta x)}{\Delta x}=kf'(x_0)$（$a$ 为常数，且 $a\neq 0$）.

2. 已知函数 $f(x)=x^2$，利用导数定义求 $f'(2)$.

3. 求曲线 $f(x)=\sqrt{x}$ 在点 $(4,2)$ 处的切线方程和法线方程.

4. 试求出曲线 $f(x)=\dfrac{1}{3}x^3$ 上与直线 $x-4y=5$ 平行的切线方程.

5. 设函数

$$f(x)=\begin{cases} x^2, & x\leqslant 1 \\ ax+b, & x>1 \end{cases},$$

为使函数在点 $x=1$ 处连续且可导，a、b 应取什么值？

专本对接

1. 若函数 $f(x)$ 在点 x_0 处可导，则 $\lim\limits_{\Delta x \to 0}\dfrac{f(x_0+2\Delta x)-f(x_0)}{\Delta x}=$（　　）.

A. $2f'(x_0)$ B. $f'(x_0)$ C. $-2f'(x_0)$ D. $\dfrac{1}{2}f'(x_0)$

2. 若函数 $f(x)$ 在点 x_0 处可导，且 $f'(x_0)=3$，则 $\lim\limits_{\Delta x \to 0}\dfrac{f(x_0-\Delta x)-f(x_0)}{2\Delta x}=$（　　）.

A. -3 B. $-\dfrac{3}{2}$ C. -2 D. 6

模块三 导数与微分 **73**

3.已知函数 $f(x)$ 在点 $x=1$ 处连续，且 $\lim\limits_{x \to 1} \dfrac{f(x)-f(1)}{5x-5}=\dfrac{1}{4}$，则 $f'(1)=$ （　　　）.

A. 1　　　　　　　B. $\dfrac{4}{5}$　　　　　　　C. $\dfrac{5}{4}$　　　　　　　D. 5

4.若函数 $f(x)$ 满足条件 $f(2)=0$，$f'(2)=2$，则极限 $\lim\limits_{x \to 1} \dfrac{f(2x)}{x-1}=$ （　　　）.

A. 1　　　　　　　B. 0　　　　　　　C. 2　　　　　　　D. 4

5.在曲线 $y=x^2$ 上有一条切线，已知该切线在 y 轴上的截距为 -1，求此切点.

拓展阅读

导数的起源

1.早期导数概念——特殊的形式

大约在 1629 年，法国数学家费马研究了作曲线的切线和求函数极值的方法；1637 年左右，他写了一篇手稿"求最大值与最小值的方法".在作切线时，他构造了差分 $f(A+E)-f(A)$，发现的因子 E 就是我们现在所说的导数 $f'(A)$.

2.17 世纪——广泛使用的"流数术"

17 世纪生产力的发展推动了自然科学和技术的发展，在前人创造性研究的基础上，数学家牛顿、莱布尼茨等从不同的角度开始系统地研究微积分.牛顿的微积分理论被称为"流数术"，他称变量为流量，称变量的变化率为流数，相当于我们所说的导数.牛顿的有关"流数术"的主要著作是《求曲边形面积》《运用无穷多项方程的计算法》和《流数术和无穷级数》.流数理论的实质概括为：其重点在于一个变量的函数而不在于多变量的方程；在于自变量的变化与函数的变化的比的构成；在于决定这个比当变化趋于零时的极限.

3.19 世纪导数——逐渐成熟的理论

1750 年达朗贝尔在为法国科学家院出版的《百科全书》第四版写的"微分"条目中提出了关于导数的一种观点，可以用现代符号简单表示为

$$\frac{\mathrm{d}y}{\mathrm{d}x}=\lim\limits_{\Delta x \to 0}\frac{\Delta y}{\Delta x}.$$

1823 年，柯西在他的《无穷小分析概论》中定义导数：如果函数 $y=f(x)$ 在变量 x 的两个给定的界限之间保持连续，并且我们为这样的变量指定一个包含在这两个不同界限之间的值，这样就使变量得到一个无穷小增量.

19 世纪 60 年代以后，维尔斯特拉斯创造了 ε-δ 语言，对微积分中出现的各种类型的极限重加表达，导数的定义也就获得了今天常见的形式.

了解了导数起源之后，研究数学发展及其规律、追溯数学思想和方法的演变发展、体会数学家的思维和创造过程、利用导数理论解决数学问题仍然是我们现在研究的重点.

任务二　导数基本公式与四则运算法则

任务提出

跳水运动在我国有着悠久的历史，早在宋朝就已有了跳水运动，而且具有一定的技术水平，当时叫"水秋千".花样跳水最早有明确记录的文字出现在宋人孟元老的著作《东京梦华

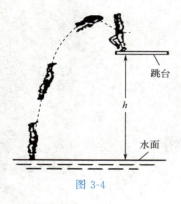

图 3-4

录》中. 表演者借着"秋千"使身体凌空而起,在空中完成各种动作之后,直接跳入水中,动作惊险,姿态优美,类似现代的花样跳水. 水秋千运动可视作跳水运动的雏形.

跳水运动是奥运史上最古老的运动项目之一,也是我国体育运动的强项之一. 在 2022 年跳水世界杯女子双人 10 米跳台决赛中,中国选手全红婵和陈芋汐毫无悬念地拿下冠军.

在高台跳水运动中,运动员相对于水面的高度 h(单位:m)与起跳后的时间 t(单位:s)存在函数关系 $h = -4.9t^2 + 6.5t + 10$(图 3-4),则运动员达到距离水面最高点的时刻是多少秒?

知识准备

一、基本初等函数的导数公式

(1) $(C)' = 0$ (C 为常数);

(2) $(x^\alpha)' = \alpha x^{\alpha-1}$ (α 是任意实数);

(3) $(a^x)' = a^x \ln a$ ($a > 0$ 且 $a \neq 1$),特别地,$(e^x)' = e^x$;

(4) $(\log_a x)' = \dfrac{1}{x \ln a}$ ($a > 0$ 且 $a \neq 1$),特别地,$(\ln x)' = \dfrac{1}{x}$;

(5) $(\sin x)' = \cos x$;　　　　　　(6) $(\cos x)' = -\sin x$;

(7) $(\tan x)' = \sec^2 x = \dfrac{1}{\cos^2 x}$;　　(8) $(\cot x)' = -\csc^2 x = -\dfrac{1}{\sin^2 x}$;

(9) $(\sec x)' = \sec x \tan x$;　　　　(10) $(\csc x)' = -\csc x \cot x$;

(11) $(\arcsin x)' = \dfrac{1}{\sqrt{1-x^2}}$;　　　(12) $(\arccos x)' = -\dfrac{1}{\sqrt{1-x^2}}$;

(13) $(\arctan x)' = \dfrac{1}{1+x^2}$;　　　(14) $(\text{arccot}\, x)' = -\dfrac{1}{1+x^2}$.

二、导数四则运算法则

定理 3-2 若函数 $u = u(x)$ 及 $v = v(x)$ 都可导,那么它们的和、差、积、商(分母为零的点除外)都可导,且有:

(1) $[u(x) \pm v(x)]' = u'(x) \pm v'(x)$;

(2) $[u(x)v(x)]' = u'(x)v(x) + u(x)v'(x)$;

(3) $\left[\dfrac{u(x)}{v(x)}\right]' = \dfrac{u'(x)v(x) - u(x)v'(x)}{v^2(x)}$ (其中 $v(x) \neq 0$).

特别地

$$[Cv(x)]' = Cv'(x) \text{ (其中 } C \text{ 是常数)},$$

$$(uvw)' = u'vw + uv'w + uvw' \text{ (其中 } w = w(x) \text{ 可导)}.$$

模块三　导数与微分　75

【例 3-8】　已知函数 $f(x) = x^3 + 4\cos x - \sin\dfrac{\pi}{2}$，求 $f'(x)$ 和 $f'\left(\dfrac{\pi}{2}\right)$.

解　应用导数四则运算法则得

$$f'(x) = (x^3)' + (4\cos x)' - \left(\sin\frac{\pi}{2}\right)' = 3x^2 - 4\sin x,$$

于是
$$f'\left(\frac{\pi}{2}\right) = \frac{3}{4}\pi^2 - 4.$$

【例 3-9】　已知函数 $f(x) = \sqrt{x} + \log_2 x - 4$，求 $f'(x)$.

解　应用导数四则运算法则得

$$f'(x) = (\sqrt{x})' + (\log_2 x)' - (4)' = \frac{1}{2\sqrt{x}} + \frac{1}{x\ln 2}.$$

【例 3-10】　求函数 $y = x^2 \tan x$ 的导数.

解　由导数的乘法法则得

$$y' = (x^2)'\tan x + x^2(\tan x)' = 2x\tan x + x^2\sec^2 x.$$

【例 3-11】　求函数 $y = x\sin x\ln x$ 的导数.

解　由导数的乘法法则得

$$y' = (x)'\sin x\ln x + x(\sin x)'\ln x + x\sin x(\ln x)'$$

$$= \sin x\ln x + x\cos x\ln x + x\sin x\,\frac{1}{x}$$

$$= \sin x\ln x + x\cos x\ln x + \sin x.$$

【例 3-12】　已知函数 $y = \tan x$，求 y'.

解　由导数的除法法则得

$$y' = (\tan x)' = \left(\frac{\sin x}{\cos x}\right)' = \frac{(\sin x)'\cos x - \sin x(\cos x)'}{\cos^2 x}$$

$$= \frac{\cos^2 x + \sin^2 x}{\cos^2 x} = \frac{1}{\cos^2 x} = \sec^2 x.$$

同理可得

$$(\cot x)' = -\frac{1}{\sin^2 x} = -\csc^2 x.$$

【例 3-13】　已知函数 $y = \sec x$，求 y'.

解　由导数的除法法则得

$$y' = (\sec x)' = \left(\frac{1}{\cos x}\right)' = \frac{(1)'\cos x - 1 \cdot (\cos x)'}{\cos^2 x} = \frac{\sin x}{\cos^2 x} = \sec x\tan x.$$

同理可得

$$(\csc x)' = -\csc x\cot x.$$

对于由基本初等函数和常数经过四则运算构成的初等函数求导，其方法是利用和、差、积、商的求导法则，将其转化为基本初等函数的求导问题即可.

任务解决

已知运动员相对于水面的高度 h（单位：m）与起跳后的时间 t（单位：s）的函数关系 $h = -4.9t^2 + 6.5t + 10$，可以计算出 t_0 时刻的瞬时速度 v 为

$$v(t_0)=h'(t_0)=-9.8t_0+6.5.$$

当运动员达到距离水面最高点时，此刻的速度等于 0，即

$$v(t_0)=-9.8t_0+6.5=0,$$

可得 $$t_0=\frac{65}{98}\text{s}.$$

故运动员达到距离水面最高点的时刻是 $\frac{65}{98}\text{s}$。

评估检测

1.求下列函数的导数.

(1) $f(x)=2x^3-5x^2+3x$；

(2) $f(x)=3x^2\ln x$；

(3) $f(x)=\dfrac{1+\mathrm{e}^x}{1-\mathrm{e}^x}$；

(4) $f(x)=5x^3-2^x+3\mathrm{e}^x$；

(5) $f(x)=\sin x\cos x$；

(6) $f(x)=2\tan x+\sec x-1$。

2.求下列函数在定点处的导数.

(1) $f(x)=\dfrac{3}{5-x}+\dfrac{x^2}{5}$，求 $f'(0)$；

(2) $f(x)=\dfrac{1-\sqrt{x}}{1+\sqrt{x}}$，求 $f'(4)$。

3.已知函数 $f(x^3)=1-x^6$，求 $f'(x)$。

4.已知过曲线 $y=x-\dfrac{1}{x}$ 在 $x>0$ 上的一点的切线与直线 $5x-4y+3=0$ 平行，试求出该点坐标.

专本对接

1.设 $y=x^2-\mathrm{e}^x$，则 $y'=(\qquad)$。

A. $2x-x\mathrm{e}$　　　　B. $2x-\mathrm{e}^2$　　　　C. $2x-\mathrm{e}^x$　　　　D. $2x$

2.设函数 $f(x)=\dfrac{\cos x}{x}$，求 $f'(x)$。

3.设函数 $y=x^2+\ln x-\cos x+\mathrm{e}^2$，求 y'。

4.设函数 $y=\sqrt{x}-\dfrac{1}{x}$，求 $y'(2)$。

5.求曲线 $y=\sqrt[3]{x^2}$ 在点 $(1,1)$ 处的切线方程.

6.设曲线 $y=\dfrac{1}{3}x^3-x^2+2$，求其平行于 x 轴的切线方程.

拓展阅读

明朝数学大师王文素和他的《新集通证古今算学宝鉴》

王文素是中国数学史上一位杰出的学者，《新集通证古今算学宝鉴》是明代数学最高水平的代表著作之一.

模块三　导数与微分　**77**

王文素，字尚彬，山西汾州（今汾阳市）人，约生于 1465 年，于明朝成化年间（1465—1487）随父王林到河北饶阳经商，遂定居. 自古晋商多儒商，出生于中小商人家庭的王文素，自幼颖悟，涉猎书史，诸子百家，无所不知. 尤长于算法，留心通证，以一生之精力，完成了《新集通证古今算学宝鉴》这一数学巨著. 他的集算诗自述曰："身似飘蓬近六旬，留心学算已年深，苦思善致精神败，久视能令眼目昏，铁砚磨穿三两个，毛锥乏尽几千根，如风扫退天边露，显出中秋月一轮."

《新集通证古今算学宝鉴》简称为《算学宝鉴》，全书分 12 本（由子至亥）42 卷，近 50 万字. 据劳汉生介绍："《算学宝鉴》自成书后四百年间未见各收藏家及公私书目著录，民国年间由北京图书馆于旧书肆中发现一蓝格抄本而得以入藏."

《算学宝鉴》中"开方本源图"独具中国古代数学传统特色. 虽尘封多年，但《算学宝鉴》在世界数学史上的位置是不可撼动的. 王文素是继宋杨辉、秦九韶和元朱世杰后明代最杰出的数学巨匠，《算学宝鉴》是代表明代数学最高水平的数学巨著之一.

任务三　复合函数、反函数、隐函数和参数方程求导

任务提出

蓄水池（水库）是由人工修建的蓄水设备，是非常重要的蓄积雨水的工程设施. 它能够缓解水资源短缺的问题，解决城市的排水以及防洪问题. 防洪时，修建在干流上的水库能对河水起缓冲作用，减小下游压力；旱季时，农作区水库存水能够发挥防旱灌溉作用.

某农作区的水池蓄水量为 500L，1h 可以从低端将水池内的水抽干. 若已知池中剩余水量的体积 V（单位：L）与时间 t（单位：min）的关系式为

$$V(t) = 500\left(1 - \frac{t}{60}\right)^2,$$

其中，$0 \leqslant t \leqslant 60$. 试分析水池中水流出的速度.

知识准备

一、复合函数的求导法则

定理 3-3　设函数 $y = f(u)$，$u = g(x)$，且 $f(u)$ 与 $g(x)$ 都可导，即 $\dfrac{\mathrm{d}y}{\mathrm{d}u} = f'(u)$，$\dfrac{\mathrm{d}u}{\mathrm{d}x} = g'(x)$. 则复合函数 $y = f[g(x)]$ 对 x 的导数为

$$y'(x) = f'(u) \cdot g'(x) \quad \text{或} \quad y_x' = y_u' \cdot u_x' \quad \text{或} \quad \frac{\mathrm{d}y}{\mathrm{d}x} = \frac{\mathrm{d}y}{\mathrm{d}u} \cdot \frac{\mathrm{d}u}{\mathrm{d}x}.$$

这个结论可以推广到有限次复合的情形. 例如设 $y = f(u)$，$u = g(v)$，$v = k(x)$，且三个函数都可导，则复合函数 $y = f\{g[k(x)]\}$ 对 x 的导数为

$$\frac{\mathrm{d}y}{\mathrm{d}x} = \frac{\mathrm{d}y}{\mathrm{d}u} \cdot \frac{\mathrm{d}u}{\mathrm{d}v} \cdot \frac{\mathrm{d}v}{\mathrm{d}x}.$$

复合函数求导法则也称为链式法则，每个环节环环相扣，在应用时，要注意因子的个数比中间变量的个数多一个，不能遗漏任何一个中间变量，且最后一个因子一定是某个中间变量对自变量的导数. 对于复合函数的求导可以按照由外及内、层间相乘的方法进行求导.

【例 3-14】 求 $y=(x+1)^2$ 的导数.

解 由复合函数求导数法则可得

$$y'=2(x+1) \cdot (x+1)'=2(x+1).$$

【例 3-15】 求 $y=e^{x^2}$ 的导数.

解 由复合函数求导数法则可得

$$y'=e^{x^2} \cdot (x^2)'=2x\,e^{x^2}.$$

【例 3-16】 求 $y=\ln\sin x$ 的导数.

解 由复合函数求导数法则可得

$$y'=\frac{1}{\sin x} \cdot (\sin x)'=\frac{\cos x}{\sin x}=\cot x.$$

【例 3-17】 求 $y=\ln(x+\sqrt{x^2+a^2})$ 的导数.

解 由复合函数求导数法则可得

$$y'=\frac{1}{x+\sqrt{x^2+a^2}} \cdot (x+\sqrt{x^2+a^2})'=\frac{1}{x+\sqrt{x^2+a^2}} \cdot \left[1+\frac{1}{2\sqrt{x^2+a^2}} \cdot (x^2+a^2)'\right]$$

$$=\frac{1}{x+\sqrt{x^2+a^2}} \cdot \left(1+\frac{x}{\sqrt{x^2+a^2}}\right)=\frac{1}{\sqrt{x^2+a^2}}.$$

二、反函数的求导法则

设函数 $y=f(x)$ 在点 x 的某邻域内单调连续，则 $f(x)$ 存在单调连续的反函数 $x=\varphi(y)$. 对于反函数 $x=\varphi(y)$ 在自变量点 y 处有增量 Δy （$\Delta y \neq 0$），相应的函数 x 有增量为

$$\Delta x=\varphi(y+\Delta y)-\varphi(y),$$

当 $\Delta y \neq 0$ 时，有 $\Delta x \neq 0$，于是

$$\frac{\Delta x}{\Delta y}=\frac{1}{\dfrac{\Delta y}{\Delta x}},$$

两端同时取 $\Delta y \to 0$ （此时 $\Delta x \to 0$）时的极限，有

$$\varphi'(y)=\lim_{\Delta y \to 0}\frac{\Delta x}{\Delta y}=\lim_{\Delta x \to 0}\frac{1}{\dfrac{\Delta y}{\Delta x}}=\frac{1}{\lim\limits_{\Delta x \to 0}\dfrac{\Delta y}{\Delta x}}=\frac{1}{f'(x)}.$$

定理 3-4 如果函数 $x=f(y)$ 在区间 I_y 内单调、可导且 $f'(y) \neq 0$，则它的反函数 $y=f^{-1}(x)$ 在区间 $I_x=\{x \mid x=f(y), y \in I_y\}$ 内可导，且有

$$[f^{-1}(x)]'=\frac{1}{f'(y)} \quad \text{或} \quad \frac{\mathrm{d}y}{\mathrm{d}x}=\frac{1}{\dfrac{\mathrm{d}x}{\mathrm{d}y}}.$$

【例 3-18】 求 $y=\arcsin x$ 的导数.

解 函数 $x=\sin y$ 在开区间 $I_y=\left(-\dfrac{\pi}{2},\dfrac{\pi}{2}\right)$ 内单调、可导，且 $(\sin y)'=\cos y>0$，根据反函数求导公式，在区间 $I_x=(-1,1)$ 内有

$$(\arcsin x)'=\frac{1}{(\sin y)'}=\frac{1}{\cos y}=\frac{1}{\sqrt{1-\sin^2 y}}=\frac{1}{\sqrt{1-x^2}}.$$

同理可得

$$(\arccos x)'=-\frac{1}{\sqrt{1-x^2}},\quad (\arctan x)'=\frac{1}{1+x^2},\quad (\text{arccot}\,x)'=-\frac{1}{1+x^2}.$$

三、隐函数及其求导法

函数 $y=f(x)$ 表示两个变量 y 与 x 之间的对应关系，这种对应关系可以用各种不同方式表达．例如 $y=\cos x$，$y=x\mathrm{e}^x$ 等，这种函数表达方式的特点是：等号左端是因变量的符号，而右端是含有自变量的式子，当自变量取定义域内任一值时，由这式子能确定对应的函数值．用这种方式表达的函数叫作 显函数．有时变量 y 与 x 之间的函数关系是由二元方程 $F(x,y)=0$ 给出的，称为 隐函数．例如，方程 $y^5+2y-x-3x^7=0$，$x^2+y^2=1$ 等都是隐函数．

把一个隐函数化成显函数，叫作 隐函数的显化．例如从方程 $x+y^3-1=0$ 中解出 $y=\sqrt[3]{1-x}$，就把隐函数化成了显函数．隐函数的显化有时是有困难的，甚至是不可能的．但在实际问题中，有时需要计算隐函数的导数，因此，不管隐函数能否显化，能直接由方程算出它所确定的隐函数的导数就非常有必要．

对隐函数求导时，只要把 y 看成是 x 的函数关系，利用复合函数求导法，将二元方程 $F(x,y)=0$ 的两边分别对 x 求导数，然后解出 y'_x，即得到隐函数的导数．

【例 3-19】 求由方程 $\mathrm{e}^y+xy-\mathrm{e}=0$ 所确定的隐函数的导数 y'．

解 方程两边的每一项对 x 求导数，得

$$(\mathrm{e}^y)'+(xy)'-\mathrm{e}'=0',$$

即

$$\mathrm{e}^y y'+y+xy'=0,$$

从而

$$y'=-\frac{y}{x+\mathrm{e}^y}(x+\mathrm{e}^y\neq 0).$$

【例 3-20】 求由方程 $x^2+y^2=4$ 所确定的隐函数的导数 y'．

解 方程两边的每一项对 x 求导数，得

$$(x^2)'+(y^2)'=4',$$

即

$$2x+2yy'=0,$$

从而

$$y'=-\frac{x}{y}.$$

【例 3-21】 求由方程 $\ln y=x$ 所确定的隐函数的导数 y'．

解 方程两边的每一项对 x 求导数，得

$$(\ln y)'=(x)',$$

即

$$\frac{1}{y}y'=1,$$

80 应用高等数学

从而
$$y' = y.$$

由方程 $\ln y = x$ 所确定 y 是 x 的函数，可表示为 $y = e^x$，因此有 $(e^x)' = e^x$. 类似地可证明 $(a^x)' = a^x \ln a$ $(a > 0$ 且 $a \neq 1)$.

【例 3-22】 求椭圆 $\dfrac{x^2}{16} + \dfrac{y^2}{9} = 1$ 在 $\left(2, \dfrac{3}{2}\sqrt{3}\right)$ 处的切线方程.

解 把椭圆方程的两边分别对 x 求导，得
$$\frac{x}{8} + \frac{2}{9}y \cdot y' = 0,$$

从而
$$y' = -\frac{9x}{16y}.$$

当 $x = 2$ 时，$y = \dfrac{3}{2}\sqrt{3}$，代入上面的导数式中，得到切线斜率

$$k = -\frac{\sqrt{3}}{4}.$$

所求的切线方程为
$$y - \frac{3}{2}\sqrt{3} = -\frac{\sqrt{3}}{4}(x - 2),$$

即
$$\sqrt{3}x + 4y - 8\sqrt{3} = 0.$$

当函数 $y = f(x)$ 是由几个因子通过乘、除、乘方或开方所构成的比较复杂的函数时，可先对表达式两边取对数，化乘、除为加、减，化乘方、开方为乘积，再运用隐函数求导数的方法求出导数 y'，这种方法称为对数求导法.

对数求导法多适用于以下两种情况：

(1) 求幂指函数 $y = [u(x)]^{v(x)}$ 的导数；

(2) 求多因子积、商及幂的导数.

【例 3-23】 求 $y = x^{\sin x}$ $(x > 0)$ 的导数.

解 方程两边取对数，得
$$\ln y = \sin x \cdot \ln x.$$

两边对 x 求导，得
$$\frac{1}{y}y' = \cos x \cdot \ln x + \sin x \cdot \frac{1}{x},$$

于是
$$y' = y\left(\cos x \ln x + \frac{1}{x}\sin x\right) = x^{\sin x}\left(\cos x \ln x + \frac{1}{x}\sin x\right).$$

【例 3-24】 求函数 $y = \sqrt{\dfrac{(x-1)(x-2)}{(x-3)(x-4)}}$ 的导数.

解 方程两边取对数（假定 $x > 4$），得
$$\ln y = \frac{1}{2}[\ln(x-1) + \ln(x-2) - \ln(x-3) - \ln(x-4)].$$

上式两边对 x 求导，得
$$\frac{1}{y}y' = \frac{1}{2}\left(\frac{1}{x-1} + \frac{1}{x-2} - \frac{1}{x-3} - \frac{1}{x-4}\right),$$

于是

$$y' = \frac{1}{2}\left(\frac{1}{x-1} + \frac{1}{x-2} - \frac{1}{x-3} - \frac{1}{x-4}\right)\sqrt{\frac{(x-1)(x-2)}{(x-3)(x-4)}}.$$

四、由参数方程确定的函数的导数

设因变量 y 与自变量 x 都与参数 t 存在函数关系，如果把对应同一个 t 值的 y 与 x 的值看作是对应的，这样就得到 y 与 x 之间的函数关系，即由以下参数方程所确定的函数

$$\begin{cases} x = \varphi(t) \\ y = \psi(t) \end{cases}.$$

在一般情形下，通过消去参数 t 而得到显函数 $y = f(x)$ 是有困难的. 那么如何才能直接由参数方程算出它所确定的函数的导数呢？

在上式的参数方程中，如果函数 $x = \varphi(t)$ 具有单调连续的反函数 $t = \varphi^{-1}(x)$，且此反函数能与函数 $y = \psi(t)$ 构成复合函数，那么该参数方程所确定的函数可以看成是由函数 $y = \psi(t)$、$t = \varphi^{-1}(x)$ 复合而成的函数 $y = \psi[\varphi^{-1}(x)]$. 现在要计算这个复合函数的导数，需假定函数 $x = \varphi(t)$、$y = \psi(t)$ 都可导，而且 $\varphi'(t) \neq 0$. 于是根据复合函数求导法则与反函数求导法则，可得

$$\frac{\mathrm{d}y}{\mathrm{d}x} = \frac{\mathrm{d}y}{\mathrm{d}t} \cdot \frac{\mathrm{d}t}{\mathrm{d}x} = \frac{\mathrm{d}y}{\mathrm{d}t} \cdot \frac{1}{\dfrac{\mathrm{d}x}{\mathrm{d}t}} = \frac{\psi'(t)}{\varphi'(t)},$$

即

$$\frac{\mathrm{d}y}{\mathrm{d}x} = \frac{\psi'(t)}{\varphi'(t)}.$$

【例 3-25】 求由参数方程 $\begin{cases} x = \sin t + 2 \\ y = 1 - t \end{cases}$ 确定的函数 $y = y(x)$ 的导数.

解 利用参数方程的求导公式可得

$$\frac{\mathrm{d}y}{\mathrm{d}x} = \frac{\psi'(t)}{\varphi'(t)} = \frac{(1-t)'}{(\sin t + 2)'} = -\frac{1}{\cos t} = -\sec t.$$

【例 3-26】 求椭圆 $\begin{cases} x = a\cos t \\ y = b\sin t \end{cases}$ $(0 \leqslant t \leqslant 2\pi)$ 在 $t = \dfrac{\pi}{4}$ 点处的切线方程.

解 利用参数方程的求导公式可得

$$\frac{\mathrm{d}y}{\mathrm{d}x} = \frac{(b\sin t)'}{(a\cos t)'} = \frac{b\cos t}{-a\sin t} = -\frac{b}{a}\cot t.$$

于是，所求切线的斜率为

$$k = \frac{\mathrm{d}y}{\mathrm{d}x}\Big|_{t=\frac{\pi}{4}} = -\frac{b}{a}.$$

切点的坐标为 $x_0 = a\cos\dfrac{\pi}{4} = \dfrac{\sqrt{2}}{2}a$，$y_0 = b\sin\dfrac{\pi}{4} = \dfrac{\sqrt{2}}{2}b$. 因此所求的切线方程为

$$y - \frac{\sqrt{2}}{2}b = -\frac{b}{a}\left(x - \frac{\sqrt{2}}{2}a\right),$$

即

$$bx + ay - \sqrt{2}ab = 0.$$

82 | 应用高等数学

任务解决

已知水池中剩余水量体积 V（单位：L）与时间 t（单位：min）的关系式为

$$V(t) = 500\left(1 - \frac{t}{60}\right)^2,$$

其中，$0 \leqslant t \leqslant 60$. 根据导数定义可知，水流速度可由剩余水量体积 V 的导数计算出来. 因上面的关系函数是复合函数，故使用复合函数求导的方法来计算导数，即

$$v_{水速} = V'(t) = 500 \times 2\left(1 - \frac{t}{60}\right) \cdot \left(1 - \frac{t}{60}\right)'$$

$$= 1000\left(1 - \frac{t}{60}\right) \cdot \left(-\frac{1}{60}\right)$$

$$= -\frac{50}{3}\left(1 - \frac{t}{60}\right).$$

评估检测

1. 求下列函数的导数.

(1) $y = (x^2 + 1)^{10}$;

(2) $y = \cos^2 x$;

(3) $y = \ln(1 + x^2)$;

(4) $y = e^{-x}$;

(5) $y = \sqrt{x + \sqrt{x + \sqrt{x}}}$;

(6) $y = \sqrt[3]{1 + \ln^2 x}$.

2. 求由下列方程所确定的隐函数的导数.

(1) $y^3 = 3y - 2x$;

(2) $x^3 + y^3 - 3xy = 0$;

(3) $y = 1 - xe^y$;

(4) $xy + \ln y = 1$.

3. 求由下列参数方程所确定的函数的导数.

(1) $\begin{cases} x = 1 - t^2 \\ y = t - t^3 \end{cases}$;

(2) $\begin{cases} x = \sin t \\ y = \cos 2t \end{cases}$

4. 设函数 $f(x)$ 与 $g(x)$ 可导，且 $f^2(x) + g^2(x) \neq 0$，试求函数 $y = \sqrt{f^2(x) + g^2(x)}$ 的导数.

5. 用对数求导法求函数 $y = (\sin x)^x$ 的导数.

专本对接

1. 设函数 $f'(x) = \dfrac{1}{x}$，$y = f(\cos x)$，则 $\dfrac{dy}{dx} = $（　　　）.

A. $\tan x$ B. $-\tan x$ C. $\sin x$ D. $\cos x$

2. 设函数 $f(x-1) = e^{2x}$，则 $f'(x) = $（　　　）.

A. e^{2x} B. $2e^{2x}$ C. $2e^{2x+1}$ D. $2e^{2x+2}$

3. 若函数 $f(x) = (x-3)^5$，则 $[f(3)]' = $_____.

4. 设函数 $f(x)$ 在 $(-\infty, +\infty)$ 上可导，且 $f(2) = 4$，$f'(2) = 3$，$f'(4) = 5$，则函数 $y = f[f(x)]$ 在点 $x = 2$ 处的导数为_____.

5. 设函数 $f(x)$ 具有一阶连续导数，且 $y = e^{f(2\sin x)}$，则 $y' = $_____.

6. 设 $\begin{cases} x = 2t^2 + 1 \\ y = \sin t \end{cases}$，求 $\dfrac{\mathrm{d}y}{\mathrm{d}x}$.

拓展阅读

数学基本思想的三个核心要素及其关系

数学基本思想有三个核心要素：抽象、推理、模型.数学的眼光就是抽象，数学的思维就是推理，数学的语言就是模型.

数学基本思想三要素对于数学的作用以及相互之间的关系大体是这样的：通过抽象，人们把现实世界中与数学有关的东西抽象到数学内部，形成数学的研究对象，思维特征是抽象能力强；通过推理，人们从数学的研究对象出发，在一些假设条件下，有逻辑地得到研究对象的性质以及描述研究对象之间关系的命题和计算结果，促进数学内部的发展，思维特征是逻辑推理能力强；通过模型，人们用数学所创造的语言、符号和方法，描述现实世界中的故事，构建了数学与现实世界的桥梁，思维特征是表述事物规律的能力强.

当然，针对具体的数学内容，不可能把三者截然分开，特别是不能把抽象与推理、抽象与模型截然分开.在推理的过程中，往往需要从已有的数学知识出发，抽象出那些并不是直接来源于现实世界的概念和运算法则；在构建模型的过程中，往往需要在错综复杂的现实背景中抽象出最为本质的关系，并且用数学的语言予以表达.反之，抽象的过程往往需要借助逻辑推理；通过推理判断概念之间的关系，判断什么是命题的独立性，什么是命题的相容性，最终抽象出公理体系；在众多个案的运算过程中发现规律，通过推理验证什么是最本质的规律，最终用抽象的符号表达一般性的运算法则.因此，在数学研究和学习的过程中，抽象、推理、模型这三者之间常常是你中有我、我中有你.

数学教学的最终目标，是要让学习者会用数学的眼光观察现实世界，会用数学的思维思考现实世界，会用数学的语言表达现实世界.

［史宁中（东北师范大学教授，博士研究生导师），

《谈数学基本思想和数学核心素养》］

任务四　高阶导数

任务提出

2022 年 10 月 17 日在巴黎开幕的国际车展中，我国的新能源汽车成为本届车展的绝对主角.在 2022 年的乘用车总销量中，中国品牌占比达到 75.1%.这是一个亮眼的成绩，也是一个巨大的变化.它代表了中国品牌在崛起之路上走得铿锵有力，也代表了汽车强国梦离实现更进一步.

汽车的动力性指标最大速度、加速能力和最大爬坡度，是汽车使用性能最基本、最重要的性能，是真实反映汽车动力性能的重要参数.若在测试中一辆新能源汽车做直线运动，其运动规律为 $s(t) = 10 + 2t + \dfrac{t^2}{3}$（单位：m），则 $t = 2$（单位：s）时汽车的速度与加速度是多少？

知识准备

一、高阶导数的定义及求法

一般地，函数 $y=f(x)$ 的导数 $y'=f'(x)$ 仍然是 x 的函数. 我们把 $y'=f'(x)$ 的导数叫作函数 $y=f(x)$ 的 二阶导数，记作

$$y'',\quad f''(x)\quad \text{或}\quad \frac{\mathrm{d}^2 y}{\mathrm{d}x^2}.$$

相应地，把 $y=f(x)$ 的导数 $f'(x)$ 也称作函数 $y=f(x)$ 的一阶导数. 类似地，二阶导数的导数叫作三阶导数，三阶导数的导数叫作四阶导数……$n-1$ 阶导数的导数叫作 n 阶导数，分别记作

$$y''',y^{(4)},\cdots,y^{(n)}\quad \text{或}\quad \frac{\mathrm{d}^3 y}{\mathrm{d}x^3},\frac{\mathrm{d}^4 y}{\mathrm{d}x^4},\cdots,\frac{\mathrm{d}^n y}{\mathrm{d}x^n}.$$

定义 3-3　函数 $y=f(x)$ 的二阶及二阶以上的导数统称为高阶导数.

函数 $y=f(x)$ 具有 n 阶导数，也常说函数 $f(x)$ 为 n 阶可导. 如果函数 $f(x)$ 在点 x 处具有 n 阶导数，那么函数 $f(x)$ 在点 x 的某一邻域内必定具有一切低于 n 阶的导数. 结合高阶导数定义，可见求高阶导数即是多次接连地求导数，即从一阶开始，逐阶求导.

【例 3-27】　求下列函数的二阶导数.

(1) $y=2x+3$；　　　　(2) $y=x^2+2x-3$；　　　　(3) $y=2^x+x\ln x$.

解　(1) $y'=2$，$y''=0$；

(2) $y'=2x+2$，$y''=2$；

(3) $y'=2^x\ln 2+\ln x+1$，$y''=2^x(\ln 2)^2+\dfrac{1}{x}$.

【例 3-28】　已知 $y=\ln(1+x^2)$，求 $y''(1)$.

解　
$$y'=\frac{2x}{1+x^2}，\quad y''=\frac{2(1+x^2)-2x\cdot 2x}{(1+x^2)^2}=\frac{2(1-x^2)}{(1+x^2)^2}，$$

故
$$y''(1)=0.$$

【例 3-29】　设 y 与 x 的函数关系由参数方程 $\begin{cases} x=1-t^2 \\ y=t-t^3 \end{cases}$ 所确定，求 $\dfrac{\mathrm{d}^2 y}{\mathrm{d}x^2}$.

解　
$$\frac{\mathrm{d}y}{\mathrm{d}x}=\frac{(t-t^3)'}{(1-t^2)'}=\frac{3t^2-1}{2t}，$$

$$\frac{\mathrm{d}^2 y}{\mathrm{d}x^2}=\frac{\mathrm{d}}{\mathrm{d}x}\left(\frac{\mathrm{d}y}{\mathrm{d}x}\right)=\frac{\left(\dfrac{3t^2-1}{2t}\right)'}{(1-t^2)'}=-\frac{3t^2+1}{4t^3}.$$

【例 3-30】　求 $y=\sin x$ 的 n 阶导数.

解　
$$y'=\cos x=\sin\left(x+\frac{\pi}{2}\right)；$$

$$y''=\cos\left(x+\frac{\pi}{2}\right)=\sin\left(x+\frac{\pi}{2}+\frac{\pi}{2}\right)=\sin\left(x+2\cdot\frac{\pi}{2}\right)；$$

$$y''' = \cos\left(x + 2 \cdot \frac{\pi}{2}\right) = \sin\left(x + 2 \cdot \frac{\pi}{2} + \frac{\pi}{2}\right) = \sin\left(x + 3 \cdot \frac{\pi}{2}\right);$$

$$y^{(4)} = \cos\left(x + 3 \cdot \frac{\pi}{2}\right) = \sin\left(x + 4 \cdot \frac{\pi}{2}\right).$$

一般地，可得

$$y^{(n)} = \sin\left(x + n \cdot \frac{\pi}{2}\right),$$

即

$$(\sin x)^{(n)} = \sin\left(x + n \cdot \frac{\pi}{2}\right).$$

同理可得

$$(\cos x)^{(n)} = \cos\left(x + n \cdot \frac{\pi}{2}\right).$$

二、二阶导数的物理意义

我们已经知道物体做变速直线运动时，若其运动方程为 $s = s(t)$，则物体在某一时刻的运动速度 v 是运动方程 s 对时间 t 的一阶导数，即

$$v = s'(t) = \frac{\mathrm{d}s}{\mathrm{d}t}.$$

因速度 v 仍是时间 t 的函数，所以不难得出物体运动的加速度为

$$a = v'(t) = s''(t) = \frac{\mathrm{d}^2 s}{\mathrm{d}t^2}.$$

它是运动方程 s 对时间 t 的二阶导数，通常把它看作二阶导数的物理意义.

任务解决

测试的新能源汽车做直线运动，已知其运动规律 $s(t) = 10 + 2t + \dfrac{t^2}{3}$，则可求出汽车在 $t = 2\mathrm{s}$ 时的速度与加速度.

现已知汽车的运动规律为 $s(t) = 10 + 2t + \dfrac{t^3}{3}$（单位：m），则 $t = 2\mathrm{s}$（单位：s）时汽车的速度为

$$v(2) = s'|_{t=2} = (2 + t^2)|_{t=2} = 6 \ (\mathrm{m/s}),$$

$t = 2$ 时汽车的加速度为

$$a(2) = s''|_{t=2} = 2t|_{t=2} = 4 \ (\mathrm{m/s^2}).$$

评估检测

1. 求下列函数的二阶导数.

(1) $y = 2x^2 + \ln x$；　　　　(2) $y = x\cos x$；　　　　(3) $y = \mathrm{e}^{2x-1}$；

(4) $y = \ln(1 - x)$；　　　　(5) $y = \dfrac{1}{x^3 + 1}$；　　　　(6) $y = \dfrac{\mathrm{e}^x}{x}$.

2. 求下列函数的 n 阶导数.

(1) $y = \mathrm{e}^x$；　　　　　　(2) $y = x^m$（m 为正整数）.

3.证明函数 $y=\sqrt{2x-x^2}$ 满足关系式 $y^3 y''+1=0$.

4.设质点做直线运动，其运动规律为 $s(t)=A\cos\dfrac{\pi t}{3}$，求质点在时刻 $t=1$ 时的速度和加速度.

专本对接

1.设函数 $y=x\ln x$，则二阶导数 $y''=$ _____.

2.若函数 $y=\cos 2x$，则二阶导数 $y''=$ _____.

3.设函数 $y=xe^x$，则二阶导数 $y''=$ _____.

4.设函数 $y=x\sin x$，则二阶导数 $y''\big|_{x=0}=$ _____.

拓展阅读

数学家谷超豪

谷超豪曾说过，知识和能力是一点一点积累起来的，要注意有扎实的基础，要注意复习和巩固，不能急于求成.学习如果想有成效，就必须专心，学习本身是一件艰苦的事，只有付出艰苦的劳动，才会有相应的收获.

谷超豪是我国著名的数学家，被誉为"数学王国中披荆斩棘的开拓者".谷超豪在微分几何、偏微分方程和数学物理等方面做出了重要贡献，首次提出了高维、高阶混合型方程的系统理论，在超声速绕流的数学问题、规范场的数学结构、波映照和高维时空的孤立子研究中都取得过重要突破.

谷超豪还是一位好老师，每当他开拓出一个新领域，就会毫无保留地传授给学生，把学生推上这一领域的前沿.他在从教的 60 多年里为中国高校和科研机构培养出一大批高级数学人才，有 9 人先后当选为中国科学院院士或中国工程院院士.谷超豪治学严谨，尊重学生的学术成果，在自己参与的学术论文署名上十分慎重，除非他个人的研究占到科研工作的一半以上或做了非常实质性的工作，否则坚决不肯署名，因此他的 130 多篇论文，近八成都是他独立发表的.

数学即人生，谷超豪用自己的坚守，为国家做出了重大贡献，正是因为有像谷超豪这样的大师，中国的数学发展才会越来越好.

任务五　微分及其应用

任务提出

北京时间 2022 年 6 月 5 日 10 时 44 分，"长征二号"F 遥十四运载火箭从酒泉卫星发射中心直上云霄，将"神舟十四号"载人飞船成功送入预定轨道，发射取得圆满成功.

航天器上使用的材料极易被腐蚀，通常需要在外层镀上一层防腐涂层，涂层所需质量的计算非常重要.现已知一半径为 1cm 的金属球体，为了提高球面的防腐能力，需要镀上一层 0.01cm 厚的功能性薄涂层.若已知该功能性涂层的密度为 8g/cm^3，试估计小球需用涂层多少克？

知识准备

一、引例

一块正方形金属薄片受温度变化的影响,其边长由 x_0 变到 $x_0+\Delta x$ (图 3-5),问此薄片的面积改变了多少?

设此薄片的边长为 x,面积为 A,根据正方形面积公式可知 A 与 x 的函数关系为 $A=x^2$.薄片受温度变化影响时面积的改变量,可以看成是当自变量 x 自 x_0 取得增量 Δx 时,函数 $A=x^2$ 相应的增量 ΔA,即

$$\Delta A=(x_0+\Delta x)^2-x_0^2=2x_0\Delta x+(\Delta x)^2.$$

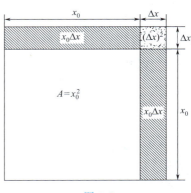

图 3-5

从该式中可以看出,面积的改变量 ΔA 分成两部分:第一部分 $2x_0\Delta x$ 是 Δx 的线性函数,是图 3-5 中带斜线的两个矩形面积之和;第二部分 $(\Delta x)^2$ 是图 3-5 中带小点的小正方形面积,当 $\Delta x \to 0$ 时,$(\Delta x)^2$ 是比 Δx 高阶的无穷小,即 $(\Delta x)^2 = o(\Delta x)$.因此,当边长改变量 $|\Delta x|$ 很微小时,面积的改变量 ΔA 可近似地用第一部分来代替,即

$$\Delta A=(x_0+\Delta x)^2-x_0^2\approx 2x_0\Delta x.$$

二、微分的定义

定义 3-4 设函数 $y=f(x)$ 在某区间内有定义,且 x_0 及 $x_0+\Delta x$ 都在这个区间内,如果增量 $\Delta y=f(x+\Delta x)-f(x)$ 可表示为 $\Delta y=A\Delta x+o(\Delta x)$,其中 A 是不依赖于 Δx 的常数,$o(\Delta x)$ 是 Δx 的高阶无穷小量,那么称函数 $y=f(x)$ 在点 x_0 是可微的,而 $A\Delta x$ 叫作函数 $y=f(x)$ 在点 x_0 相应于自变量增量 Δx 的微分,记作 dy,即 $dy=A\Delta x$.

定理 3-5 函数 $y=f(x)$ 在点 x_0 可微的充分必要条件是函数 $y=f(x)$ 在点 x_0 可导,且当函数 $y=f(x)$ 在点 x_0 可微时,其微分一定是

$$dy=f'(x_0)\Delta x.$$

证明 若函数 $y=f(x)$ 在点 x_0 可微,则

$$\Delta y=A\Delta x+o(\Delta x),$$

有

$$\frac{\Delta y}{\Delta x}=A+\frac{o(\Delta x)}{\Delta x},$$

当 $\Delta x \to 0$ 时,可得

$$A=\lim_{\Delta x \to 0}\frac{\Delta y}{\Delta x}=f'(x_0).$$

因此,如果函数 $y=f(x)$ 在点 x_0 可微,则函数 $y=f(x)$ 在点 x_0 也一定可导,且

$$f'(x_0)=A.$$

反之,若函数 $y=f(x)$ 在点 x_0 可导,即存在

$$\lim_{\Delta x \to 0} \frac{\Delta y}{\Delta x} = f'(x_0),$$

根据极限与无穷小的关系，上式可写成

$$\frac{\Delta y}{\Delta x} = f'(x_0) + \alpha,$$

其中 $\alpha \to 0$（当 $\Delta x \to 0$ 时）. 由此又有

$$\Delta y = f'(x_0)\Delta x + \alpha \Delta x.$$

因 $\alpha \Delta x = o(\Delta x)$，且 $f'(x_0)$ 不依赖于 Δx，故由微分定义可知，函数 $y = f(x)$ 在点 x_0 也是可微的.

证毕.

一元函数可微 $\Leftrightarrow$ 一元函数可导 $\Rightarrow$ 连续 $\Rightarrow$ 极限存在.

在 $f'(x_0) \neq 0$ 的条件下，以微分 $dy = f'(x_0)\Delta x$ 近似代替增量 $\Delta y = f(x_0 + \Delta x) - f(x_0)$ 时，其误差为 $o(\Delta x)$. 因此，在 $|\Delta x|$ 很小时，有近似等式

$$\Delta y \approx dy.$$

【例 3-31】 求函数 $y = x^2$ 在 $x = 1$ 和 $x = 3$ 处的微分.

解 根据定理中的微分式，函数在 $x = 1$ 处的微分为

$$dy\big|_{x=1} = (x^2)'\big|_{x=1}\Delta x = 2\Delta x.$$

函数在 $x = 3$ 处的微分为

$$dy\big|_{x=3} = (x^2)'\big|_{x=3}\Delta x = 6\Delta x.$$

函数 $y = f(x)$ 在任意点 x 的微分，称为函数的微分，记作 dy 或 $df(x)$，即

$$dy = f'(x)\Delta x.$$

对于函数 $y = x$ 有 $dy = (x)'\Delta x = \Delta x$，故有 $dx = dy = \Delta x$. 因此通常把自变量 x 的增量 Δx 称为自变量的微分，记作 dx，即 $dx = \Delta x$. 于是函数 $y = f(x)$ 的微分又可记作

$$dy = f'(x)dx.$$

从而有

$$\frac{dy}{dx} = f'(x).$$

这就是说，函数的微分 dy 与自变量的微分 dx 之商等于该函数的导数. 因此，导数也称为"微商".

【例 3-32】 求函数 $y = \cos x$ 的微分.

解 $dy = (\cos x)'dx = -\sin x\,dx.$

【例 3-33】 求函数 $y = x^3$ 在 $x = 2$，$\Delta x = 0.02$ 时的微分.

解 先求出函数在任意点 x 处的微分

$$dy = (x^3)'\Delta x = 3x^2\Delta x,$$

再将 $x = 2$，$\Delta x = 0.02$ 代入上式，得

$$dy\big|_{\substack{x=2 \\ \Delta x=0.02}} = 3x^2\Delta x\big|_{\substack{x=2 \\ \Delta x=0.02}} = 3 \times 2^2 \times 0.02 = 0.24.$$

三、微分的几何意义

在直角坐标系中，函数 $y = f(x)$ 的图形是一条曲线. 对于某一固定的 x_0 的值，曲线上有一个确定点 $M(x_0, y_0)$，当自变量 x 有微小增量 Δx 时，就得到曲线上另一点 $N(x_0 +$

$\Delta x, y_0 + \Delta y)$（图 3-6），故有 $MQ = \Delta x$, $NQ = \Delta y$.

过点 $M(x_0, y_0)$ 作曲线的切线 MT，它的倾斜角为 α，则
$$QP = MQ \cdot \tan\alpha = \Delta x \cdot f'(x_0),$$
即
$$dy = QP.$$

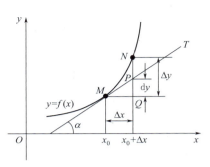

图 3-6

由此可见，对于可微函数 $y = f(x)$ 而言，当 Δy 是曲线 $y = f(x)$ 上的点 N 的纵坐标的增量时，dy 就是曲线的切线上点 P 纵坐标的相应增量. 当 $|\Delta x|$ 很小时，$|\Delta y - dy|$ 比 $|\Delta x|$ 小得多. 因此在点 $M(x_0, y_0)$ 的邻近，我们可以用切线段来近似代替曲线段. 在局部范围内用线性函数近似代替非线性函数，在几何上就是局部用切线段近似代替曲线段，这在数学上称为非线性函数的局部线性化，这是微分学的基本思想方法之一.

四、微分运算

1. 基本初等函数的微分公式

由基本初等函数的导数公式，可以直接写出基本初等函数的微分公式（表 3-1）.

表 3-1

序号	微分公式	序号	微分公式
1	$d(C) = 0$（C 为常数）	9	$d(a^x) = a^x \ln a\, dx$（$a > 0$ 且 $a \neq 1$）
2	$d(x^\alpha) = \alpha x^{\alpha-1} dx$（$\alpha$ 是任意实数）	10	$d(e^x) = e^x dx$
3	$d(\sin x) = \cos x\, dx$	11	$d(\log_a x) = \dfrac{1}{x \ln a} dx$（$a > 0$ 且 $a \neq 1$）
4	$d(\cos x) = -\sin x\, dx$	12	$d(\ln x) = \dfrac{1}{x} dx$
5	$d(\tan x) = \sec^2 x\, dx$	13	$d(\arcsin x) = \dfrac{1}{\sqrt{1-x^2}} dx$
6	$d(\cot x) = -\csc^2 x\, dx$	14	$d(\arccos x) = -\dfrac{1}{\sqrt{1-x^2}} dx$
7	$d(\sec x) = \sec x \tan x\, dx$	15	$d(\arctan x) = \dfrac{1}{1+x^2} dx$
8	$d(\csc x) = -\csc x \cot x\, dx$	16	$d(\text{arccot}\, x) = -\dfrac{1}{1+x^2} dx$

2. 函数和、差、积、商的微分法则

由函数和、差、积、商的求导法则，可推得相应的微分法则（表 3-2）. 表中 $u = u(x)$，$v = v(x)$ 都可导.

表 3-2

序号	函数和、差、积、商的微分法则	序号	函数和、差、积、商的微分法则
1	$d(u \pm v) = du \pm dv$	3	$d(uv) = v\,du + u\,dv$
2	$d(Cu) = C\,du$，其中 C 为任意常数	4	$d\left(\dfrac{u}{v}\right) = \dfrac{v\,du - u\,dv}{v^2}$，其中 $v \neq 0$

90 | 应用高等数学

【例 3-34】 求函数 $y = e^x \cos x - 2\tan x$ 的微分.

解 $\begin{aligned} dy &= d(e^x \cos x) - 2d(\tan x) \\ &= \cos x \, d(e^x) + e^x \, d(\cos x) - 2d(\tan x) \\ &= e^x \cos x \, dx - e^x \sin x \, dx - 2\sec^2 x \, dx \\ &= (e^x \cos x - e^x \sin x - 2\sec^2 x) dx. \end{aligned}$

【例 3-35】 求函数 $y = \dfrac{\sin x - \cos x}{e^x}$ 的微分.

解 $\begin{aligned} dy &= \frac{e^x \, d(\sin x - \cos x) - (\sin x - \cos x) d(e^x)}{(e^x)^2} \\ &= \frac{e^x (\cos x + \sin x) dx - (\sin x - \cos x) e^x \, dx}{e^{2x}} \\ &= \frac{2e^x \cos x \, dx}{e^{2x}} \\ &= \frac{2\cos x}{e^x} dx. \end{aligned}$

3. 复合函数的微分法则

与复合函数的求导法则相应的复合函数的微分法则可推导如下.

设函数 $u = g(x)$ 在点 x 处可导，函数 $y = f(u)$ 在对应的点 u 处可导，则复合函数 $y = f[g(x)]$ 的微分为

$$dy = y'_x \, dx = f'(u) g'(x) dx.$$

由于 $g'(x) dx = du$，所以复合函数 $y = f[g(x)]$ 的微分公式也可以写成

$$dy = f'(u) du \quad \text{或} \quad dy = y'_u \, du.$$

由此可见，无论 u 是自变量还是中间变量，函数 $y = f(u)$ 的微分形式 $dy = f'(u) du$ 保持不变. 这一性质称为微分形式不变性.

【例 3-36】 求函数 $y = \cos(5x - 1)$ 的微分.

解 $dy = d[\cos(5x-1)] = -\sin(5x-1) d(5x-1) = -5\sin(5x-1) dx.$

【例 3-37】 求函数 $y = \ln(1 + e^{x^2})$ 的微分.

解 $\begin{aligned} dy &= d[\ln(1+e^{x^2})] = \frac{1}{1+e^{x^2}} d(1+e^{x^2}) \\ &= \frac{e^{x^2}}{1+e^{x^2}} d(x^2) \\ &= \frac{2x e^{x^2}}{1+e^{x^2}} dx. \end{aligned}$

根据函数的导数与微分的关系，可知求初等函数 $y = f(x)$ 的微分有两种方法.

方法一：先求出导数 y'，然后代入公式 $dy = y' dx$ 求得微分.

方法二：利用微分基本公式、微分四则运算法则以及微分形式不变性，解出 dy.

【例 3-38】 $y = e^{1-3x} \cos x$，求 dy.

解 因 $y' = (e^{1-3x})' \cos x + e^{1-3x} (\cos x)' = -e^{1-3x} (3\cos x + \sin x)$，故有

$$dy = y' dx = -e^{1-3x} (3\cos x + \sin x) dx.$$

五、微分在近似计算中的应用

在实际问题中，经常会遇到一些复杂的计算公式.如果直接用这些公式进行计算，那是很费力的.利用微分往往可以把一些复杂的计算公式用简单的近似公式来代替.

如果函数 $y=f(x)$ 在点 x_0 处的导数 $f'(x_0) \neq 0$，且 Δx 很小时，有

$$\Delta y \approx dy = f'(x_0)\Delta x,$$

这个式子也可以写为

$$\Delta y = f(x_0 + \Delta x) - f(x_0) \approx f'(x_0)\Delta x,$$

或

$$f(x_0 + \Delta x) \approx f(x_0) + f'(x_0)\Delta x.$$

若令 $x = x_0 + \Delta x$，即 $\Delta x = x - x_0$，那么上式可改写为

$$f(x) \approx f(x_0) + f'(x_0)(x - x_0).$$

【例 3-39】 利用微分计算 $\sqrt{1.05}$ 的近似值.

解 设函数 $f(x) = \sqrt{x}$，则 $f'(x) = \dfrac{1}{2\sqrt{x}}$.则本题可理解为求解 $x = 1.05$ 处的函数值.易得

$$\sqrt{1.05} = \sqrt{1 + 0.05},$$

若取 $x_0 = 1$，$\Delta x = 0.05$，则 Δx 的值较小，可利用微分近似公式来求解，即

$$\sqrt{1.05} = \sqrt{x_0 + \Delta x} \approx f(x_0) + f'(x_0) \cdot \Delta x$$

$$= \sqrt{1} + \frac{1}{2\sqrt{1}} \times 0.05 = 1 + 0.025 = 1.025.$$

【例 3-40】 利用微分计算 $\sin 30°30'$ 的近似值.

解 先将 $30°30'$ 化为弧度，得

$$30°30' = \frac{\pi}{6} + \frac{\pi}{360},$$

设函数 $f(x) = \sin x$，则 $f'(x) = \cos x$.则本题可理解为求解 $x = \dfrac{\pi}{6} + \dfrac{\pi}{360}$ 处的函数值.取

$x_0 = \dfrac{\pi}{6}$，$\Delta x = \dfrac{\pi}{360}$，则 Δx 的值较小，可利用微分近似公式来求解，即

$$\sin 30°30' = \sin(x_0 + \Delta x) \approx \sin x_0 + \Delta x \cos x_0$$

$$= \sin \frac{\pi}{6} + \frac{\pi}{360} \cos \frac{\pi}{6} = \frac{1}{2} + \frac{\sqrt{3}}{2} \times \frac{\pi}{360} \approx 0.5076.$$

任务解决

半径为 1cm 的金属球体，球面镀上一层 0.01cm 厚的功能性薄涂层.可利用微分的近似计算公式估算出每只小球体积的改变量，进而计算出每只小球需用涂层的质量.

球体的体积公式为 $V = \dfrac{4}{3}\pi R^3$，由题意可知金属小球的半径 $R_0 = 1\text{cm}$，添加涂层后，半径改变量为 $\Delta R = 0.01\text{cm}$，由近似计算公式可得体积的改变量

$$\Delta V = V(R_0 + \Delta R) - V(R_0) \approx V'(R_0)\Delta R = 4\pi R_0^2 \Delta R$$

$$= 4 \times 3.14 \times 1^2 \times 0.01 = 0.1256(\text{cm}^3).$$

已知该功能性涂层的密度为 $8\text{g}/\text{cm}^3$，可得每只小球使用涂层质量为

$$M = 0.1256 \times 8 = 1.0048(\text{g}).$$

即小球需用涂层大约 1.0048g.

评估检测

1.求下列函数的微分.

(1) $y = \dfrac{1}{x} + 2\sqrt{x}$；　　　(2) $y = x\sin x$；　　　(3) $y = \ln^2(1-x)$；

(4) $y = \dfrac{x}{\sqrt{x^2+1}}$；　　　(5) $y = e^{x^2+\sin x}$；　　　(6) $y = \arcsin\sqrt{x}$.

2.将适当的函数填入下列括号内，使等式成立.

(1) $\text{d}(\qquad) = \dfrac{1}{2\sqrt{x}}\text{d}x$；　　　　　(2) $\text{d}(\qquad) = \sin x\,\text{d}x$；

(3) $\text{d}(\qquad) = 3x\,\text{d}x$；　　　　　　　(4) $\text{d}(\qquad) = e^{2x}\,\text{d}x$；

(5) $\text{d}(\qquad) = \dfrac{1}{x^2}\text{d}x$；　　　　　　(6) $\text{d}(\qquad) = \dfrac{1}{1-x}\text{d}x$.

3.计算下列函数值的近似值.

(1) $\cos 29°$；　　　　　(2) $\sqrt[3]{996}$；　　　　　(3) $\ln 1.002$.

4.设扇形的圆心角 $\alpha = 60°$，半径 $R = 100\text{cm}$. 如果半径 R 不变，圆心角 α 减少 $30'$，问扇形面积大约改变了多少？又如果圆心角 α 不变，半径 R 增加 1cm，则扇形面积大约改变了多少？

5.水管壁截面是一个圆环，设它的内半径为 10cm，壁厚为 0.05cm，利用微分计算这个圆环面积的近似值.

专本对接

1.函数 $\ln(\sqrt{2+x^2}+x)$ 的微分 $\text{d}y = \underline{\qquad\qquad}$.

2.函数 $y = 3x - x^2$ 的微分 $\text{d}y = \underline{\qquad\qquad}$.

3.已知函数 $y = \ln(2+\sin x)$，求 $x = 0$ 时函数的微分.

4.已知函数 $y = (3x^2 + 2x)\log_2 x$，求 $\text{d}y\big|_{x=2}$.

5.若函数 $f(x)$ 可微，则 $\text{d}f(e^x) = \underline{\qquad\qquad}$.

拓展阅读

大国工匠：十年磨一剑，护航奔月

人们熟知的"神舟""天宫""嫦娥"等所有航天器都需要考虑使用材料的耐腐蚀问题. 航天材料的腐蚀因素较为复杂，包括地面存放环境中的大气腐蚀、近地轨道附近原子氧的侵蚀、宇宙射线对涂层材料的破坏，以及太空中温度交变的影响等.

减重对航天器至关重要，为实现减重，在航天器上大量使用轻合金，镁合金成为减重常用材料，但其本身极易被腐蚀，这一直是影响其规模应用的关键技术瓶颈.

中国科学院沈阳分院院长韩恩厚是腐蚀防护领域的科学家，他带领团队攻克了传统镁合金防护涂层无法同时满足防腐和导电的难题，研制出镁合金表面防腐导电功能一体化涂层，

模块三　导数与微分　　**93**

还发展了镁合金自封孔型微弧氧化技术，使材料耐蚀性比传统技术提高 4～5 倍，可同时满足地面储存耐腐蚀，在太空使用时抗高低温、强辐射等综合性能要求，已成功在"长征"系列运载火箭的镁质惯组支架上使用."长征"系列运载火箭的成功发射也证明了以上防护涂层技术的安全可靠性和先进性.

韩恩厚研究员团队在一层薄薄的涂层上面呕心沥血、用心钻研，致力于技术的不断改进，十年磨一剑，为我国的探月工程保驾护航.正是无数个像韩恩厚团队这样的科研人员坚持在自己的科研领域不断探索、披荆斩棘，才能厚积薄发，推进我国科技事业的发展.

任务六　函数求导实验

一、实验目的

深入理解导数的定义，掌握 MATLAB 求解显函数导数、隐函数导数、参数式函数导数及高阶导数.

二、基本命令

（1）diff(f(x))：求函数 $f(x)$ 的一阶导数 $f'(x)$.

（2）diff(f(x),n)：求函数 $f(x)$ 的 n 阶导数 $f^{(n)}(x)$.

（3）dy/dx＝diff(y,t)/diff(x,t)：求参数方程 $\begin{cases} x=\varphi(t) \\ y=\phi(t) \end{cases}$ 确定的函数 $y=y(x)$ 的导数.

三、实训案例

【例 3-41】　求 $y=x^3+\cos x+\ln 2$ 的导数.

解　在命令窗口输入命令：

≫syms x

≫diff(x^3 + cos(x) + log(2))

得

ans =

　　　3 * x^2 - sin(x)

【例 3-42】　求 $y=4^{\sin x}$ 的导数.

解　在命令窗口输入命令：

≫syms x

≫diff(4^sin(x))

得

ans =

　　　4^sin(x) * log(4) * cos(x)

【例 3-43】　求 $y=e^{3x+1}$ 在 $x=0$ 处的导数.

94 | 应用高等数学

解 在命令窗口输入命令：

≫syms x

≫diff(exp(3 * x + 1))

ans =

3 * exp(3 * x + 1)

≫x = 0

x =

   0

≫3 * exp(3 * x + 1)

得

ans =

   8.1548

【例 3-44】 求 $y = \ln(1 + x^2)$ 的二阶导数.

解 在命令窗口输入命令：

≫syms x

≫diff(log(1 + x^2),2)

得

ans =

   2/(x^2 + 1) − (4 * x^2)/(x^2 + 1)^2

【例 3-45】 求由参数方程 $\begin{cases} x = t - \sin t \\ y = 1 - \cos t \end{cases}$ 确定的函数 $y = y(x)$ 的导数.

解 在命令窗口输入命令：

≫syms t

≫x = t − sin(t);

≫y = 1 − cos(t);

≫dx = diff(x,t);

≫dy = diff(y,t);

≫dy/dx

得

ans =

   − sin(t)/(cos(t) − 1)

【例 3-46】 求由方程 $x - e^{x+y} = 0$ 所确定的隐函数的导数 y'.

解 在命令窗口输入命令：

≫syms x y

≫f = x − exp(x + y);

≫dfx = diff(f,x);

≫dfy = diff(f,y);

≫dyx = − dfx/dfy

得

dyx =

   − exp(− x − y) * (exp(x + y) − 1)

评估检测

1. 利用软件 MATLAB 求函数 $y=1+x^2+\ln x$ 的导数.
2. 利用软件 MATLAB 求函数 $y=\cos^3 x-\cos 3x$ 的导数.
3. 利用软件 MATLAB 求函数 $y=\sqrt{x}\cos 4x+4\ln x+\sin\dfrac{\pi}{7}$ 的导数.

问题解决

生活和专业中的导数与微分问题

1. 物体冷却速度问题（见问题提出）

解 冷却速度是指单位时间内物体温度的减少量. 在数学上，由导数定义可知，冷却速度是温度 T 对时间 t 的导数，即 $\dfrac{dT}{dt}$.

2. 汽车刹车速度问题（见问题提出）

解 根据导数的物理意义可得瞬时速度计算公式

$$v(t_0)=\dfrac{ds}{dt}\bigg|_{t=t_0},$$

因此汽车在 $t=3$s 时的速度为

$$v(3)=[4t^2+3]'\big|_{t=3}=8t\big|_{t=3}=24\ (\text{m/s}),$$

即汽车在 $t=3$s 时的速度是 24m/s.

3. 放射性物质的衰减问题（见问题提出）

解 结合导数的定义，易知放射性元素碳 14 的衰减速度为

$$v=\dfrac{dQ}{dt}=(e^{-0.000121t})'=-0.000121t\,e^{-0.000121t}.$$

4. 插头镀铜问题（见问题提出）

解 圆柱体体积公式为 $V=\pi r^2 h$，由题意可知扩音器插头的半径 $r_0=0.15$cm，$h=l=4$cm，添加涂层后，半径改变量为 $\Delta r=0.001$cm，由近似计算公式可得体积的改变量为

$$\Delta V=V(r_0+\Delta r)-V(r_0)\approx V'(r_0)\Delta r=2\pi r_0 h\Delta r$$
$$=2\times 3.14\times 0.15\times 4\times 0.001=0.003768(\text{cm}^3).$$

已知铜的密度是 8.9g/cm^3，每个插头大约需要铜的质量为

$$M=0.003768\times 8.9\approx 0.0335(\text{g}).$$

每个插头大约需要 0.0335g 纯铜.

5. 单摆问题（见问题提出）

解 已知单摆的运动周期 $T=2\pi\sqrt{\dfrac{l}{g}}$，则周期 T 对摆长 l 的导数为

$$T'=\dfrac{\pi}{\sqrt{gl}}.$$

由题意可知，周期改变量为 $\Delta T=0.00224\text{s}$，摆长 $l_0=20\text{cm}$，摆长改变量为 $\Delta l=20.1-20=0.1\text{cm}$，由微分的近似计算公式可得

$$\Delta T=T(l_0+\Delta l)-T(l_0)\approx T'(l_0)\Delta l=\frac{\pi}{\sqrt{gl_0}}\Delta l,$$

即

$$0.00224\approx\frac{0.1\pi}{\sqrt{20g}},$$

可得

$$g\approx980(\text{cm/s}^2).$$

6. 导数在微观经济中的简单应用（见问题提出）

解　因 $\dfrac{\mathrm{d}Q}{\mathrm{d}p}=4p+3$，故有

$$\frac{\mathrm{d}Q}{\mathrm{d}p}\bigg|_{p=2}=(4p+3)\big|_{p=2}=11.$$

表示当价格改变一个单位时，供给量 Q 改变 11 个单位.

7. 经济分析中的边际函数问题（见问题提出）

解　抛开实际意义，研究的就是函数的变化率问题. 故根据导数的实质，可知边际成本就是总成本 C 对于产量 q 的导数，即

$$C'(q)=7+\frac{25}{\sqrt{q}},$$

故有

$$C'(100)=7+\frac{25}{\sqrt{100}}=9.5.$$

其经济意义是：当产量为 100 件时，再多生产一件产品所增加的成本是 9.5 元.

综合实训

基础过关检测

一、选择题

1.设函数 $f(x)$ 在点 x_0 处可导，则（　　）$=f'(x_0)$.

A. $\displaystyle\lim_{h\to0}\frac{f(x_0-h)-f(x_0)}{3h}$　　　　　　B. $\displaystyle\lim_{h\to0}\frac{f(x_0+2h)-f(x_0-h)}{h}$

C. $\displaystyle\lim_{h\to0}\frac{f(x_0+2h)-f(x_0+h)}{h}$　　　　　D. $\displaystyle\lim_{h\to0}\frac{f(x_0-2h)-f(x_0-h)}{h}$

2.已知 $f(x)$ 在 $x=1$ 处可导，且 $f'(1)=3$，则 $\displaystyle\lim_{h\to0}\frac{f(1+h)-f(1)}{h}=$（　　）.

A. 0　　　　　　　　B. 1　　　　　　　　C. 3　　　　　　　　D. 6

3.下列说法正确的是（　　）.

A. 函数 $f(x)$ 在点 x_0 处连续，则函数 $f(x)$ 在点 x_0 处可导

B. 函数 $f(x)$ 在点 x_0 处不可导，则函数 $f(x)$ 在点 x_0 处不连续

C. 函数 $f(x)$ 在点 x_0 处不可导，则函数 $f(x)$ 在点 x_0 处极限不存在

D. 函数 $f(x)$ 在点 x_0 处不连续，则函数 $f(x)$ 在点 x_0 处不可导

4. 设函数 $f(x) = \begin{cases} \dfrac{2}{3}x^3, & x \leqslant 1 \\ x^2, & x > 1 \end{cases}$，则函数 $f(x)$ 在点 $x = 1$ 处的 （　　）.

A. 左、右导数都存在 　　　　　　　　　B. 左导数存在，右导数不存在

C. 左、右导数都不存在 　　　　　　　　D. 右导数存在，左导数不存在

5. 已知 $f'(0) = 2$，则 $\lim\limits_{x \to 0} \dfrac{f(-3x) - f(0)}{x} = $ （　　）.

A. -6 　　　　　　B. 1 　　　　　　C. -3 　　　　　　D. 0

6. 设 $y = x\sin x$，则 $f'\left(\dfrac{\pi}{2}\right) = $ （　　）.

A. -1 　　　　B. 1 　　　　C. $\dfrac{\pi}{2}$ 　　　　D. $-\dfrac{\pi}{2}$

7. 设 $f(x) = \ln(x^2 + x)$，则 $f'(1) = $ （　　）.

A. 1 　　　　B. -1 　　　　C. 0 　　　　D. $\dfrac{3}{2}$

8. 设函数 $y = e^{-3x}$，则 $\mathrm{d}y = ($　　$)\mathrm{d}x$.

A. e^{-3x} 　　　　B. $-e^{-3x}$ 　　　　C. $-3xe^{-3x}$ 　　　　D. $-3e^{-3x}$

9. 设 $y = x\ln x$，则 $y''' = ($　　$)$.

A. $\ln x$ 　　　　B. x 　　　　C. $\dfrac{1}{x^2}$ 　　　　D. $-\dfrac{1}{x^2}$

10. 若在区间 (a, b) 内恒有 $f'(x) \equiv g'(x)$，则 $f(x)$ 与 $g(x)$ 在 (a, b) 内 （　　）.

A. $f(x) - g(x) = x$ 　　B. 相等 　　C. 仅相差一个常数 　　D. 均为常数

二、填空题

11. 若 $\lim\limits_{x \to 0} \dfrac{f(2x) - f(0)}{x} = \dfrac{1}{2}$，则 $f'(0) = $ _____.

12. 已知函数 $f(x)$ 在点 x_0 处可导，若 $\lim\limits_{\Delta x \to 0} \dfrac{f(x_0 + k\Delta x) - f(x_0)}{4\Delta x} = \dfrac{1}{4}f'(x_0) \neq 0$，则常数 $k = $ _____.

13. 设曲线 $y = x^3$ 与 $g = ax^2 + b$ 在点 $(1,1)$ 处相切，则 $a = $ _____，$b = $ _____.

14. 设 $y = x^3 + \ln(1 + x)$，则 $\mathrm{d}y = $ _____.

15. 设 $y = xe^x$，则 $\dfrac{\mathrm{d}^2 y}{\mathrm{d}x^2} = $ _____.

16. 设方程 $x^2 + y^2 - xy = 1$ 确定的隐函数为 $y = f(x)$，则 $y' = $ _____.

17. 已知函数 $f(x) = ax^2 + 2$，若 $f'(-1) = -6$，则 $a = $ _____.

18. 过曲线 $y = \dfrac{x+4}{4-x}$ 上一点 $(2,3)$ 的切线斜率 $k = $ _____.

19. 设函数 $y = \sqrt[3]{4 - 3x}$，则 $y'(1) = $ _____.

20. 已知函数 $y = \ln(3x^4 + 2)$，则 $\mathrm{d}y = $ _____.

三、计算题

21. 已知函数 $f(x) = \begin{cases} x^2, & x \leqslant 0 \\ x, & x > 0 \end{cases}$，判定函数在点 $x = 0$ 处是否可导.

22. 判定函数 $f(x)=|x-5|$ 在点 $x=5$ 处的可导性.

23. 求 $f(x)=\begin{cases} e^{2x}, & x<0 \\ \sin 2x+1, & x\geqslant 0 \end{cases}$ 在点 $x=0$ 处的导数.

24. 函数 $f(x)=\begin{cases} x\sin\dfrac{1}{x}, & x\neq 0 \\ 0, & x=0 \end{cases}$，判定函数在点 $x=0$ 处的连续性与可导性.

25. 设函数 $f(x)=\begin{cases} ax^2+b, & x\leqslant 1 \\ \ln x, & x>1 \end{cases}$ 在点 $x=1$ 处可导，求 a、b 的值.

26. 求下列函数的导数.

(1) $y=e^{4x}$；
(2) $y=\cos^2\dfrac{x}{2}$；
(3) $y=\ln\sqrt{1+x}$；

(4) $y=\cos(4-3x)+\cos x^2$；
(5) $y=x\sin x\ln x$；
(6) $y=e^{\sin\frac{1}{x}}$.

27. 求下列函数的微分.

(1) $y=x^2+\sin^2 x-3x+4$；
(2) $y=x\ln x-x^2$；

(3) $y=e^{\sin^2 x}$；
(4) $y=\sqrt[3]{1+\sin x}$.

28. 求下列函数的高阶导数.

(1) $y=\ln(1+x^2)$，求 $y''(0)$；

(2) $y=x^3\ln x$，求 $y''(1)$；

(3) $y=x\cos x$，求 $y'''(0)$；

(4) $y=xe^x$，求 $y^{(n)}$.

四、应用题

29. 求抛物线 $f(x)=x^2-2x+3$ 在点 $(1,2)$ 处的切线方程.

30. 求抛物线 $f(x)=x^2-x$ 在点 $(2,2)$ 处的切线方程.

31. 求函数 $y=x^2-3x+1$ 在点 $(1,-1)$ 处的切线方程和法线方程.

32. 设 $x^2y-e^{2y}=\sin y$，求 $\dfrac{dy}{dx}$.

33. 设 $f(x)=x^2 g(x)$，$g(x)$ 有二阶连续导数且 $g(0)=3$，求 $f''(0)$.

拓展探究练习

1. 已知一质点做变速直线运动的位移函数 $S=3t^2+e^{2t}$，t 为时间，求在时刻 $t=2$ 处的速度和加速度.

2. 一个弹簧的运动是受摩擦力和阻力影响的，它经常可以用指数和正弦函数的乘积来表示. 设这个弹簧上一点的运动方程为 $S=2e^{-t}\sin 2\pi t$，其中 S 的单位是 cm，时间 t 的单位是 s. 求弹簧在第 t 秒时的速度.

3. 一个正方体的棱长 $x=10$m，如果棱长增长 0.1m，求此正方体体积增加的近似值.

4. 某公司生产一种新型游戏机，假设能全部售出，收入函数为 $R=36x-\dfrac{x^2}{20}$，其中 x 为公司一天的产量. 若该公司在某一天的产量从 250 增加到 260，试估计公司这一天收入的增加量.

5. 若已知在某个电路中电量 Q 与时间 t 的关系为 $Q(t)=t^3+t$，试算出 $t=3$ 时的电流.

模块四 导数的应用

微分学产生的第三类问题是"求最大值和最小值",此类问题在当时的生产实践中具有深刻的应用背景,例如,求炮弹从炮管里射出后运行的水平距离(即射程),其依赖于炮筒对地面的倾斜角(即发射角).又如,在天文学中,求行星离开太阳的最远距离和最近距离等.一直以来,导数作为函数的变化率,在研究函数变化的性态中有着十分重要的意义,因而在自然科学、工程技术以及社会科学等领域中得到了广泛的应用.

本模块以微分学基本定理——微分中值定理为基础,进一步应用导数研究函数的性态.例如,判断函数的单调性和凹凸性,求函数的极值、最大(小)值.本模块通过生活与专业问题引入数学建模——最优化,引入导数的具体应用.

问题提出

生活和专业中的导数的应用问题

1. 公路修筑地点问题

如图 4-1 所示,工厂铁路线上,AB 段的距离为 100km,工厂 C 距 A 处为 20km,AC 垂直于 AB,为了运输需要,要在 AB 线上选定一点 D 向工厂 C 修筑一条公路,已知铁路每千米货运的运费与公路每千米货运的运费之比为 3∶5,为了使货物从供应站 B 运到工厂 C 的运费最省,问 D 点应选在何处?

2. 化工设备设计方案

釜式反应器从外形上来看是一个圆筒形反应器,反应釜的实际体积包括圆筒、底和盖三部分,若底和盖均为圆形,现欲制造一个容积为 50m^3 的这种釜式反应器,求反应器的底半径 r 和高 h 取何值时用料最省?

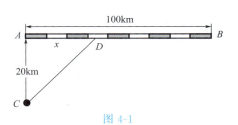

图 4-1

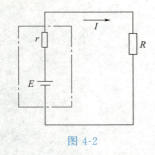

图 4-2

3. 电路中的功率

如图 4-2 所示电路中,已知电源电压为 E,内阻为 r,求负载电阻 R 为多大时,输出功率最大?

4. 物流中运储费用问题

某工厂一年内均匀地需要某种零件 24000 个,规定不允许缺货. 已知每一个零件每月所需存储费为 0.1 元,购买一批零件的运输费为 350 元. 问每批购买多少个零件时,工厂所负担的运储费用最少?这笔费用为多少?

5. 经济学中的利润问题

设某企业的总成本函数为 $C=C(Q)=0.3Q^2+9Q+30$,试求:(1)平均成本最低时的产出水平及最低平均成本;(2)平均成本最低时的边际成本,并与最低平均成本作比较.

6. 医药学中最优化问题

肺内压力的增加可以引起咳嗽,而肺内压力的增加伴随着气管半径 r 的缩小,我们把气管理想化为一个圆柱形的管子,单位时间流过管子的流体的体积为 $V=k(r_0-r)r^4\left(\dfrac{r_0}{2}\leqslant r\leqslant r_0\right)$,其中,$k$ 为常数,r_0 为正常状态下(或无压力时)气管的半径,那么减小半径(即咳嗽时收缩气管)是促进了还是阻碍了空气在气管里的流动?

导数的应用知识

任务一 拉格朗日中值定理、洛必达法则

任务提出

改革开放以来,我国高速公路建设发展经历了从无到有、从通变畅、从起步建设到拥有规模网络的巨大变化,通行里程和建设理念都实现了跨越式发展. 高速公路建设铺就发展的快车道,推动着我国经济社会的快速发展.

高速公路的建设离不开道路监控系统的配置建设. 高速公路全程区间测速系统当前已经在全国各地普及. 所谓的区间测速就是在同一路段上布设两个相邻的监控点,基于车辆通过前后两个监控点的时间来计算车辆在该路段上的平均行驶速度,并依据该路段上的限速标准判定车辆是否超速违章.

请思考这个问题:在区间监测路段,是否存在某一时刻的瞬时速度与区间内的平均速度相等呢?

知识准备

一、拉格朗日中值定理

微分学中具有重要地位的拉格朗日中值定理是研究函数曲线性态的理论依据.

定理 4-1（拉格朗日中值定理） 如果函数 $y=f(x)$ 满足，在闭区间 $[a,b]$ 上连续，在开区间 (a,b) 内可导，则在 (a,b) 内至少存在一点 $\xi(a<\xi<b)$ 使得下列等式成立
$$f(b)-f(a)=f'(\xi)(b-a).$$

下面我们讨论拉格朗日中值定理的几何意义.

式子 $f(b)-f(a)=f'(\xi)(b-a)$ 可以改写成 $\dfrac{f(b)-f(a)}{b-a}=f'(\xi)$，由图 4-3 所示，$\dfrac{f(b)-f(a)}{b-a}$ 为弦 AB 的斜率，而 $f'(\xi)$ 为曲线在点 C 处的切线的斜率. 拉格朗日中值定理表明，在满足定理条件的情况下，曲线 $y=f(x)$ 上至少有一点 C，使曲线在点 C 处的切线平行于弦 AB.

拉格朗日中值定理的物理解释：把 $\dfrac{f(b)-f(a)}{b-a}$ 设想为 $f(x)$ 在 $[a,b]$ 上的平均变化率，而 $f'(\xi)$ 是 $x=\xi$ 的瞬时变化率，拉格朗日中值定理是说，在整个区间上的平均变化率一定等于某点处的瞬时变化率.

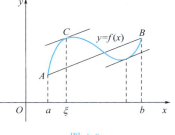

图 4-3

我们知道，常数的导数等于零；但反过来，导数为零的函数是否为常数呢？回答是肯定的，现在就用拉格朗日中值定理来证明其正确性.

推论 4-1 如果函数 $f(x)$ 在区间 I 上的导数恒为零，那么 $f(x)$ 在区间 I 上是一个常数.

证明 在区间 I 上任取两点 x_1、$x_2(x_1<x_2)$. 在区间 $[x_1,x_2]$ 上应用拉格朗日中值定理，由定理 4-1 中的式子得 $f(x_1)-f(x_2)=f'(\xi)(x_1-x_2)(x_1<\xi<x_2)$，由假设 $f'(\xi)=0$，于是 $f(x_1)=f(x_2)$，再由 x_1、x_2 的任意性知，$f(x)$ 在区间 I 上任意点处的函数值都相等，即 $f(x)$ 在区间 I 上是一个常数.

【**例 4-1**】 验证函数 $f(x)=x^2+2x-1$ 在闭区间 $[0,1]$ 上是否满足拉格朗日中值定理的条件，若满足，求出使定理成立的 ξ 的值.

解 因为 $f(x)=x^2+2x-1$ 是初等函数，所以连续区间为 **R**，于是在闭区间 $[0,1]$ 上连续，而 $f'(x)=2x+2$ 在 $(0,1)$ 内存在，所以 $f(x)$ 在开区间 $(0,1)$ 内可导，因此 $f(x)$ 满足拉格朗日中值定理的条件. 于是，至少存在一点 $\xi\in(0,1)$，使得
$$f(1)-f(0)=f'(\xi)(1-0),$$
即 $2-(-1)=(2\xi+2)(1-0)$，求得 $\xi=\dfrac{1}{2}$.

二、洛必达法则

1. $\dfrac{0}{0}$ 型与 $\dfrac{\infty}{\infty}$ 型未定式

如果当 $x \to a$ （或 $x \to \infty$）时，两个函数 $f(x)$ 与 $g(x)$ 都趋于零或都趋于无穷大，则极限 $\lim\limits_{x \to a} \dfrac{f(x)}{g(x)}$ $\left(\text{或} \lim\limits_{x \to \infty} \dfrac{f(x)}{g(x)}\right)$ 可能存在，也可能不存在，通常把这种极限称为未定式，并分别记为 $\dfrac{0}{0}$ 或 $\dfrac{\infty}{\infty}$.

例如，$\lim\limits_{x \to 0} \dfrac{\sin x}{x}$、$\lim\limits_{x \to 0} \dfrac{1 - \cos x}{x^2}$、$\lim\limits_{x \to +\infty} \dfrac{x^3}{\mathrm{e}^x}$ 等都是未定式.

在前面，我们曾计算过两个无穷小之比以及两个无穷大之比的未定式的值. 计算未定式的值往往需要经过适当的变形，转化成可利用极限运算法则或重要极限的形式，这种变形没有一般方法，需视具体问题而定，属于特定的方法. 本节将用导数作为工具，给出计算未定式的值的一般方法，即洛必达法则.

下面，我们以 $x \to x_0$ 时的未定式 $\dfrac{0}{0}$ 的情形为例进行讨论.

定理 4-2 设：

(1) $\lim\limits_{x \to x_0} f(x) = 0$，$\lim\limits_{x \to x_0} g(x) = 0$；

(2) 在点 x_0 的某去心邻域内，$f'(x)$ 及 $g'(x)$ 都存在且 $g'(x) \neq 0$；

(3) $\lim\limits_{x \to x_0} \dfrac{f'(x)}{g'(x)}$ 存在（或为无穷大）.

则 $\lim\limits_{x \to x_0} \dfrac{f(x)}{g(x)} = \lim\limits_{x \to x_0} \dfrac{f'(x)}{g'(x)}$.

定理给出的这种在一定条件下通过对分子和分母分别先求导，再求极限来确定未定式的值的方法称为洛必达法则.

注 上述定理对于 $x \to \infty$ 时的 $\dfrac{0}{0}$ 型未定式同样适用.

【例 4-2】 求 $\lim\limits_{x \to 0} \dfrac{\sin kx}{x} (k \neq 0)$.

解 这是 $\dfrac{0}{0}$ 型未定式，由洛必达法则，可得

$$\lim\limits_{x \to 0} \dfrac{\sin kx}{x} = \lim\limits_{x \to 0} \dfrac{(\sin kx)'}{(x)'} = \lim\limits_{x \to 0} \dfrac{k \cos kx}{1} = k.$$

【例 4-3】 求 $\lim\limits_{x \to 1} \dfrac{x^3 - 3x + 2}{x^3 - x^2 - x + 1}$.

解 这是 $\dfrac{0}{0}$ 型未定式，连续使用洛必达法则两次，可得

$$\lim\limits_{x \to 1} \dfrac{x^3 - 3x + 2}{x^3 - x^2 - x + 1} = \lim\limits_{x \to 1} \dfrac{3x^2 - 3}{3x^2 - 2x - 1} = \lim\limits_{x \to 1} \dfrac{6x}{6x - 2} = \dfrac{3}{2}.$$

【例 4-4】 求 $\lim\limits_{x\to+\infty}\dfrac{\dfrac{\pi}{2}-\arctan x}{\dfrac{1}{x}}$.

解
$$\lim_{x\to+\infty}\frac{\dfrac{\pi}{2}-\arctan x}{\dfrac{1}{x}}=\lim_{x\to+\infty}\frac{-\dfrac{1}{1+x^2}}{-\dfrac{1}{x^2}}=\lim_{x\to+\infty}\frac{x^2}{1+x^2}=1.$$

定理 4-3 设：

（1）$\lim\limits_{x\to x_0}f(x)=\infty$，$\lim\limits_{x\to x_0}g(x)=\infty$；

（2）在点 x_0 的某去心邻域内，$f'(x)$ 及 $g'(x)$ 都存在且 $g'(x)\neq0$；

（3）$\lim\limits_{x\to x_0}\dfrac{f'(x)}{g'(x)}$ 存在（或为无穷大）.

则 $\lim\limits_{x\to x_0}\dfrac{f(x)}{g(x)}=\lim\limits_{x\to x_0}\dfrac{f'(x)}{g'(x)}$.

注 上述定理对于 $x\to\infty$ 时的 $\dfrac{\infty}{\infty}$ 型未定式同样适用.

【例 4-5】 求 $\lim\limits_{x\to+\infty}\dfrac{x^3}{\ln x}$.

解 这是 $\dfrac{\infty}{\infty}$ 型未定式，由洛必达法则，可得

$$\lim_{x\to+\infty}\frac{x^3}{\ln x}=\lim_{x\to+\infty}\frac{3x^2}{\dfrac{1}{x}}=\lim_{x\to+\infty}3x^3=+\infty.$$

注 在使用洛必达法则时，一定要先验证是否满足定理的条件，如果不满足，则应停止，并使用其他方法求解.

【例 4-6】 求 $\lim\limits_{x\to0}\dfrac{x^2\sin\dfrac{1}{x}}{\sin x}$.

解 此极限是 $\dfrac{0}{0}$ 型，但因为 $\left(x^2\sin\dfrac{1}{x}\right)'=2x\sin\dfrac{1}{x}-\cos\dfrac{1}{x}$，其中 $\lim\limits_{x\to0}2x\sin\dfrac{1}{x}=0$，而 $\lim\limits_{x\to0}\cos\dfrac{1}{x}$ 不存在，所以不能使用洛必达法则进行计算.

事实上

$$\lim_{x\to0}\frac{x^2\sin\dfrac{1}{x}}{\sin x}=\lim_{x\to0}\left(\frac{x}{\sin x}\right)\left(x\sin\frac{1}{x}\right)=0.$$

2. 其他类型未定式（$0\cdot\infty$、$\infty-\infty$、0^0、1^∞、∞^0）

一般地，$0\cdot\infty$、$\infty-\infty$、0^0、1^∞、∞^0 也称为未定式. 这些类型的未定式通过变形总可以化为 $\dfrac{0}{0}$ 型或 $\dfrac{\infty}{\infty}$ 型，然后再用洛必达法则求其极限.

（1）$0\cdot\infty$ 型，可将乘积化为除的形式，即化为 $\dfrac{0}{0}$ 型或 $\dfrac{\infty}{\infty}$ 型的未定式来计算.

104 应用高等数学

【例 4-7】 求 $\lim\limits_{x \to +\infty} x^{-2} e^x$.

解
$$\lim_{x \to +\infty} x^{-2} e^x = \lim_{x \to +\infty} \frac{e^x}{x^2} = \lim_{x \to +\infty} \frac{e^x}{2x} = \lim_{x \to +\infty} \frac{e^x}{2} = +\infty.$$

（2）对于 $\infty - \infty$ 型，可利用通分化为 $\dfrac{0}{0}$ 型的未定式来计算.

【例 4-8】 求 $\lim\limits_{x \to \frac{\pi}{2}} (\sec x - \tan x)$.

解
$$\lim_{x \to \frac{\pi}{2}} (\sec x - \tan x) = \lim_{x \to \frac{\pi}{2}} \left(\frac{1}{\cos x} - \frac{\sin x}{\cos x} \right) = \lim_{x \to \frac{\pi}{2}} \frac{1 - \sin x}{\cos x} = \lim_{x \to \frac{\pi}{2}} \frac{-\cos x}{-\sin x} = \frac{0}{1} = 0.$$

（3）对于 0^0、1^∞、∞^0，可以先化为求以 e 为底的指数函数的极限，再利用指数函数的连续性，化为直接求指数的极限，一般地，我们有

$$\lim_{x \to a} \ln f(x) = A \Rightarrow \lim_{x \to a} f(x) = \lim_{x \to a} e^{\ln f(x)} = e^{\lim\limits_{x \to a} \ln f(x)} = e^A.$$

【例 4-9】 求 $\lim\limits_{x \to 0^+} x^x$.

解 这是 0^0 型未定式，利用对数恒等式 $e^{\ln N} = N$，有 $x^x = e^{x \ln x}$，而

$$\lim_{x \to 0^+} x \ln x = \lim_{x \to 0^+} \frac{\ln x}{\frac{1}{x}} = \lim_{x \to 0^+} \frac{\frac{1}{x}}{-\frac{1}{x^2}} = \lim_{x \to 0^+} (-x) = 0,$$

故 $\lim\limits_{x \to 0^+} x^x = e^0 = 1.$

任务解决

解 这个问题用数学语言描述如下.

设从时刻 a 开始到时刻 b，路程函数是 $s = s(t)$，速度函数是 $v = v(t)$，已知 s 在区间 $[a, b]$ 上连续，(a, b) 内可导，由中值定理可知，至少会存在某一时刻 ξ $(a < \xi < b)$ 的瞬时速度 $v(\xi) = s'(\xi)$ 正好等于这一时间段的平均速度 $\dfrac{s(b) - s(a)}{b - a}$，即

$$v(\xi) = s'(\xi) = \frac{s(b) - s(a)}{b - a}.$$

即如果能够得到路程和时间的一个函数关系，就可以求出在任何时间段内的平均速度，并且能够得到在该时间段内存在某一时刻的速度等于平均速度.

评估检测

1. 已知函数 $f(x) = x^4$ 在区间 $[1, 2]$ 上满足拉格朗日中值定理的条件，试求满足定理的 ξ 值.

2. 用洛必达法则求下列极限.

（1）$\lim\limits_{x \to 0} \dfrac{1 - \cos x}{x^2}$；

（2）$\lim\limits_{x \to a} \dfrac{\sin x - \sin a}{x - a}$；

模块四　导数的应用　**105**

（3）$\lim\limits_{x \to 2} \dfrac{\ln(x^2 - 3)}{x^2 - 3x + 2}$；

（4）$\lim\limits_{x \to 1} \dfrac{x - 1}{\ln x}$；

（5）$\lim\limits_{x \to \frac{\pi}{6}} \dfrac{1 - 2\sin x}{\cos 3x}$.

专本对接

1. 计算极限 $\lim\limits_{x \to 0} \dfrac{\sin x + e^{-2x} + x - 1}{x^2}$.

2. 计算极限 $\lim\limits_{x \to +\infty} \dfrac{\ln^2 x}{x + 2}$.

3. 计算极限 $\lim\limits_{x \to 0} \dfrac{\sin x^2}{2 - e^x - e^{-x}}$.

4. 计算极限 $\lim\limits_{x \to 0} \dfrac{e^x - e^{-x}}{\sin x}$.

5. 计算极限 $\lim\limits_{x \to 0} \dfrac{x - \sin x}{x^3}$.

拓展阅读

拉格朗日的数学人生

拉格朗日，法国著名的数学家、力学家、天文学家，变分法的开拓者和分析力学的奠基人. 他曾获得过 18 世纪"欧洲最大之希望、欧洲最伟大的数学家"的赞誉.

拉格朗日出生在意大利的都灵. 由于是长子，父亲一心想让他学习法律. 17 岁那年，他偶然读到一篇介绍牛顿微积分的文章《论分析方法的优点》，使他对牛顿产生了无限崇拜和敬仰之情，于是，他下决心要成为牛顿式的数学家.

在进入都灵皇家炮兵学院学习后，拉格朗日开始有计划地自学数学. 由于勤奋刻苦，他的进步很快，尚未毕业就承担了该校的数学教学工作. 20 岁时就被正式聘任为该校的数学副教授. 从这一年起，拉格朗日开始研究"极大和极小"的问题. 他采用的是纯分析的方法. 1755 年 8 月，他把自己的研究方法写信告诉了欧拉，欧拉对此给予了极高的评价. 从此，两位大师开始频繁通信，就在这一来一往中，诞生了数学的一个新的分支——变分法.

最值得一提的是，拉格朗日完成了自牛顿以后最伟大的经典著作——《论不定分析》. 此书是他历经 37 个春秋用心血写成的，出版时，他已 50 多岁. 在这部著作中，拉格朗日把宇宙谱写成由数字和方程组成的有节奏的旋律，把动力学发展到登峰造极的地步，并把固体力学和流体力学这两个分支统一起来. 他利用变分原理，建立起了优美而和谐的力学体系，可以说，这是整个现代力学的基础. 科学家哈密顿把这本巨著誉为"科学诗篇".

拉格朗日总结了 18 世纪的数学成果，同时又为 19 世纪的数学研究开辟了道路，堪称法国最杰出的数学大师. 而拉格朗日那严谨的科学态度、精益求精的工作作风也影响着每一位科学家. 就是因为拉格朗日的勤奋以及对数学的热爱，百余年来，数学领域的许多新成就都可以直接或间接地溯源于他的工作，所以他在数学史上被认为是对分析数学的发展产生全面影响的数学家之一.

"我把数学看成是一件有意思的工作,而不是想为自己建立什么纪念碑.可以肯定地说,我对别人的工作比自己的更喜欢.我对自己的工作总是不满意."

——拉格朗日

任务二　函数的单调性与极值、最值

任务提出

在工农业生产、科学技术研究、经营管理等实际工作中,为了发挥最大经济效益,往往要求在一定条件下提高生产效率、降低成本、节约原料.为了解决"产量最多""用料最省""效率最高""成本最低"等最优问题,时常需要用到函数的最大值和最小值的知识.本次任务,我们将在函数单调性、极值的基础上来讨论函数的最大值和最小值.

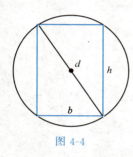

图 4-4

生活中房屋设计的风格各有其特点.建筑中顶梁在设计成不同的形状时抵抗的力量是不同的,该抵抗力大小与所用的材质也有非常大的关系,那么建筑师在设计房屋时应该怎样具体考虑呢?

如图 4-4 所示,把一根直径为 d 的圆木锯成截面为矩形的梁,问应如何选择矩形截面的高 h 和宽 b 才能使梁的抗弯截面模量最大?

知识准备

一、函数的单调性

如果函数 $y=f(x)$ 在区间 $[a,b]$ 上单调增加,曲线上各点切线的倾斜角都是锐角,因此其斜率 $\tan\alpha>0$,即 $f'(x)>0$,如图 4-5 所示.同理,函数 $y=f(x)$ 在区间 $[a,b]$ 上单调减少,曲线上各点切线的倾斜角都是钝角,因此其斜率 $\tan\alpha<0$,即 $f'(x)<0$,如图 4-6 所示.

定理 4-4　设函数 $y=f(x)$ 在 $[a,b]$ 上连续,在 (a,b) 内可导,则:
(1) 若在 (a,b) 内 $f'(x)>0$,则函数 $y=f(x)$ 在 $[a,b]$ 上单调增加;
(2) 若在 (a,b) 内 $f'(x)<0$,则函数 $y=f(x)$ 在 $[a,b]$ 上单调减少.

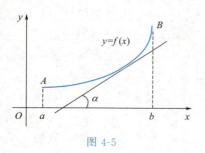

图 4-5

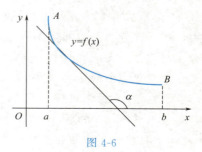

图 4-6

证明 任取两点 $x_1 \in (a,b)$，$x_2 \in (a,b)$，设 $x_1 < x_2$，由拉格朗日中值定理知，存在 $\xi(x_1 < \xi < x_2)$，使得 $f(x_2) - f(x_1) = f'(\xi)(x_2 - x_1)$.

(1) 若在 (a,b) 内，$f'(x) > 0$ 则 $f'(\xi) > 0$，所以 $f(x_2) > f(x_1)$，即 $y = f(x)$ 在 $[a,b]$ 上单调增加；

(2) 若在 (a,b) 内，$f'(x) < 0$ 则 $f'(\xi) < 0$，所以 $f(x_2) < f(x_1)$，即 $y = f(x)$ 在 $[a,b]$ 上单调减少.

如果函数在其定义域的某个区间内是单调的，则称该区间为函数的单调区间.

【**例 4-10**】 讨论函数 $y = e^x - x - 1$ 的单调性.

解 函数的定义域为 $(-\infty, +\infty)$，又 $y' = e^x - 1$，因为在 $(-\infty, 0)$ 内 $y' < 0$，所以函数在 $(-\infty, 0]$ 内单调减少；而在 $(0, +\infty)$ 内，$y' > 0$，所以函数在 $[0, +\infty)$ 内单调增加.

【**例 4-11**】 讨论函数 $y = \sqrt[3]{x^2}$ 的单调区间.

解 函数的定义域为 $(-\infty, +\infty)$，又 $y' = \dfrac{2}{3\sqrt[3]{x}}(x \neq 0)$.

显然，当 $x = 0$ 时函数的导数不存在. 在 $(-\infty, 0)$ 内，$y' < 0$，因此函数在 $(-\infty, 0]$ 上单调减少. 在 $(0, +\infty)$ 内，$y' > 0$，因此函数在 $[0, +\infty)$ 上单调增加，如图 4-7 所示.

我们注意到，在例 4-10 中 $x = 0$ 是函数的单调增区间与单调减区间的分界点，在该点处 $y' = 0$. 而在例 4-11 中函数在 $x = 0$ 点处导数不存在，但 $x = 0$ 点左右两侧的单调性却不同. 因此在划分单调区间时，我们在关注使导数等于零的点（驻点）的同时，也要关注不可导点，即寻找使得 $f'(x_0) = 0$ 或导数不存在的点作为划分单调区间的关键点进行讨论.

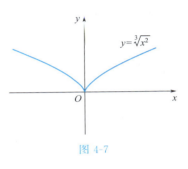

图 4-7

注 从上述两例可见，对函数 $y = f(x)$ 单调性的讨论，应先求出使导数等于零的点或使导数不存在的点，并利用这些点将函数的定义域划分为若干个子区间，然后逐个判断函数的导数 $f'(x)$ 在各个子区间的符号，从而确定出函数 $y = f(x)$ 在各个子区间上的单调性，每个使得 $f'(x)$ 的符号保持不变的子区间都是函数 $y = f(x)$ 的单调区间.

【**例 4-12**】 确定函数 $f(x) = 2x^3 - 9x^2 + 12x - 3$ 的单调区间.

解 设函数 $f(x)$ 的定义域为 $(-\infty, +\infty)$，又 $f'(x) = 6x^2 - 18x + 12 = 6(x-1)(x-2)$，解方程 $f'(x) = 0$，得 $x_1 = 1$，$x_2 = 2$.

当 $-\infty < x < 1$ 时，$f'(x) > 0$，所以 $f(x)$ 在 $(-\infty, 1]$ 上单调增加；当 $1 < x < 2$ 时，$f'(x) < 0$，所以 $f(x)$ 在 $[1, 2]$ 上单调减少；当 $2 < x < +\infty$ 时，$f'(x) > 0$，所以 $f(x)$ 在 $[2, +\infty)$ 上单调增加.

二、函数的极值

在讨论函数的单调性时，曾遇到这样的情形，函数先是单调增加（或减少），到达某一点后又变为单调减少（或增加），这一类点实际上就是使函数单调性发生变化的分界点，由此我们引入函数极值的概念.

定义 4-1 设函数 $f(x)$ 在点 x_0 的某邻域内有定义，若对该邻域内任意一点 $x(x \neq x_0)$，恒有 $f(x)<f(x_0)$（或 $f(x)>f(x_0)$），则称 $f(x)$ 在点 x_0 处取得极大值（或极小值），而 x_0 称为函数 $f(x)$ 的极大值点（或极小值点）．

极大值与极小值统称为函数的极值，极大值点与极小值点统称为函数的极值点．

如图 4-8 所示，$f(x_1)$、$f(x_4)$、$f(x_6)$ 是函数 $f(x)$ 的极小值，x_1、x_4、x_6 是函数 $f(x)$ 相应的极小值点．$f(x_2)$、$f(x_5)$ 是函数 $f(x)$ 的极大值，x_2、x_5 是函数 $f(x)$ 的极大值点．x_3 不是极值点．

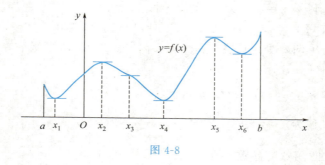

图 4-8

例如，余弦函数 $y=\cos x$ 在点 $x=0$ 处取得极大值 1，在 $x=\pi$ 处取得极小值 -1．

函数极值的概念是局部性的，如果 $f(x_0)$ 是函数 $f(x)$ 的一个极大值（或极小值），只是就 x_0 邻近的一个局部范围内 $f(x_0)$ 是最大的（或最小的），对函数 $f(x)$ 的整个定义域来说就不一定是最大的（或最小的）了．

定理 4-5（极值存在的必要条件） 如果 $f(x)$ 在点 x_0 处可导，且在 x_0 处取得极值，则 $f'(x_0)=0$．

使 $f'(x_0)=0$ 的点，称为函数 $f(x)$ 的驻点．根据定理 4-5，可导函数 $f(x)$ 的极值点必定是它的驻点，但是函数的驻点却不一定是极值点．例如，$y=x^3$ 在点 $x=0$ 处的导数等于零，但显然 $x=0$ 不是 $y=x^3$ 的极值点．

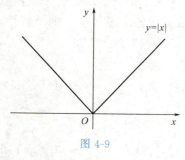

图 4-9

此外，函数在它的导数不存在的点处也可能取得极值，例如函数 $f(x)=|x|$ 在点 $x=0$ 处不可导，但函数在该点取得极小值（图 4-9）．

当我们求出函数的驻点或不可导点后，还要从这些点中判断哪些是极值点，以及进一步判断极值点是极大值点还是极小值点．由函数极值的定义和函数单调性的判定法易知，函数在其极值点的邻近两侧单调性改变（即函数一阶导数的符号改变），由此得出关于函数极值点判定的一个充分条件．

定理 4-6（第一充分条件） 设函数 $f(x)$ 在点 x_0 的某个邻域内连续并且可导（导数 $f'(x_0)$ 也可以不存在）．

(1) 如果在点 x_0 的左邻域内，$f'(x)>0$，在点 x_0 的右邻域内，$f'(x)<0$，则 $f(x)$ 在 x_0 处取得极大值 $f(x_0)$；

(2) 如果在点 x_0 的左邻域内，$f'(x)<0$，在点 x_0 的右邻域内，$f'(x)>0$，则 $f(x)$ 在 x_0 处取得极小值 $f(x_0)$；

(3) 如果在点 x_0 的邻域内，$f'(x)$ 不变号，则 $f(x)$ 在 x_0 处没有极值.

如果函数 $f(x)$ 在所讨论的区间内连续，除个别点外处处可导，则可按下列步骤来求函数的极值点和极值：

(1) 确定函数 $f(x)$ 的定义域，并求其导数 $f'(x)$；

(2) 解方程 $f'(x)=0$，求出 $f(x)$ 的全部驻点；

(3) 讨论 $f'(x)$ 的驻点和不可导点左右两侧符号变化情况，确定函数的极值点；

(4) 求出各极值点的函数值，就得到函数 $f(x)$ 的极值.

【例 4-13】 求函数 $f(x)=x^3-3x^2-9x+5$ 的极值.

解 (1) 函数 $f(x)$ 在 $(-\infty,+\infty)$ 内连续，且
$$f'(x)=3x^2-6x-9=3(x+1)(x-3).$$

(2) 令 $f'(x)=0$，得驻点 $x_1=-1$，$x_2=3$.

(3) 讨论见表 4-1.

表 4-1

x	$(-\infty,-1)$	-1	$(-1,3)$	3	$(3,+\infty)$
$f'(x)$	$+$	0	$-$	0	$+$
$f(x)$	↗	极大值	↘	极小值	↗

(4) 极大值为 $f(-1)=10$，极小值为 $f(3)=-22$.

【例 4-14】 求函数 $f(x)=(x-4)\sqrt[3]{(x+1)^2}$ 的极值.

解 (1) 函数 $f(x)$ 在 $(-\infty,+\infty)$ 内连续，除 $x=-1$ 外处处可导，且
$$f'(x)=\frac{5(x-1)}{3\sqrt[3]{x+1}}.$$

(2) 令 $f'(x)=0$，得驻点 $x=1$，而 $x=-1$ 为 $f(x)$ 的不可导点.

(3) 讨论见表 4-2.

表 4-2

x	$(-\infty,-1)$	-1	$(-1,1)$	1	$(1,+\infty)$
$f'(x)$	$+$	不存在	$-$	0	$+$
$f(x)$	↗	极大值	↘	极小值	↗

(4) 极大值为 $f(-1)=0$，极小值为 $f(1)=-3\sqrt[3]{4}$.

当函数 $f(x)$ 在驻点处的二阶导数存在且不为零时，也可以利用下述定理来判定 $f(x)$ 在驻点处是取得极大值还是极小值.

定理 4-7（第二充分条件） 设 $f(x)$ 在 x_0 处具有二阶导数，且
$$f'(x_0)=0,\quad f''(x_0)\neq 0.$$
则有：

(1) 当 $f''(x_0)<0$ 时，函数 $f(x)$ 在 x_0 处取得极大值；

(2) 当 $f''(x_0)>0$ 时，函数 $f(x)$ 在 x_0 处取得极小值.

【例 4-15】 求出函数 $f(x)=x^3+3x^2-24x-20$ 的极值.

解 函数 $f(x)$ 在 $(-\infty,+\infty)$ 内连续,且
$$f'(x)=3x^2+6x-24=3(x+4)(x-2),$$
令 $f'(x)=0$,得驻点 $x_1=-4$, $x_2=2$. 又 $f''(x)=6x+6$,因为
$$f''(-4)=-18<0, f''(2)=18>0,$$
所以,极大值 $f(-4)=60$,极小值 $f(2)=-48$.

三、函数的最值及其应用

1. 函数的最值

函数 $f(x)$ 在闭区间 $[a,b]$ 上连续,则函数在该区间上必取得最大值和最小值. 函数的最大(小)值与函数的极值是有区别的,前者是指在整个闭区间 $[a,b]$ 上的所有函数值中最大(小)的,因而最大(小)值是全局性的概念. 但是,如果函数的最大(小)值在 (a,b) 内达到,则最大(小)值同时也是极大(小)值. 此外,函数的最大(小)值也可能在区间的端点处达到.

综上所述,求函数在 $[a,b]$ 上的最大(小)值的步骤如下:

(1) 计算函数 $f(x)$ 一切可能极值点上的函数值,并将它们与 $f(a)$、$f(b)$ 相比较,这些值中最大的就是最大值,最小的就是最小值;

(2) 对于闭区间 $[a,b]$ 上的连续函数 $f(x)$,如果在这个区间内只有一个可能的极值点,并且函数在该点处有极值,则该点就是函数在所给区间上的最大值(或最小值)点.

【**例 4-16**】 求 $y=2x^3+3x^2-12x+14$ 在 $[-3,4]$ 上的最大值与最小值.

解 因为 $f'(x)=6(x+2)(x-1)$,解方程 $f'(x)=0$ 得 $x_1=-2$, $x_2=1$. 计算
$$f(-3)=23, f(-2)=34, f(1)=7, f(4)=142.$$
比较得:最大值 $f(4)=142$,最小值 $f(1)=7$.

【**例 4-17**】 求函数 $f(x)=e^{-x^2}$ 在 $[1,\sqrt{5}]$ 上的最值.

解 $f'(x)=-2xe^{-x^2}<0$,因此函数 $f(x)$ 在区间 $[1,\sqrt{5}]$ 上单调递减. 所以函数在 $[1,\sqrt{5}]$ 上的最大值为 $f(1)=e^{-1}$,最小值为 $f(\sqrt{5})=e^{-5}$.

2. 函数的最值应用举例

在利用导数研究实际问题的最值时,如果所建立的函数 $f(x)$ 在 (a,b) 内是可导的,并且 $f(x)$ 在 (a,b) 内只有一个驻点 x_0,往往根据问题本身的实际意义,就可以判断在 (a,b) 内必有最大(小)值,则 $f(x_0)$ 就是所求的最大(小)值,不必再进行之前的数学判断了.

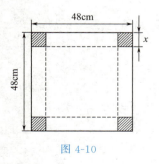

图 4-10

【**例 4-18**】 用边长为 48cm 的正方形铁皮做一个无盖铁盒,先在铁皮的四角分别截去一个面积相同的小正方形,然后把四周折起,焊接成所要的铁盒(图 4-10),问截去的小正方形边长为多少时,所做铁盒的容积最大?

解 设截去的小正方形的边长为 x cm,铁盒的容积为 V cm^3,由题意可知
$$V=x(48-2x)^2 (0<x<24).$$
原问题就归结为:求当 x 为何值时,函数 V 在区间 $(0,24)$ 内取得最大值?

模块四 导数的应用 **111**

求导数 $V' = (48-2x)^2 - 4x(48-2x) = 12(24-x)(8-x)$，令 $V' = 0$ 求得在 $(0,24)$ 内的驻点 $x=8$.

由于铁盒必然存在最大容积，而函数在 $(0,24)$ 内只有一个驻点，因此，当截去的小正方形边长为 $x=8$cm 时，铁盒容积 V 最大，最大值是 $V(8) = 8192$cm^3.

任务解决

解 由力学分析可知，矩形梁的抗弯截面模量为 $W = \dfrac{1}{6}bh^2$，由图 4-4 可知 $h^2 = d^2 - b^2$，$W = \dfrac{1}{6}(d^2 b - b^3)$，这样 W 就是自变量 b 的函数，$b \in (0,d)$，问题化为：b 达到多少时目标函数 W 取最大值？为此，求 W 对 b 的导数

$$W' = \frac{1}{6}(d^2 - 3b^2),$$

令 $W' = 0$，解得 $b = \dfrac{\sqrt{3}}{3}d$.

由于梁的最大抗弯截面模量一定存在，在 $(0,d)$ 内部取得且有唯一驻点 $b = \dfrac{\sqrt{3}}{3}d$，所以当 $b = \dfrac{\sqrt{3}}{3}d$ 时 W 最大，这时

$$h^2 = d^2 - b^2 = \frac{2}{3}d^2,$$

即 $h = \dfrac{\sqrt{6}}{3}d$，$d:h:b = \sqrt{3}:\sqrt{2}:1$.

即当圆木直径与截面的高、宽之比为 $\sqrt{3}:\sqrt{2}:1$ 时，梁的抗弯截面模量最大.

评估检测

1. 试判定函数 $y = e^{-x}$ 的单调性.

2. 试判定函数 $y = \dfrac{1}{3}x^3 - 2x^2 + 3x$ 的单调性.

3. 求函数 $y = 4x^2 - 2x^4$ 的极值.

4. 求函数 $f(x) = (x^2 - 1)^3 + 1$ 的极值.

5. 求函数 $y = 2x^3 - 3x^2 - 12x + 25$，$x \in [0,4]$ 上的最大值和最小值.

6. 求函数 $y = \sqrt{5-4x}$，$x \in [-1,1]$ 上的最大值和最小值.

专本对接

1. 函数 $f(x) = 2x^3 - 15x^2 + 36x + 48$ 的单调减少区间为 （　　　）.

A. $(-\infty, 2)$ 　　　　　　　　　　B. $[2,3]$

C. $[3, +\infty)$ 　　　　　　　　　　D. $(-\infty, 2) \cup [3, +\infty)$

2. 函数 $f(x) = x^3 - 2x^2 + x - 5$ 的单调减少区间为 （　　　）.

A. $\left(-\infty, \dfrac{1}{3}\right] \cup [1, +\infty)$ 　　　　　　B. $\left(-\infty, \dfrac{1}{3}\right]$

C. $[1,+\infty)$ D. $\left[\dfrac{1}{3},1\right]$

3. 求一元函数 $f(x)=x^3-3x$ 的单调区间与极值，并说明是极大值还是极小值.

4. 函数 $f(x)=2x^3-9x^2+12x-3$ 的单调减少区间为（　　）.

A. $(-\infty,1]$　　　　B. $[1,2]$　　　　C. $[2,4]$　　　　D. $[4,+\infty)$

5. 函数 $f(x)=2x^3-3x^2+4$ 在区间 $[-1,2]$ 上的最大值为多少？

6. 函数 $f(x)=2x^3-9x^2+12x-1$ 在区间 $[-1,3]$ 上的最大值为多少？

7. 函数 $f(x)=2x^3-3x^2$ 在区间 $[-1,4]$ 上的最小值为多少？

8. 函数 $y=x^3-3x^2$ 在区间 $[1,4]$ 上的最大值为多少？

拓展阅读

函数的极值与最值：局部与整体

通过观察函数的曲线，可以看到极大值在曲线顶端，极小值在曲线底端.极小值是一段递减函数的结束，也是一段递增函数的开始；而极大值是一段递增函数的结束，也是一段递减函数的开始.极值仅仅是一个小区间的结果，在现实生活中，人生会有"低谷"和"高峰"，就像一条连续曲线，所有的曲折都是暂时的，起起落落是人生必经之路，而最值才是整体最终的结果，局部的极小并非整体的最小，局部的极大也未必是整体的最大.暂时的成功并不代表一生的成功，暂时的失败也不代表未来会一事无成.一个组织，或是我们的一生，最终凤愿便是去追求最大值.不骄不躁、努力向上、奋勇拼搏，以一个个不同阶段的极大值来创造真正属于自己的人生最大值.

任务三　曲线凹凸性与拐点

任务提出

导数不仅在自然科学、工程技术等方面有着广泛的应用，而且在日常生活及经济领域也逐渐显示出重要的作用，比如耐用消费品的销售曲线呈现的形状，曲线单调上升，在一时间段内曲线向上弯曲，经过某点后曲线又向下弯曲.这都是经济形态在数学曲线上的展示.

设一消费品的需求 Q 是消费者的收入 x 的函数，建模分析得到以下函数关系

$$Q=A\mathrm{e}^{\frac{b}{x}}\ (A>0,\ b<0).$$

试讨论该需求收入曲线的曲线形态.

知识准备

一、曲线凹凸性

函数的单调性反映了函数曲线在区间上递增或递减情况，但它不能反映函数曲线在这一区间上的弯曲方向，如图 4-11 所示，函数曲线 $f(x)$、$g(x)$ 在 $[a,b]$ 上都是递增的，但弯曲方向不同，曲线 $f(x)$ 是"上凸"的，曲线 $g(x)$ 是"下凹"的，下面给出曲线凹凸性定义.

定义 4-2 设 $f(x)$ 在区间 I 上连续，如果对 I 上任意两点 x_1、x_2，恒有

$$f\left(\frac{x_1+x_2}{2}\right) < \frac{f(x_1)+f(x_2)}{2},$$

则称 $f(x)$ 在 I 上的图形是向上凹的（或凹弧）；如果恒有

$$f\left(\frac{x_1+x_2}{2}\right) > \frac{f(x_1)+f(x_2)}{2},$$

则称 $f(x)$ 在 I 上的图形是向上凸的（或凸弧）.

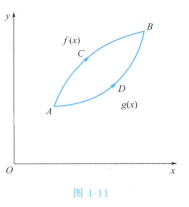

图 4-11

曲线的凹凸具有明显的几何意义，对于凹曲线，当 x 逐渐增加时，其上每一点的切线的斜率是逐渐增大的，即导数 $f'(x)$ 是单调增加函数；而对于凸曲线，其上每一点的切线的斜率是逐渐减小的，即导数 $f'(x)$ 是单调减少函数. 于是有下述判断曲线凹凸性的定理.

定理 4-8 设 $f(x)$ 在 $[a,b]$ 上连续，在 (a,b) 内具有一阶和二阶导数，则：
(1) 若在 (a,b) 内，$f''(x) > 0$，则 $f(x)$ 在 $[a,b]$ 上的图形是凹的；
(2) 若在 (a,b) 内，$f''(x) < 0$，则 $f(x)$ 在 $[a,b]$ 上的图形是凸的.

【例 4-19】 判定 $y = x - \ln(1+x)$ 的凹凸性.

解 因为 $y' = 1 - \dfrac{1}{1+x}$，$y'' = \dfrac{1}{(1+x)^2} > 0$，所以，函数在其定义域 $(-1, +\infty)$ 内是凹的.

【例 4-20】 判断曲线 $y = x^3$ 的凹凸性.

解 因为 $y' = 3x^2$，$y'' = 6x$.

当 $x < 0$ 时，$y'' < 0$，所以曲线在 $(-\infty, 0]$ 内为凸的；当 $x > 0$ 时，$y'' > 0$，所以曲线在 $[0, +\infty)$ 内为凹的.

注 在此题中，我们注意到点 $(0,0)$ 是使曲线由凸变凹的分界点，此类分界点称为曲线的拐点.

二、拐点

定义 4-3 连续曲线上凹弧与凸弧的分界点 $(x_0, f(x_0))$ 称为曲线的拐点.

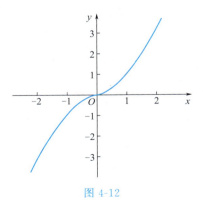

图 4-12

例如，图 4-12 中的点 $(0,0)$ 是使曲线由凸变凹的分界点，即拐点.

那么，如何来寻找曲线 $y = f(x)$ 的拐点呢？

根据定理 4-8，二阶导数 $f''(x)$ 的符号是判断曲线凹凸性的依据. 因此，若 $f''(x)$ 在点 x_0 的左、右两侧邻近处异号，则点 $(x_0, f(x_0))$ 就是曲线的一个拐点，所以，要寻找拐点，只要找出使 $f''(x)$ 符号发生变化的分界点即可. 如果函数 $f(x)$ 在区间 (a,b) 内具有二阶连续导数，则在这样的分界点处必有 $f''(x) = 0$；此外，使 $f(x)$ 的二阶导数不存在的点，也可能是使 $f''(x)$ 符号发生变化的分界点.

综上所述，判定曲线的凹凸性与求曲线的拐点的一般步骤为：

（1）求函数的二阶导数 $f''(x)$；

（2）令 $f''(x)=0$，解出全部实根，并求出所有使二阶导数不存在的点；

（3）对步骤（2）中求出的每一个点，检查其邻近左、右两侧 $f''(x)$ 的符号，确定曲线的凹凸区间和拐点.

【例 4-21】 求曲线 $y=x^4-2x^3+1$ 的拐点及凹凸区间.

解 函数的定义域为 $(-\infty,+\infty)$，由 $y'=4x^3-6x^2$，$y''=12x^2-12x=12x(x-1)$，令 $f''(x)=0$，解得 $x_1=0$，$x_2=1$，讨论见表 4-3.

表 4-3

x	$(-\infty,0)$	0	$(0,1)$	1	$(1,+\infty)$
$f''(x)$	+	0	−	0	+
$f(x)$	凹的	拐点(0,1)	凸的	拐点(1,0)	凹的

所以，曲线的凹区间为 $(-\infty,0]$ 和 $[1,+\infty)$，凸区间为 $[0,1]$，拐点为 $(0,1)$ 和 $(1,0)$.

任务解决

解 讨论该需求收入曲线的曲线形态，即讨论该曲线的凹凸区间与拐点.

因收入 x 非负，故所给需求收入函数的定义域为 $(0,+\infty)$.

又因 $\dfrac{\mathrm{d}Q}{\mathrm{d}x}=-\dfrac{Ab}{x^2}\mathrm{e}^{\frac{b}{x}}$，$\dfrac{\mathrm{d}^2Q}{\mathrm{d}x^2}=\dfrac{Ab}{x^3}\mathrm{e}^{\frac{b}{x}}\left(2+\dfrac{b}{x}\right)$.

由 $\dfrac{\mathrm{d}^2Q}{\mathrm{d}x^2}=0$ 得 $x=-\dfrac{b}{2}$.

在区间 $\left(0,-\dfrac{b}{2}\right)$ 内，因为 $\dfrac{\mathrm{d}^2Q}{\mathrm{d}x^2}>0$，故曲线为凹的；在区间 $\left(-\dfrac{b}{2},+\infty\right)$ 内，因为 $\dfrac{\mathrm{d}^2Q}{\mathrm{d}x^2}<0$，故曲线为凸的；当 $x=-\dfrac{b}{2}$ 时，$Q=A\mathrm{e}^{-2}$，故曲线的拐点是 $\left(-\dfrac{b}{2},A\mathrm{e}^{-2}\right)$.

评估检测

1.求函数 $y=x+\dfrac{1}{x}(x>0)$ 图形的拐点及凹凸区间.

2.求函数 $y=x+\dfrac{x}{x^2-1}$ 图形的拐点及凹凸区间.

3.求函数 $y=x\arctan x$ 图形的拐点及凹凸区间.

专本对接

1.曲线 $y=x^3-3x^2+5x+10$ 的拐点坐标是_____.

2.曲线 $y=x^3-6x^2-1$ 的拐点坐标是_____.

3.曲线 $y=x^3+3x^2$ 的拐点坐标是_____.

4.曲线 $y=x^3-6x^2+1$ 的拐点个数是（   ）.

A. 0   B. 1   C. 2   D. 3

5. 设函数 $f(x)$ 在 (a,b) 内恒有 $f'(x)>0$，$f''(x)<0$，则函数 $f(x)$ 在 $[a,b]$ 上（　　）.

A. 单调增加且图形是凹的　　　　　　B. 单调减少且图形是凹的

C. 单调增加且图形是凸的　　　　　　D. 单调减少且图形是凸的

拓展阅读

导数在生活中的应用——无处不在的数学

导数来源于生活，又服务于生活，导数是许多自然现象在数量关系上抽象出来的研究变化率结构的数学模型. 例如，物理运动的瞬时速度，化学中的反应速率，生物学中的出生率、死亡率、人口增长率、细胞繁殖速度，医学中病人血液浓度的变化率，经济学中利润的变化率等，都可以归结为导数问题.

对于经济学家来说，对其经济环节进行定量分析是非常必要的，而将数学作为分析工具，可以为企业经营者提供客观、精确的数据. 运用导数可以对经济活动中的实际问题进行边际分析、需求弹性分析和最值分析，从而为企业经营者科学决策提供量化依据. 例如在投资决策中如果以均匀流的存款方式，也就是将资金以流水一样的方式定期不断地存入银行，那么一年后的价值就可以通过微积分知识求得. 在生物学领域中，可以利用微积分的相关知识，根据生物种群环境各种因素的变化情况，来推测种群数量的变化. 例如，在鱼类养殖中，找到合适的 $k/2$ 值（环境容纳量的一半），可以适时适量地科学捕鱼. 工程最优化问题也离不开导数的相关知识. 例如，酒桶的设计问题，如何设计酒桶能够使其装酒最多而且最节省材料？这就需要构造酒桶体积关于酒桶表面积的函数，并考虑各种形状，求得最值. 像可口可乐瓶子的设计，就遵循了这个计算原理.

导数学习的重要性是显而易见的. 大学数学的学习价值不仅在于掌握知识，而且在于使我们获得了解决生活中实际问题的一种必不可少的重要工具. 实际上，微积分本身就存在于生活中，只有不断深入挖掘，才能透过现象看本质，将抽象的数学付诸具体事物中，为社会发展和个人生活提供无限便利，推动人类社会永续发展.

任务四　导数应用实验

一、实验目的

掌握函数极值的计算方法，用 MATLAB 求一元函数的极值.

二、基本命令

(1) fminbnd(f,a,b)：求 f 在 $[a,b]$ 区间内的极小值点.

(2) [x,y]=fminbnd(f,a,b)：求函数 f 在区间 (a,b) 内的极小值，并返回两个值，第一个是 x 的值，第二个是 y 的值.

说明　$-f$ 的极小值就是 f 的极大值，所以 fminbnd 也可以求一元函数 $f(x)$ 的极大值.

(3) solve(S,x)：将表达式对指定的变量 x 求解方程 $S(x)=0$.

三、实训案例

【例 4-22】 求函数 $f(x)=(x-3)^2-1$ 在区间 $(0,5)$ 内的极小值点和极小值.

解 在命令窗口输入命令：

```
≫syms x
≫f = '(x - 3)^2 - 1';
≫fminbnd(f,0,5)
```

得

```
ans =
      3                    % 极小值点为 x = 3.
≫[x,y] = fminbnd(f,0,5)
x =
   3
y =
    -1                    % 函数在 x = 3 处取得极小值为 - 1.
```

注 在 MATLAB 中，fminbnd 函数可以用来求解一维优化问题. 它只能求连续单变量函数的极值. 如果在给定区间上单变量函数存在多个极值点，fminbnd 只能求出其中的一个，但这个极值点不一定是区间上的最小点.

对于一元函数的极值问题，也可以根据一元函数极值的求解步骤求解函数的极值.

【例 4-23】 求函数 $f(x)=x^3+3x^2-24x-20$ 的极值点和极值.

解 在命令窗口输入命令：

```
≫ syms x y
≫ y = x^3 + 3 * x^2 - 24 * x - 20;
≫ solve(diff(y,x))             % 调用 solve 函数求函数驻点
```

得

```
ans =
    - 4   2                    % 解出两个驻点 2 和 - 4
≫ g = diff(diff(y,x),x);x = - 4;eval(g)   % 把驻点 - 4 代入二阶导数
```

得

```
ans =
    - 18                       % 二阶导数小于 0,为极大值
≫ eval(y)                      % 计算出极大值
```

得

```
ans =
     60                        % 极大值为 60
≫ h = diff(diff(y,x),x);x = 2;eval(h)   % 把驻点 2 代入二阶导数
```

得

```
ans =
     18                        % 二阶导数大于 0,为极小值
≫ eval(y)                      % 计算出极小值
```

得

```
ans =
    - 48                       % 极小值为 - 48
```

模块四　导数的应用　**117**

评估检测

1. 用 fminbnd 求函数 $f(x)=x^4-x^2+x-1$ 在区间 $[-2,1]$ 上的极小值.

2. 求函数 $y=x^3-3x^2-9x+4$ 的极值.

问题解决

生活和专业中的导数的应用问题

1. 公路修筑地点问题（见问题提出）

解　设 D 点选在距离 A 处 $x\,\mathrm{km}$，则 $|DB|=100-x$，$|CD|=\sqrt{20^2+x^2}=\sqrt{400+x^2}$，再设铁路上每千米货运的费用为 $3k$ 元，则公路上每千米货运的费用为 $5k$ 元（k 为常数），那么货物从供应站 B 到工厂 C 的总运费 y（元）为

$$y=5k|CD|+3k|DB|=5k\sqrt{400+x^2}+3k(100-x)\ (0\leqslant x\leqslant 100).$$

原问题就归结为：求当 x 取何值时，函数 y 在区间 $[0,100]$ 内取得最小值？

因为

$$y'=5k\frac{x}{\sqrt{400+x^2}}-3k=k\frac{5x-3\sqrt{400+x^2}}{\sqrt{400+x^2}},$$

令 $y'=0$，得所在区间内的驻点 $x=15$.

由于运费必然存在最小值，而函数在区间 $[0,100]$ 内只有一个驻点 $x=15$. 因此当 $x=15$ 时，函数有最小值，即当 D 点选在 AB 线上距离 A 处 $15\mathrm{km}$ 时，货运费用最省.

2. 化工设备设计方案（见问题提出）

解　用料最省实际上就是要求反应器的表面积最小，依题意

$$S(r)=2\pi r^2+2\pi rh.$$

已知反应器体积 $V=\pi r^2h=50\mathrm{m}^3$，则 $h=\dfrac{50}{\pi r^2}$，所以 $S(r)=2\pi r^2+2\pi r\dfrac{50}{\pi r^2}=2\pi r^2+\dfrac{100}{r}$.

$S'(r)=4\pi r-\dfrac{100}{r^2}$，令 $S'(r)=0$，得 $r=\sqrt[3]{\dfrac{25}{\pi}}$ 唯一驻点，又 $S''(r)=4\pi+\dfrac{200}{r^3}$，

$S''\left(\sqrt[3]{\dfrac{25}{\pi}}\right)>0$，所以 $S\left(\sqrt[3]{\dfrac{25}{\pi}}\right)$ 为极小值，因而此唯一极小值即为最小值.

故当底半径 $r=\sqrt[3]{\dfrac{25}{\pi}}$，高 $h=2\sqrt[3]{\dfrac{25}{\pi}}$，即反应器的高径比为 $h:(2r)=1:1$ 时，用料最省.

3. 电路中的功率（见问题提出）

解　由电学知识可知，消耗在负载电阻 R 上的功率为 $P=I^2R$，其中 I 是回路中的电流，又由欧姆定律有 $I=\dfrac{E}{R+r}$，代入上式得

$$P=\left(\frac{E}{R+r}\right)^2R=\frac{E^2R}{(R+r)^2}\ (R>0).$$

原问题就归结为：求 R 取何值时，函数 P 在区间 $(0,+\infty)$ 内取得最大值？

因为 $P'=\dfrac{E^2(r-R)}{(R+r)^3}$，令 $P'=0$ 得所在区间内的唯一驻点 $R=r$.

所以，当负载电阻 $R=r$ 时，输出功率最大.

4. 物流中运储费用问题（见问题提出）

解 设每批购买 x 个零件，要使运储费用最少，且不缺货，故应在每批零件用完时立即购买下一批. 又由于工厂里均匀使用这种零件，于是平均储存量为 $\dfrac{x+0}{2}=\dfrac{x}{2}$ 个，则一年中运储总费用 $F(x)$ 为

$$F(x)=\frac{24000}{x}\times350+\frac{x}{2}\times12\times0.10=\frac{8400000}{x}+\frac{3}{5}x,\ x\in(0,24000].$$

原问题就归结为：求 x 取何值时，函数 $F(x)$ 在区间 $(0,24000]$ 内有最小值？最小值为多少？

因为 $F'(x)=-\dfrac{8400000}{x^2}+\dfrac{3}{5}$，令 $F'(x)=0$ 得在区间 $(0,24000]$ 内的唯一驻点 $x\approx3742$.

所以，当每批购买零件 $x=3742$ 个时，工厂所负担的运储费用最少，为 $F(3742)=4490$ 元.

5. 经济学中的利润问题（见问题提出）

解 （1）由总成本函数可得平均成本函数为 $AC=\dfrac{C(Q)}{Q}=0.3Q+9+\dfrac{30}{Q}$，由 $\dfrac{\mathrm{d}(AC)}{\mathrm{d}Q}=0.3-\dfrac{30}{Q^2}=0$，可解得 $Q=10$（$Q=-10$ 舍去），又 $\dfrac{\mathrm{d}^2(AC)}{\mathrm{d}Q^2}\Big|_{Q=10}=\dfrac{60}{Q^3}\Big|_{Q=10}>0$，故 $Q=10$ 是极小值点. 由于平均成本函数只有一个驻点且是极小值点，所以当产出水平 $Q=10$ 时平均成本最低，最低平均成本为 $AC|_{Q=10}=0.3\times10+9+\dfrac{30}{10}=15$.

（2）由总成本函数得边际成本函数为 $MC=0.6Q+9$，平均成本最低时的产出水平 $Q=10$，这时的边际成本为 $MC|_{Q=10}=0.6\times10+9=15$.

由以上计算知，平均成本最低时的边际成本与最低平均成本相等，都为 15.

6. 医药学中最优化问题（见问题提出）

解 现在从两方面来回答这个问题：

（1）当 r 为多大时 V 最大. 由 $V'(r)=kr^3(4r_0-5r)=0\Rightarrow r=\dfrac{4}{5}r_0$ 或 $r=0$（舍去），当 $r\in\left(\dfrac{r_0}{2},\dfrac{4}{5}r_0\right)$ 时，$V'(r)>0$，当 $r\in\left(\dfrac{4}{5}r_0,r_0\right)$ 时，$V'(r)<0$，可见当 $r=\dfrac{4}{5}r_0$ 时单位时间内流过的气管的气体体积最大.

（2）如果用 v 来表示空气在气管中流动的速率，显然 $V=v\pi r^2$，则

$$v=\frac{V}{\pi r^2}=\frac{k}{\pi}(r_0-r)r^2,$$

由 $$v'(r)=\frac{k}{\pi}(2r_0-3r)r=0\Rightarrow r=\frac{2}{3}r_0\in\left[\frac{r_0}{2},r_0\right]$$ 或 $r=0$（舍去），

同样可知 $r=\dfrac{2}{3}r_0$ 时，速度 v 可取得最大值.

从上述两个方面来看，咳嗽时气管收缩（在一定范围内）有助咳嗽，它促进气管内空气的流动，从而使气管中的异物能较快地被清除掉.

综合实训

基础过关检测

一、选择题

1.函数 $f(x)=\ln x$ 在 $[1,2]$ 上满足拉格朗日中值定理条件的点 ξ 是（   ）.

A. 0   B. ln2   C. $\dfrac{1}{\ln 2}$ D. 1

2.$f'(x_0)=0$，$f''(x_0)>0$ 是函数 $f(x)$ 在点 $x=x_0$ 处取得极小值的（   ）.

A. 充分必要条件   B. 充分非必要条件

C. 必要非充分条件   D. 既非充分也非必要条件

3.曲线 $f(x)=\ln x$ 上的点 $x=$（   ）处的切线平行于 A（1,0）与 B（0,2）两点的连线.

A. $-\dfrac{1}{2}$ B. -1 C. 1   D. 2

4.若点(1,4)为曲线 $y=ax^3+bx^2$ 的拐点，则常数 a、b 的值是（   ）.

A. $a=-6,b=2$ B. $a=-2,b=6$ C. $a=6,b=-2$ D. $a=2,b=-6$

5.函数 $f(x)=\dfrac{x}{1+x^2}$（   ）.

A. 在 $(-\infty,+\infty)$ 内单调增加   B. 在 $(-\infty,+\infty)$ 内单调减少

C. 在 $[-1,1]$ 上单调增加   D. 在 $[-1,1]$ 上单调减少

6.设函数 $y=(x^2-4)^2$，则在区间 $(-2,0)$ 和 $(2,+\infty)$ 内此函数分别为（   ）.

A. 单调增加，单调增加   B. 单调增加，单调减少

C. 单调减少，单调增加   D. 单调减少，单调减少

7.函数 $y=x-\ln(1+x)$ 的单调减少区间是（   ）.

A. $(-1,+\infty)$ B. $(-1,0)$ C. $(0,+\infty)$ D. $(-\infty,-1)$

8.设函数 $y=|x^2-3x+2|$，则（   ）.

A. y 有极小值 $\dfrac{1}{4}$，但无极大值   B. y 有极小值 0，但无极大值

C. y 有极小值 0，极大值 $\dfrac{1}{4}$ D. y 有极大值 $\dfrac{1}{4}$，但无极小值

9.设函数 $y=2x-2x^3+x^4$，则在区间 $(1,2)$ 和 $(2,4)$ 内，曲线分别为（   ）.

A. 凸的，凸的   B. 凸的，凹的   C. 凹的，凸的   D. 凹的，凹的

10.函数 $y=x^2e^{-x}$ 在区间 $(1,2)$ 内是（   ）.

A. 单调增加且是凸的   B. 单调增加且是凹的

C. 单调减少且是凸的   D. 单调减少且是凹的

二、填空题

11. 函数 $f(x)=2x^2-\ln x$ 在_____内单调增加，在_____内单调减少.

12. 曲线 $f(x)=x^3-5x^2+3x+5$ 在_____内是凸的，在_____内是凹的，拐点为_____.

13. 函数 $f(x)=-x^4+2x^2$ 在 $x=$_____处取得极小值为_____.

14. 函数 $f(x)=x^4-8x^2+2$ 在 $[-1,3]$ 上的最大值为_____，最小值为_____.

三、计算题

15. 求函数 $y=x^3-3x^2-9x+14$ 的单调区间.

16. 求函数 $y=x^2 e^{-x}$ 的单调区间.

17. 求函数 $y=x-2\sin x$，$x\in[0,2\pi]$ 的单调区间.

18. 求函数 $y=\dfrac{x}{x^3+4}$ 的极值.

19. 求函数 $y=\dfrac{\ln x}{x}$ 的极值.

20. 求函数 $y=x^2+\dfrac{1}{x^2}$ 的极值.

21. 求函数 $y=\sin^3 x+\cos^3 x$，$x\in[0,2\pi)$ 的极值.

22. 求函数 $y=3-2\sqrt[3]{(x+1)^2}$ 的极值.

23. 求函数 $y=\arctan x-\dfrac{1}{2}\ln(1+x^2)$ 的极值.

24. 求函数 $y=\dfrac{1-x+x^2}{1+x-x^2}$ 在 $x\in[0,1]$ 上的最值.

25. 求函数 $y=2\tan x-\tan^2 x$，$x\in\left[0,\dfrac{\pi}{3}\right]$ 上的最值.

26. 求函数 $y=x^3-3x^2+1$ 的凹凸区间和拐点.

27. 求函数 $y=x^4(12\ln x-7)$ 的凹凸区间和拐点.

四、应用题

28. 设 $f(x)=a\ln x+bx^2+x$ 在 $x_1=1$，$x_2=2$ 处都取得极值，试确定 a、b 的值，并确定这时 $f(x)$ 在 x_1、x_2 处是取得极大值还是极小值.

29. 已知制作一个玩具的成本为 40 元，如果每一个玩具的售出价为 x 元，售出的玩具由 $n=\dfrac{a}{x-40}+b(80-x)$ 给出，其中 a、b 为正常数，当售出价格定为多少时，可以使利润最大？

拓展探究练习

1. 求函数 $f(x)=\sqrt[3]{(x-1)^2}$ 的单调区间.

2. 求函数 $f(x)=x-\dfrac{3}{2}\sqrt[3]{x^2}$ 的极值点和极值.

3. 求函数 $f(x)=\dfrac{1}{2}x^2-\ln x$ 在 $[e^{-1},e]$ 上的最大值.

模块五 积分及其应用

积分是高等数学的重要概念之一,包括不定积分和定积分,它在工程、经管等领域中有着十分广泛的应用.定积分起源于求图形的面积和体积等实际问题,17世纪中叶,牛顿和莱布尼茨先后提出了定积分的概念,并发现了积分与微分之间的内在联系,给出了计算定积分的一般方法,从而使定积分成为解决有关实际问题的有力工具,并使各自独立的微分学与积分学联系在一起,构成完整的理论体系——微积分学.本模块通过专业问题引入定积分的概念,并进一步讨论其计算方法及其具体应用.

问题提出

生活和专业中的积分及其应用问题

1. 遇黄灯刹车问题
一辆汽车以速度为 30km/h 正常行驶,当距离交通路口 10m 处突然发现黄灯亮起,司机立即刹车制动,如果制动后的速度为 $v=8.3-2.7t$(单位:m/s),问制动距离是多少?

2. 化工污水处理问题
国家对生态环境保护十分重视.某省多个城市以工业生产为主要经济支柱,这些城市中化工企业废水的处理直接影响该省生态环境保护的效果.某化工厂向河中排放有害污水,严重影响周围的生态环境,有关部门责令其立即安装污水处理装置,以减少并最终停止向河中排放有害污水.如果从污水处理装置开始工作到污水排放完全停止,污水的排放速度可近似地由公式 $v(t)=\dfrac{1}{4}t^2-2t+4$(单位:万立方米每年)确定,其中 t 为装置工作的时间,问从污水处理装置开始工作到污水排放完全停止需要多长时间?这期间向河中排放了多少有害污水?

3. 石油能源的消耗问题
近年来,世界范围内每年的石油消耗量呈指数增长,且增长指数大约为 0.07.节约能源与加强能源可持续发展刻不容缓. 1987 年年初，石油消耗量大约为每年 161 亿桶. 设 $R(t)$ 表示从 1987 年起第 t 年的石油消耗量，则 $R(t)=161\mathrm{e}^{0.07t}$（亿桶），试用此式估计从 1987 年到 2020 年间石油消耗的总量.

4. 建筑填土量计算

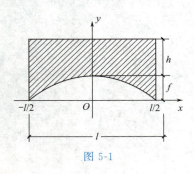

图 5-1

窑洞是中国西北黄土高原上特有的居住形式，具有十分浓厚的中国民俗风情和乡土气息，展现了劳动人民的智慧，被称为绿色建筑. 窑洞砌成后，窑背填上一些土，使房屋冬暖夏凉. 现设窑拱是抛物线，如图 5-1 所示，跨度为 $l=$ 4m，矢高 $f=0.8$m，窑的进深为 $d=8$m，窑背顶填土厚为 $h=1.2$m，问窑洞背填土量为多少立方米？

5. 电路中的电量

设导线在时刻 t（单位：s）的电流强度为 $I(t)=0.006t\sqrt{t^2+1}$，试求在时间间隔 $[1,4]$ 内流过导线截面的电量 $Q(t)$（单位：A）.

6. 企业方案分析

近些年来，我国的物流行业发展越来越迅速，崛起了很多物流企业，为了支援山区建设，某物流公司运用自有航运系统运输了物资近千吨. 为了保证时效，需要增加一架货运飞机. 如果购进一架飞机需要支付 5000 万美元，飞机的使用寿命为 15 年. 如果租用一架飞机，每年需要支付 600 万美元的租金，租金以均匀的资金流支付. 试分析：（1）若银行的年利率为 12%，请问购买飞机与租用飞机哪种方案较佳？（2）如果银行的年利率为 6% 时，结果会如何呢？

积分及其应用知识

任务一　定积分的概念

任务提出

港珠澳大桥，是连接我国香港、珠海、澳门的超大型跨海通道，全长 55km，其中主体工程"海中桥隧"长 35.578km，海底隧道长约 6.75km，是世界上最长的跨海大桥.

港珠澳大桥在施工过程中存在很多不规则图形，例如风帆塔、中国结等造型，计算它们的面积在工程造价预算中显得尤为重要，但如何精确地计算不规则图形的面积是一个关键性问题.

问题提出：港珠澳大桥异形区域如图 5-2 所示.

具体问题：在直角坐标系中，由曲线 $y=x^2$，直线 $x=1$ 及 x 轴所围成的图形即港珠澳大桥中的异形区域（图 5-3），请给出计算其面积的一种方法.

图 5-2

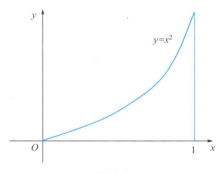

图 5-3

知识准备

一、两个实例

（一）曲边梯形的面积

1. 曲边梯形的概念

在直角坐标系下，由闭区间 $[a,b]$ 上的连续曲线 $y=f(x)$（设 $f(x)\geqslant 0$），直线 $x=a$，$x=b$ 和 $y=0$（即 x 轴）所围成的平面图形 $AabB$ 叫作曲边梯形（图 5-4）．

2. 曲边梯形的面积计算

（1）分割

如图 5-5 所示，任取分点 $a=x_0<x_1<x_2<\cdots<x_i<\cdots<x_{n-1}<x_n=b$，把区间 $[a,b]$ 分成 n 个小区间 $[x_0,x_1],[x_1,x_2],\cdots,[x_{i-1},x_i],\cdots,[x_{n-1},x_n]$．每个小区间段的长度 $\Delta x_i=x_i-x_{i-1}(i=1,2,\cdots,n)$．过每个分点作 x 轴的垂线，把曲边梯形 $AabB$ 分成 n 个小曲边梯形，每个小曲边梯形的面积记为 $\Delta A_i(i=1,2,\cdots,n)$．

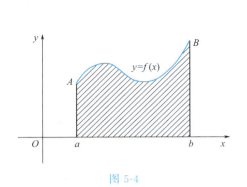

图 5-4

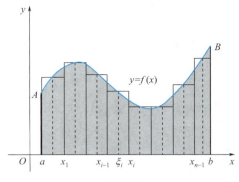

图 5-5

（2）近似替代

在每个小区间 $[x_{i-1},x_i](i=1,2,\cdots,n)$ 内任取一点 $\xi_i(x_{i-1}\leqslant\xi_i\leqslant x_i)$，以 $f(\xi_i)$ 为高，以 Δx_i 为底作小矩形，用此小矩形的面积近似替代小曲边梯形的面积 ΔA_i，即 $A_i\approx f(\xi_i)\Delta x_i(i=1,2,\cdots,n)$．

(3) 求和

把这 n 个小矩形的面积加起来，就得到曲边梯形的面积 A 的近似值，即 $A \approx f(\xi_1)\Delta x_1 + f(\xi_2)\Delta x_2 + \cdots + f(\xi_n)\Delta x_n$，记为 $A \approx \sum_{i=1}^{n} f(\xi_i)\Delta x_i$。

(4) 取极限

若用 $\lambda = \max_{1 \leqslant i \leqslant n}\{\Delta x_i\}$ 表示所有小区间长度的最大者，当 $\lambda \to 0$ 时，和式 $A \approx \sum_{i=1}^{n} f(\xi_i)\Delta x_i$ 的极限就是曲边梯形的面积，即 $A = \lim_{\lambda \to 0} \sum_{i=1}^{n} f(\xi_i)\Delta x_i$。

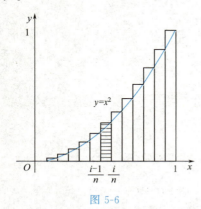

图 5-6

【例 5-1】 利用上述方法计算 $y = x^2$，$x = 1$ 以及 x 轴所围区域的面积 S（图 5-6）。

解 (1) 将 $[0,1]$ 区间等分为 n 份，即取分点

$$0 < \frac{1}{n} < \frac{2}{n} < \cdots < \frac{i-1}{n} < \frac{i}{n} < \cdots < \frac{n-1}{n} < \frac{n}{n} = 1,$$

$$\Delta x_1 = \Delta x_2 = \cdots = \Delta x_n = \frac{1}{n};$$

(2) $\left[\frac{i-1}{n}, \frac{i}{n}\right]$ 区间上的小曲边梯形近似为以 $\Delta x_i = \frac{1}{n}$ 为底，以 $\left(\frac{i}{n}\right)^2$ 为高的矩形；

(3) 将所有小矩形面积相加即得到原曲边形状的近似，即

$$S \approx \left(\frac{1}{n}\right)^2 \cdot \frac{1}{n} + \left(\frac{2}{n}\right)^2 \cdot \frac{1}{n} + \cdots + \left(\frac{i}{n}\right)^2 \cdot \frac{1}{n} + \cdots + \left(\frac{n}{n}\right)^2 \cdot \frac{1}{n} = \frac{1}{n^3}\sum_{i=1}^{n} i^2,$$

$$S \approx \frac{n(n+1)(2n+1)}{6n^3} \text{（利用平方和公式可得）};$$

(4) 所围区域的面积为

$$S = \lim_{n \to \infty} \frac{n(n+1)(2n+1)}{6n^3} = \frac{1}{3}.$$

(二) 变速直线运动的路程

设一质点做直线运动，其速度为连续函数 $v = v(t)(v(t) \geqslant 0)$，求该质点在时间段 $[a,b]$ 上所经过的路程 s。

因为是变速运动，所以不能用路程＝速度×时间来计算 s。但由于速度是连续变化的，当时间 t 变化很小时，相应的速度 $v(t)$ 的变化也很小，可以近似看作不变，即当作匀速直线运动来处理。我们具体分析如下。

1. 分割

在时间段 $[a,b]$ 内任意插入 $n-1$ 个分点

$$a = t_0 < t_1 < t_2 < \cdots < t_{i-1} < t_i < \cdots < t_{n-1} < t_n = b,$$

把 $[a,b]$ 分为 n 个小时间段

$$[t_0, t_1], [t_1, t_2], \cdots, [t_{i-1}, t_i], \cdots, [t_{n-1}, t_n].$$

这些小时间段的长度分别记为

$$\Delta t_i = t_i - t_{i-1} (i=1,2,\cdots,n),$$

则相应的路程 s 就被分为 n 个小路程段 Δs_i，且

$$s = \sum_{i=1}^{n} \Delta s_i.$$

2. 近似替代

在每个小时间段 $[t_{i-1}, t_i]$ 上任取一个时刻 ξ_i，用时刻 ξ_i 的瞬时速度 $v(\xi_i)$ 近似代替在小时间段 $[t_{i-1}, t_i]$ 上的速度，即近似看作匀速运动来处理，则 $v(\xi_i)\Delta t_i$ 就是质点在小时间段 $[t_{i-1}, t_i]$ 上所经过路程 Δs_i 的近似值，即

$$\Delta s_i \approx v(\xi_i)\Delta t_i (i=1,2,\cdots,n).$$

3. 求和

把 n 个小时间段上所有 Δs_i 的近似值都加起来，就得到质点在时段 $[a,b]$ 上所经过路程 s 的近似值，即

$$s \approx \sum_{i=1}^{n} v(\xi_i)\Delta t_i.$$

4. 取极限

当分点个数无限增多且所有小时间段长度的最大值 $\lambda = \max\limits_{1 \le i \le n}\{\Delta t_i\}$ 趋于零时，上述和式的极限就是路程 s 的精确值，即

$$s = \lim_{\lambda \to 0} \sum_{i=1}^{n} v(\xi_i)\Delta t_i.$$

以上两个例子，一个是几何问题，一个是物理问题，具有不同的实际意义. 但是这两个问题的解决方法都是"分割、近似替代、求和、取极限"，最后都归结为计算具有相同结构的和式的极限，由此可抽象出定积分的定义.

二、定积分的定义

定义 5-1 设函数 $f(x)$ 为区间 $[a,b]$ 上的有界函数，任意取分点 $a=x_0<x_1<x_2<\cdots<x_{n-1}<x_n=b$，将区间 $[a,b]$ 分成 n 个小区间 $[x_{i-1},x_i]$，其长度记为 $\Delta x_i = x_i - x_{i-1}$ $(i=1,2,\cdots,n)$. 在每个小区间 $[x_{i-1},x_i]$ $(i=1,2,\cdots,n)$ 上任取一点 $\xi_i (x_{i-1} \le \xi_i \le x_i)$，得相应的函数值 $f(\xi_i)$，作乘积 $f(\xi_i)\Delta x_i (i=1,2,\cdots,n)$. 把所有这些乘积加起来，得和式 $S_n = \sum\limits_{i=1}^{n} f(\xi_i)\Delta x_i.$

记 $\lambda = \max\limits_{1 \le i \le n}\{\Delta x_i\}$，当 $\lambda \to 0$ 时，如果上述和式 S_n 的极限存在，则称函数 $f(x)$ 在区间 $[a,b]$ 上可积，并将此极限值称为函数 $f(x)$ 在 $[a,b]$ 上的定积分，记作 $\int_a^b f(x)\mathrm{d}x$，即

$$\int_a^b f(x)\mathrm{d}x = \lim_{\lambda \to 0} \sum_{i=1}^{n} f(\xi_i)\Delta x_i.$$ 其中，$\int$ 称为积分（符）号，$f(x)$ 称为被积函数，$f(x)\mathrm{d}x$ 称为被积表达式，x 叫作积分变量，$[a,b]$ 为积分区间，a 为积分下限，b 为积分上限.

符号 $\int_a^b f(x)\mathrm{d}x$ 读作函数 $f(x)$ 从 a 到 b 的定积分.

$\int$ 是英文中 sum（和）的第一个字母 s 的拉长形式.

说明 （1）所谓和式的极限存在（即函数可积）是指不论区间 $[a,b]$ 怎样分和 $\xi_i(x_{i-1} \leqslant \xi_i \leqslant x_i)$ 怎样取，极限都存在且相等.

（2）因为和式的极限是由函数 $f(x)$ 及区间 $[a,b]$ 所确定的，所以定积分只与被积函数和积分区间有关，而与积分变量的符号无关，即 $\int_a^b f(x)\mathrm{d}x = \int_a^b f(t)\mathrm{d}t$.

（3）该定义是在 $a<b$ 的情况下给出的，但不管 $a<b$ 还是 $a>b$，总有

$$\int_a^b f(x)\mathrm{d}x = -\int_b^a f(x)\mathrm{d}x.$$

特别地，当 $b=a$ 时，规定 $\int_a^a f(x)\mathrm{d}x = 0$.

由定积分的定义可知，两个引例中的实际量可以用定积分表示如下.

曲边梯形的面积 A 可表示为函数 $y=f(x) \geqslant 0$ 在区间 $[a,b]$ 上的定积分，即

$$A = \int_a^b f(x)\mathrm{d}x = \lim_{\lambda \to 0} \sum_{i=1}^n f(\xi_i)\Delta x_i.$$

变速直线运动的路程 s 可表示为函数 $v=v(t) \geqslant 0$ 在区间 $[a,b]$ 上的定积分，即

$$s = \int_a^b v(t)\mathrm{d}t = \lim_{\lambda \to 0} \sum_{i=1}^n v(\xi_i)\Delta t_i.$$

三、定积分的几何意义

（1）当 $f(x) \geqslant 0$ 时，定积分 $\int_a^b f(x)\mathrm{d}x$ 在几何上表示曲线 $y=f(x)$ 与直线 $x=a$，$x=b$ 及 x 轴所围成的曲边梯形的面积，即 $\int_a^b f(x)\mathrm{d}x = A$（图 5-7）.

（2）当 $f(x)<0$ 时，定积分 $\int_a^b f(x)\mathrm{d}x$ 在几何上表示曲线 $y=f(x)$ 与直线 $x=a$，$x=b$ 及 x 轴所围成的曲边梯形的面积的负值，即 $\int_a^b f(x)\mathrm{d}x = -A$（图 5-8）.

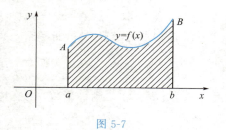

图 5-7

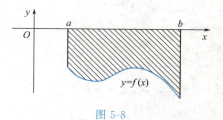

图 5-8

（3）若函数 $f(x)$ 在 $[a,b]$ 上有正有负，定积分 $\int_a^b f(x)\mathrm{d}x$ 在几何上表示曲线 $y=f(x)$ 与直线 $x=a$，$x=b$ 及 x 轴所围的各种图形面积的代数和，在 x 轴上方图形的面积取正值，在 x 轴下方图形的面积取负值，即 $\int_a^b f(x)\mathrm{d}x = S_1 - S_2 + S_3$（图 5-9）.

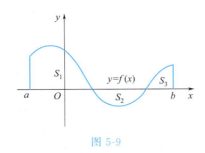

图 5-9

由积分的几何意义，不难看出奇、偶函数在对称区间 $[-a,a]$ 上的积分性质．若函数 $f(x)$ 在对称区间 $[-a,a]$ 上连续，则

$$\int_{-a}^{a} f(x)\,\mathrm{d}x = \begin{cases} 2\int_{0}^{a} f(x)\,\mathrm{d}x, & \text{当 } f(x) \text{ 为偶函数时[图 5-10(a)]} \\ 0, & \text{当 } f(x) \text{ 为奇函数时[图 5-10(b)]} \end{cases}.$$

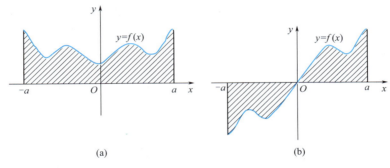

图 5-10

四、定积分的基本性质

设函数 $f(x)$、$g(x)$ 在所讨论的区间上可积，则定积分有如下性质．

性质 5-1　两个函数和（差）的定积分等于定积分的和（差），即

$$\int_{a}^{b} [f(x) \pm g(x)]\,\mathrm{d}x = \int_{a}^{b} f(x)\,\mathrm{d}x \pm \int_{a}^{b} g(x)\,\mathrm{d}x.$$

性质 5-2　被积表达式中的常数因子可以提到积分号外面来，即

$$\int_{a}^{b} kf(x)\,\mathrm{d}x = k\int_{a}^{b} f(x)\,\mathrm{d}x.$$

性质 5-3　对任意的 c，有 $\int_{a}^{b} f(x)\,\mathrm{d}x = \int_{a}^{c} f(x)\,\mathrm{d}x + \int_{c}^{b} f(x)\,\mathrm{d}x$．

这一性质叫作定积分对区间 $[a,b]$ 的可加性，即不论 $c \in [a,b]$ 还是 $c \notin [a,b]$ 均成立．

性质 5-4　如果在 $[a,b]$ 上，$f(x) \equiv 1$，那么 $\int_{a}^{b} f(x)\,\mathrm{d}x = b - a$．

性质 5-5　若在 $[a,b]$ 上有 $f(x) \leqslant g(x)$，则 $\int_{a}^{b} f(x)\,\mathrm{d}x \leqslant \int_{a}^{b} g(x)\,\mathrm{d}x$．

这个性质说明，若比较两个定积分的大小，只要比较被积函数的大小即可．

特别地，有 $\left|\int_a^b f(x)\mathrm{d}x\right| \leqslant \int_a^b |f(x)|\mathrm{d}x$.

性质 5-6（估值定理） 如果函数 $f(x)$ 在 $[a,b]$ 上的最大值为 M，最小值为 m，那么 $m(b-a) \leqslant \int_a^b f(x)\mathrm{d}x \leqslant M(b-a)$.

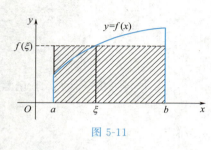

图 5-11

性质 5-7（定积分中值定理） 如果 $f(x)$ 在区间 $[a,b]$ 内连续，那么在 $[a,b]$ 内至少存在一点 ξ，使 $\int_a^b f(x)\mathrm{d}x = f(\xi)(b-a)$.

几何解释：一条连续曲线 $y=f(x)$ 在 $[a,b]$ 上曲边梯形的面积等于以区间 $[a,b]$ 长度为底，以 $[a,b]$ 中一点 ξ 的函数值为高的矩形的面积，如图 5-11 所示.

任务解决

港珠澳大桥人工岛异形区域面积可以看成是一个曲边梯形，因此也可以利用定积分来解决问题.

根据定积分的定义，可以将其表示为如下的定积分

$$S = \int_0^1 x^2 \mathrm{d}x.$$

后面将介绍如何快速求解上面式子中的定积分.

评估检测

1. 将下列图形的面积表示为定积分.
（1）由 $y=x^3$，$x=1$，$x=2$ 及 $y=0$ 所围成的曲边梯形的面积；
（2）由 $y=\ln x$，$x=\dfrac{1}{\mathrm{e}}$，$x=2$ 及 x 轴所围成的曲边梯形的面积.

2. 由定积分的几何意义求值.
（1）$\int_{-1}^1 x \mathrm{d}x$；　　　　（2）$\int_0^{2\pi} \cos x \mathrm{d}x$；　　　　（3）$\int_{-r}^r \sqrt{r^2-x^2}\mathrm{d}x$.

3. 根据定积分的性质，比较下列各积分值的大小.
（1）$\int_0^1 x^2 \mathrm{d}x$ 和 $\int_0^1 x^3 \mathrm{d}x$；
（2）$\int_3^4 \ln x \mathrm{d}x$ 和 $\int_3^4 \ln^2 x \mathrm{d}x$；
（3）$\int_{-1}^0 \mathrm{e}^x \mathrm{d}x$ 和 $\int_{-1}^0 \mathrm{e}^{-x} \mathrm{d}x$；
（4）$\int_0^\pi \sin x \mathrm{d}x$ 和 $\int_0^\pi \cos x \mathrm{d}x$.

4. 某工程师用 CAD 设计某一零件，该零件外观表面由曲线 $y=x^3$，$x=-1$，$x=1$ 及 x 轴所围成，画出零件轮廓图形，用定积分表示该零件面积，并用计算器计算其面积.

专本对接

1. 定积分 $\int_{-\pi}^\pi (x^3 + \sin x)\mathrm{d}x =$ _____ .

模块五　积分及其应用　**129**

2.若函数 $f(x)$ 在区间$[1,3]$上连续，并且在该区间上的平均值是 6，则 $\int_1^3 f(x)\mathrm{d}x =$

_____.

3.设 $I = \int_0^1 \dfrac{1}{1+x^2}\mathrm{d}x$ ，则有关 I 的取值描述正确的是（　　）.

A.$\dfrac{1}{4} \leqslant I \leqslant \dfrac{1}{2}$　　　　B.$\dfrac{1}{2} \leqslant I \leqslant 1$　　　　C.$0 \leqslant I \leqslant \dfrac{1}{4}$　　　　D.$\dfrac{3}{2} < I < 2$

拓展阅读

微积分思想的历史

微积分产生之前，数学发展处于初等数学时期.人类只能研究常量，而对于变量则束手无策.在几何上只能讨论三角形和圆等图形，而对于一般曲线则无能为力.到了 17 世纪中叶，由于科学技术发展的需要，人们开始关注对于变量与一般曲线的研究.在力学上，人们关心如何根据路程函数确定质点的瞬时速度，或者根据瞬时速度求质点走过的路程.在几何上，人们希望找到求一般曲线的切线的方法，并计算一般曲线所围图形的面积.令人惊讶的是，不同领域的问题都归结为相同模式的数学问题：求因变量在某一时刻对自变量的变化率；因变量在一定时间过程中所积累的变化.前者导致了微分概念的提出，后者导致了积分概念的提出，两者都包含了极限与无穷小的思想.

极限、无穷小、微分、积分的思想在中国古代早已有之.公元前 4 世纪，中国古代思想家和哲学家庄周在《庄子·天下》中论述："至大无外，谓之大一；至小无内，谓之小一." 其中"大一"和"小一"就是无穷大和无穷小的概念.而"一尺之棰，日取其半，万世不竭"，更是道出了无限分割的极限思想.

公元 3 世纪，中国古代数学家刘徽首创的割圆术，即用无穷小分割求面积的方法，就是古代极限思想的深刻表现.他用圆内接正多边形的边长来逼近圆周，得到了 π 的范围在 3.141024～3.142704 之间.并指出："割之弥细，所失弥少；割之又割，以至于不可割，则与圆周合体而无所失矣."

我国南北朝时期的数学家祖暅（中国古代数学家祖冲之之子）发展了刘徽的思想，在求出球的体积的同时，得到了一个重要的结论（后人称之为"祖暅原理"）："夫叠棊成立积，缘幂势既同，则积不容异."用现在的话来讲，一个几何体（"立积"）是由一系列很薄的小片（"棊"）叠成的；若两个几何体相应的小片的截面积（"幂势"）都相同，那它们的体积（"积"）必然相等.

任务二　微积分基本公式

任务提出

根据定积分的概念，港珠澳大桥人工岛异形区域面积已用定积分表示出，那如何准确计算其结果？根据其图形得到积分表达式

$$S = \int_0^1 x^2 \mathrm{d}x .$$

如果利用定积分的基本概念来计算，需要进行分割、近似替代、求和、取极限这四个步骤，这并不容易，那么是否有更加快捷、准确的计算方法呢？

知识准备

一、原函数与不定积分的定义

引例 已知曲线 $y=F(x)$ 在任一点 x 处的切线斜率为 $2x$，且曲线通过点（1,2），求曲线的方程.

分析 从导数的几何意义可知，切线的斜率 $k=F'(x)=2x$，又因为 $(x^2+C)'=2x$，所以 $F(x)=x^2+C$. 这里 C 为任意常数，满足这个斜率条件的曲线有无数多条，所求得曲线过点（1,2），即 $2=1^2+C$，故 $C=1$，因而，所求曲线方程为 $y=x^2+1$.

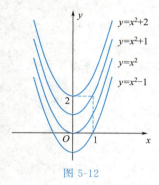

图 5-12

如图 5-12 所示，满足切线斜率 $k=2x$ 的曲线是一族，有无穷多条，但是过指定点的曲线只有一条.

定义 5-2 设 $f(x)$ 为定义在区间 I 上的已知函数，如果存在一个函数 $F(x)$，使其对任意 $x\in I$，有
$$F'(x)=f(x) \text{ 或 } dF(x)=f(x)dx,$$
则称函数 $F(x)$ 为函数 $f(x)$ 在该区间上的一个**原函数**.

例如，因 $(\sin x)'=\cos x$，故 $\sin x$ 是 $\cos x$ 的原函数，原函数与导函数是一对互逆的概念.

$f(x)$ 的原函数 $F(x)$ 是否唯一呢？

因为 $(\sin x+1)'=\cos x$，$(\sin x-\sqrt{2})'=\cos x$，$(\sin x+C)'=\cos x$（$C$ 为任意常数），所以，$\sin x+1$、$\sin x-\sqrt{2}$、$\sin x+C$ 都是 $\cos x$ 的原函数，可见原函数不是唯一的.

定理 5-1 如果函数 $f(x)$ 在区间 I 上有原函数 $F(x)$，则在该区间上它就有无穷多个原函数，并且其中任意两个原函数的差是常数.

如果 $F(x)$ 是 $f(x)$ 在某区间上的一个原函数，那么 $F(x)+C$ 是 $f(x)$ 在该区间上的全体原函数，其中 C 是任意常数.

定义 5-3 函数 $f(x)$ 在区间 I 上的全体原函数 $F(x)+C$，称为 $f(x)$ 的不定积分，记为 $\int f(x)dx$，即

$$\int f(x)dx = F(x)+C.$$

其中，$\int$ 称为积分号，$f(x)$ 称为被积函数，$f(x)dx$ 称为被积表达式，x 称为积分变量，C 称为积分常数.

【例 5-2】 求 $\int 2xdx$.

解 由于 $(x^2)'=2x$，所以 x^2 是 $2x$ 的一个原函数，因此
$$\int 2xdx = x^2+C.$$

【例 5-3】 求 $\int \cos xdx$.

模块五 积分及其应用 | **131**

解 由于 $(\sin x)' = \cos x$，所以 $\sin x$ 是 $\cos x$ 的一个原函数，因此

$$\int \cos x \, \mathrm{d}x = \sin x + C.$$

【**例 5-4**】 求 $\displaystyle\int \frac{1}{x} \mathrm{d}x$.

解 当 $x \in (-\infty, 0)$ 时，$[\ln(-x)]' = \dfrac{1}{-x} \cdot (-1) = \dfrac{1}{x}$，则在 $(-\infty, 0)$ 内，有

$$\int \frac{1}{x} \mathrm{d}x = \ln(-x) + C.$$

当 $x \in (0, +\infty)$ 时，$(\ln x)' = \dfrac{1}{x}$，则在 $(0, +\infty)$ 内，有

$$\int \frac{1}{x} \mathrm{d}x = \ln x + C.$$

故在 $\dfrac{1}{x}$ 的定义区间 $(-\infty, 0) \cup (0, +\infty)$ 内，$\displaystyle\int \frac{1}{x} \mathrm{d}x = \ln|x| + C$.

【**例 5-5**】 求过点 $(2, 6)$，且在任意一点 $P(x, y)$ 处切线的斜率为 $2x$ 的曲线方程.

解 由 $k = y' = 2x$，得 $y = \displaystyle\int 2x \, \mathrm{d}x = x^2 + C$，将 $x = 2$，$y = 6$ 代入该式，有 $6 = 2^2 + C$，故 $C = 2$，所以 $y = x^2 + 2$ 为所求曲线方程.

二、不定积分的性质

性质 5-8 求不定积分与求导数（或微分）互为逆运算.

(1) $\left[\displaystyle\int f(x) \mathrm{d}x\right]' = f(x)$，或 $\mathrm{d}\left[\displaystyle\int f(x) \mathrm{d}x\right] = f(x) \mathrm{d}x$.

(2) $\displaystyle\int F'(x) \mathrm{d}x = F(x) + C$，或 $\displaystyle\int \mathrm{d}F(x) = F(x) + C$.

这两个性质说明：先积分后微分，形式不变；先微分后积分，结果相差一个常数，这充分说明了积分运算与微分运算互为逆运算.

(3) $\displaystyle\int kf(x) \mathrm{d}x = k \int f(x) \mathrm{d}x$.

(4) $\displaystyle\int [f(x) \pm g(x)] \mathrm{d}x = \int f(x) \mathrm{d}x \pm \int g(x) \mathrm{d}x$.

性质 5-8 (4) 可以推广到任意多个函数的代数和（差）的情形，也可推广到有限个函数.

三、不定积分基本公式

由于求不定积分是求导数的逆运算，所以由导数的基本公式对应地可以得到不定积分基本公式.

1. 不定积分基本公式

(1) $\displaystyle\int 0 \, \mathrm{d}x = C$；

(2) $\displaystyle\int k \, \mathrm{d}x = kx + C$（$k$ 是常数）；

(3) $\int x^{\alpha} dx = \dfrac{1}{\alpha+1} x^{\alpha+1} + C \ (\alpha \neq -1)$;

(4) $\int e^x dx = e^x + C$;

(5) $\int a^x dx = \dfrac{1}{\ln a} a^x + C \ (a>0 \ \text{且} \ a \neq 1)$;

(6) $\int \dfrac{1}{x} dx = \ln|x| + C$;

(7) $\int \cos x \, dx = \sin x + C$;

(8) $\int \sin x \, dx = -\cos x + C$;

(9) $\int \dfrac{1}{\cos^2 x} dx = \int \sec^2 x \, dx = \tan x + C$;

(10) $\int \dfrac{1}{\sin^2 x} dx = \int \csc^2 x \, dx = -\cot x + C$;

(11) $\int \tan x \sec x \, dx = \sec x + C$;

(12) $\int \cot x \csc x \, dx = -\csc x + C$;

(13) $\int \dfrac{1}{\sqrt{1-x^2}} dx = \arcsin x + C = -\arccos x + C$;

(14) $\int \dfrac{1}{1+x^2} dx = \arctan x + C = -\operatorname{arccot} x + C$.

2. 直接积分法

直接利用不定积分的性质和基本积分公式，或者先对被积函数进行恒等变形，再利用不定积分性质和基本积分公式来求出不定积分的方法，叫作直接积分法.

【例 5-6】 求 $\int (e^x + 3\sin x + 1) dx$.

解 $\int (e^x + 3\sin x + 1) dx = \int e^x dx + 3\int \sin x \, dx + \int 1 dx = e^x + C_1 - 3\cos x + C_2 + x + C_3$

$\qquad = e^x - 3\cos x + x + C$（其中 $C = C_1 + C_2 + C_3$）.

【例 5-7】 求 $\int \left(x^2 + \sqrt{x} - \dfrac{1}{x^2} \right) dx$.

解 $\int \left(x^2 + \sqrt{x} - \dfrac{1}{x^2} \right) dx = \int x^2 dx + \int \sqrt{x} \, dx - \int \dfrac{1}{x^2} dx$

$\qquad = \dfrac{x^3}{3} + \dfrac{2}{3} x^{\frac{3}{2}} + \dfrac{1}{x} + C.$

【例 5-8】 求 $\int \left(\dfrac{2}{x} - 3^x + 4 \right) dx$.

解 $\int \left(\dfrac{2}{x} - 3^x + 4 \right) dx = 2\int \dfrac{1}{x} dx - \int 3^x dx + \int 4 dx$

$\qquad = 2\ln|x| - \dfrac{1}{\ln 3} 3^x + 4x + C.$

模块五 积分及其应用 **133**

【例 5-9】 求 $\int 3^x e^x dx$.

解 $\int 3^x e^x dx = \int (3e)^x dx = \dfrac{(3e)^x}{\ln(3e)} + C = \dfrac{3^x e^x}{1 + \ln 3} + C$.

【例 5-10】 求 $\int \dfrac{x^2}{x^2 + 1} dx$.

解
$$\int \frac{x^2}{x^2 + 1} dx = \int \frac{x^2 + 1 - 1}{x^2 + 1} dx = \int \left(1 - \frac{1}{x^2 + 1}\right) dx$$
$$= \int 1 dx - \int \frac{1}{x^2 + 1} dx = x - \arctan x + C .$$

【例 5-11】 求 $\int \tan^2 x dx$.

解 $\int \tan^2 x dx = \int (\sec^2 x - 1) dx = \int \sec^2 x dx - \int 1 dx = \tan x - x + C$.

【例 5-12】 求 $\int \dfrac{\cos 2x}{\cos x - \sin x} dx$.

解
$$\int \frac{\cos 2x}{\cos x - \sin x} dx = \int \frac{\cos^2 x - \sin^2 x}{\cos x - \sin x} dx = \int (\cos x + \sin x) dx$$
$$= \int \cos x dx + \int \sin x dx = \sin x - \cos x + C .$$

四、牛顿-莱布尼茨公式

定理 5-2 如果函数 $f(x)$ 在区间 $[a,b]$ 上连续，$F(x)$ 是 $f(x)$ 在 $[a,b]$ 上的一个原函数，则

$$\int_a^b f(x) dx = F(x) \Big|_a^b = F(b) - F(a) .$$

上式称为牛顿-莱布尼茨公式，也称为微积分基本定理.

这个公式揭示了定积分与不定积分之间的联系. 它表明一个连续函数在区间 $[a,b]$ 上的定积分等于它任一个原函数在区间 $[a,b]$ 上的增量. 这给定积分提供了一个有效而简便的计算方法.

【例 5-13】 计算 $\int_0^1 x^3 dx$.

解 因为 $\int x^3 dx = \dfrac{1}{4} x^4 + C$ ，所以

$$\int_0^1 x^3 dx = \frac{1}{4} x^4 \Big|_0^1 = \frac{1}{4} \times 1^4 - \frac{1}{4} \times 0^4 = \frac{1}{4} .$$

【例 5-14】 计算 $\int_0^1 \dfrac{x^2}{1 + x^2} dx$.

解 $\int_0^1 \dfrac{x^2}{1 + x^2} dx = \int_0^1 \dfrac{x^2 + 1 - 1}{1 + x^2} dx = \int_0^1 \left(1 - \dfrac{1}{1 + x^2}\right) dx = (x - \arctan x) \Big|_0^1 = 1 - \dfrac{\pi}{4}$.

【例 5-15】 计算 $\int_0^{\frac{\pi}{2}} (2x - 1 + 3\cos x) dx$.

解 $\int_0^{\frac{\pi}{2}} (2x - 1 + 3\cos x)\mathrm{d}x = \int_0^{\frac{\pi}{2}} 2x\mathrm{d}x - \int_0^{\frac{\pi}{2}} \mathrm{d}x + \int_0^{\frac{\pi}{2}} 3\cos x\mathrm{d}x$

$$= x^2 \Big|_0^{\frac{\pi}{2}} - x \Big|_0^{\frac{\pi}{2}} + 3\sin x \Big|_0^{\frac{\pi}{2}} = \frac{\pi^2}{4} - \frac{\pi}{2} + 3.$$

【例 5-16】 设 $f(x) = \begin{cases} x - 1, & -1 \leqslant x \leqslant 1 \\ \dfrac{1}{x}, & 1 < x \leqslant 2 \end{cases}$ ，求 $\int_{-1}^{2} f(x)\mathrm{d}x$.

解 函数 $f(x)$ 在 $[-1, 2]$ 上是分段连续的，于是

$$\int_{-1}^{2} f(x)\mathrm{d}x = \int_{-1}^{1} f(x)\mathrm{d}x + \int_{1}^{2} f(x)\mathrm{d}x$$

$$= \int_{-1}^{1} (x - 1)\mathrm{d}x + \int_{1}^{2} \frac{1}{x}\mathrm{d}x = \left(\frac{x^2}{2} - x\right)\Big|_{-1}^{1} + (\ln|x|)\Big|_1^2 = \ln 2 - 2.$$

【例 5-17】 某油井投资 2000 万元建成开采，开采后，在时刻 t 的追加成本和增加收益分别为

$$C'(t) = 7 + 2t^{\frac{2}{3}} \quad (10^6 \text{ 元/a}),$$

$$R'(t) = 19 - t^{\frac{2}{3}} \quad (10^6 \text{ 元/a}),$$

试确定该油井开采多长时间停产，方可获得最大利润？最大利润是多少？

解 由生产利润的最大值存在的必要条件

$$L'(t) = R'(t) - C'(t) = 0,$$

即 $$19 - t^{\frac{2}{3}} = 7 + 2t^{\frac{2}{3}},$$

可得 $$t = 8,$$

又 $$L''(t) = R''(t) - C''(t)$$

$$= -\frac{2}{3}t^{-\frac{1}{3}} - \frac{4}{3}t^{-\frac{1}{3}} = -2t^{-\frac{1}{3}},$$

$$L''(8) < 0.$$

故 $t = 8$ 年是开采利润最大值点，即最佳停产时间，此时，开采利润的最大值为

$$L_{\max} = \int_0^8 L'(t)\mathrm{d}t - 20 = \int_0^8 (12 - 3t^{\frac{2}{3}})\mathrm{d}t - 20$$

$$= \left(12t - \frac{9}{5}t^{\frac{5}{3}}\right)\Big|_0^8 - 20 = 18.4 \quad (10^6 \text{ 元}).$$

任务解决

利用牛顿-莱布尼茨公式，计算人工岛异形区域面积，该面积最终转化为求被积函数的原函数，然后分别将左、右端点代入求差，具体如下

$$S = \int_0^1 x^2 \mathrm{d}x = \frac{1}{3}x^3 \Big|_0^1 = \frac{1}{3} .$$

评估检测

1.求下列不定积分.

(1) $\int \left(3x^2 + \sqrt{x} - \dfrac{2}{x}\right)\mathrm{d}x$ ；

(2) $\int (10^x + x^{10})\mathrm{d}x$ ；

模块五　积分及其应用　**135**

(3) $\displaystyle\int \dfrac{3x^4 + 3x^2 - 1}{x^2 + 1}\mathrm{d}x$;

(4) $\displaystyle\int \dfrac{x - 9}{\sqrt{x} + 3}\mathrm{d}x$;

(5) $\displaystyle\int (\mathrm{e}^x - 5\cos x)\mathrm{d}x$;

(6) $\displaystyle\int \mathrm{e}^x\left(2^x + \dfrac{\mathrm{e}^{-x}}{\sqrt{1-x^2}}\right)\mathrm{d}x$;

(7) $\displaystyle\int \sin^2\dfrac{x}{2}\mathrm{d}x$;

(8) $\displaystyle\int \sec x(\sec x - \tan x)\mathrm{d}x$.

2. 求下列定积分.

(1) $\displaystyle\int_0^1 x\mathrm{d}x$;

(2) $\displaystyle\int_1^3 2^x\mathrm{d}x$;

(3) $\displaystyle\int_4^9 \sqrt{x}(1+\sqrt{x})\mathrm{d}x$;

(4) $\displaystyle\int_{-\frac{\pi}{2}}^{\frac{\pi}{2}} \cos x\mathrm{d}x$.

3. 一个物体做直线运动，其速度 $v = t^2 + 1$（单位：m/s），当 $t = 1\mathrm{s}$ 时物体的位移 $s = 3\mathrm{m}$，求物体的运动方程.

专本对接

1. $x + \sin x$ 是 $f(x)$ 的原函数，则 $\displaystyle\int f(x)\mathrm{d}x$ 为（　　）.

A. $x + \sin x$

B. $1 + \cos x$

C. $x + \sin x + C$

D. $1 + \cos x + C$

2. 已知函数 $1 + \ln x$ 是函数 $f(x)$ 的一个原函数，则 $\displaystyle\int f(x)\mathrm{d}x = $（　　）.

A. $\dfrac{1}{x} + C$

B. $x + \ln x + C$

C. $2x + \ln x + C$

D. $\ln x + C$

3. 若 $\displaystyle\int F(x)\mathrm{d}x = 2^x - x^2 + C$，则 $F'(x)$ 的一个原函数为（　　）.

A. $2^x\ln 2 - 2x$

B. $2^x(\ln 2)^2 - 2$

C. $2^x\ln 2 + 2x$

D. $2^x(\ln 2)^2 + 2$

拓展阅读

牛顿-莱布尼茨公式

微分和积分这两个运算，是彼此互逆的两个过程，它们是由牛顿-莱布尼茨公式联系起来的，这就要提到两位伟大的科学先驱：牛顿和莱布尼茨.

英国科学家牛顿开始关于微积分的研究，是受到了沃利斯的《无穷算术》的启发. 他第一次把代数学扩展到分析学. 1665 年牛顿发明正流数术（微分），次年又发明反流数术. 之后将流数术总结在一起，并写出了《流数简论》，这标志着微积分的诞生. 接着，牛顿研究变量流动生成法，认为变量是由点、线或面的连续运动产生的，因此，他把变量叫作流量，把变量的变化率叫作流数. 牛顿在创立微积分的后期，否定了以前自己认为的变量是无穷小元素的静止集合，不再强调数学量是由不可分割的最小单元构成的，而认为它是由几何元素经过连续运动生成的，不再认为流数是两个实无限小量的比，而认为是初生量的最初比或消失量的最后比，这就从原来的实无限小量观点进化到量的无限分割过程即潜无限观点上去了.

同一时期，德国数学家莱布尼茨也致力于研究切线问题和面积问题，并探索两类问题之间的关系．他把有限量的运算与无穷小量的运算进行类比，创立了无穷小量求商法和求积法，即微分和积分运算．1684 年，他发表了论文《一种求极大值和极小值以及切线的新方法，对有理量和无理量都适用的，一种值得注意的演算》，两年后他又发表了他在积分学上的早期研究结果．

牛顿和莱布尼茨对微积分的研究都达到了同一目标，但两人的方法不同．牛顿发现最终结果比莱布尼茨早一些，但莱布尼茨发表自己的结论比牛顿早一些．关于谁是微积分的创始者，数学家们经历了一场旷日持久的论战，这场论战持续了 100 多年．

正是由于牛顿和莱布尼茨的功绩，微积分成为一门独立的学科，求微分与求积分，不再是孤立地进行处理了，而是有了统一的处理方法．微积分的诞生具有划时代的意义，是数学史上的分水岭与转折点，是人类探索大自然的一次伟大的成功，是人类思维的最伟大的成就之一．

任务三　换元积分法

任务提出

某建筑构件平面设计图如图 5-13 所示，要在构件平面喷涂材料，需要核算其材料成本，也就是计算其喷涂面积．根据前面所学，可以将其表示为定积分的形式，这种形式的积分如何计算呢？

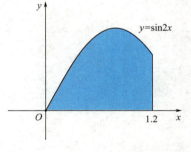

图 5-13

知识准备

一、不定积分的第一类换元积分法（凑微分法）

例如，$\int \sin 2x \, dx$ 与 $\int \sin x \, dx$ 类似，比较被积函数，利用微分的定义 $dy = y' dx$，有 $d(2x) = (2x)' dx = 2dx$，可以把 $\int \sin 2x \, dx$ 改写成 $\frac{1}{2}\int \sin 2x \, d(2x)$ 的形式，令 $2x = u$，就有

$$\int \sin 2x \, dx = \frac{1}{2}\int \sin 2x \, d(2x) = \frac{1}{2}\int \sin u \, du = -\frac{1}{2}\cos u + C,$$

再把 u 回代成 $2x$，得

$$\int \sin 2x \, dx = -\frac{1}{2}\cos 2x + C.$$

定理 5-3　若 $\int f(u) du = F(u) + C$，且 $u = \varphi(x)$ 有连续导数，则

$$\int f[\varphi(x)]\varphi'(x)dx \xrightarrow{\text{凑微分}} \int f[\varphi(x)]d[\varphi(x)] \xrightarrow{\text{令 }\varphi(x) = u} \int f(u)du$$

$$= F(u) + C \xrightarrow{\text{回代 }u = \varphi(x)} F[\varphi(x)] + C.$$

模块五　积分及其应用　**137**

【例 5-18】　求 $\displaystyle\int \cos 5x\,\mathrm{d}x$.

解　$\displaystyle\int \cos 5x\,\mathrm{d}x = \frac{1}{5}\int \cos 5x\,\mathrm{d}(5x) \xlongequal{\text{令}\,u=5x} \frac{1}{5}\int \cos u\,\mathrm{d}u = \frac{1}{5}\sin u + C$

$\xlongequal{\text{回代}\,u=5x} \frac{1}{5}\sin 5x + C.$

【例 5-19】　求 $\displaystyle\int (3x-1)^4\,\mathrm{d}x$.

解　$\displaystyle\int (3x-1)^4\,\mathrm{d}x = \frac{1}{3}\int (3x-1)^4\,\mathrm{d}(3x-1) \xlongequal{\text{令}\,u=3x-1} \frac{1}{3}\int u^4\,\mathrm{d}u$

$= \frac{1}{3}\cdot\frac{1}{5}u^5 + C = \frac{1}{15}u^5 + C \xlongequal{\text{回代}} \frac{1}{15}(3x-1)^5 + C.$

【例 5-20】　求 $\displaystyle\int \sin^2 x \cos x\,\mathrm{d}x$.

解　$\displaystyle\int \sin^2 x \cos x\,\mathrm{d}x = \int \sin^2 x\,\mathrm{d}(\sin x) \xlongequal{\text{令}\,u=\sin x} \int u^2\,\mathrm{d}u$

$= \frac{1}{3}u^3 + C \xlongequal{\text{回代}} \frac{1}{3}\sin^3 x\,\mathrm{d}x + C.$

【例 5-21】　求 $\displaystyle\int x\,\mathrm{e}^{x^2}\,\mathrm{d}x$.

解　$\displaystyle\int x\,\mathrm{e}^{x^2}\,\mathrm{d}x = \frac{1}{2}\int \mathrm{e}^{x^2}\,\mathrm{d}(x^2) \xlongequal{\text{令}\,u=x^2} \frac{1}{2}\int \mathrm{e}^u\,\mathrm{d}u = \frac{1}{2}\mathrm{e}^u + C \xlongequal{\text{回代}} \frac{1}{2}\mathrm{e}^{x^2} + C.$

【例 5-22】　求 $\displaystyle\int \tan x\,\mathrm{d}x$.

解　$\displaystyle\int \tan x\,\mathrm{d}x = \int \frac{\sin x}{\cos x}\,\mathrm{d}x = -\int \frac{1}{\cos x}\,\mathrm{d}(\cos x) = -\ln|\cos x| + C.$

用定理 5-3 求不定积分的方法称为第一类换元积分法，应用第一类换元积分法计算积分时，关键是把被积函数分为两部分，其中一部分与 $\mathrm{d}x$ 凑成微分 $\mathrm{d}\varphi(x)$，即 $\varphi'(x)\mathrm{d}x = \mathrm{d}\varphi(x)$，而另一部分表示为 $\varphi(x)$ 的函数 $f[\varphi(x)]$. 因此，通常又把第一类换元积分法称为凑微分法.

表 5-1 为几个常用的凑微分的等式（a 为常数，$a\neq 0$）.

表 5-1

（1）$\mathrm{d}x = \dfrac{1}{a}\mathrm{d}(ax)$	（2）$\mathrm{e}^x\,\mathrm{d}x = \mathrm{d}(\mathrm{e}^x)$
（3）$x\,\mathrm{d}x = \dfrac{1}{2}\mathrm{d}(x^2)$	（4）$x^2\,\mathrm{d}x = \dfrac{1}{3}\mathrm{d}(x^3)$
（5）$\dfrac{\mathrm{d}x}{\sqrt{x}} = 2\mathrm{d}(\sqrt{x})$	（6）$\dfrac{1}{x}\mathrm{d}x = \mathrm{d}(\ln|x|)$
（7）$\sin x\,\mathrm{d}x = -\mathrm{d}(\cos x)$	（8）$\cos x\,\mathrm{d}x = \mathrm{d}(\sin x)$
（9）$\dfrac{1}{\sqrt{1-x^2}}\mathrm{d}x = \mathrm{d}(\arcsin x)$	（10）$\dfrac{1}{1+x^2}\mathrm{d}x = \mathrm{d}(\arctan x)$
（11）$\csc^2 x\,\mathrm{d}x = \dfrac{1}{\sin^2 x}\mathrm{d}x = \mathrm{d}(-\cot x)$	（12）$\sec^2 x\,\mathrm{d}x = \dfrac{1}{\cos^2 x}\mathrm{d}x = \mathrm{d}(\tan x)$

二、定积分的第一类换元积分法

定积分的第一类换元法和不定积分的第一类换元法原理一样，就是增加牛顿-莱布尼茨公式，如下

$$\int_a^b f[\varphi(x)]\varphi'(x)\mathrm{d}x = F[\varphi(x)]\Big|_a^b = F[\varphi(b)] - F[\varphi(a)].$$

【例 5-23】 计算 $\int_0^2 \mathrm{e}^{2x}\mathrm{d}x$.

解 $\int_0^2 \mathrm{e}^{2x}\mathrm{d}x = \dfrac{1}{2}\int_0^2 \mathrm{e}^{2x}\mathrm{d}(2x) = \dfrac{1}{2}\mathrm{e}^{2x}\Big|_0^2 = \dfrac{1}{2}(\mathrm{e}^{2\times 2} - \mathrm{e}^{2\times 0}) = \dfrac{1}{2}(\mathrm{e}^4 - 1)$.

【例 5-24】 计算 $\int_0^{\frac{\pi}{2}} \sin^4 x \cos x \mathrm{d}x$.

解 $\int_0^{\frac{\pi}{2}} \sin^4 x \cos x \mathrm{d}x = \int_0^{\frac{\pi}{2}} \sin^4 x \mathrm{d}(\sin x) = \dfrac{1}{5}\sin^5 x\Big|_0^{\frac{\pi}{2}} = \dfrac{1}{5}$.

【例 5-25】 已知某化学反应速率为 $v = ak\mathrm{e}^{-kt}$ （a、k 为常数），求反应在时间区间 $[0,t]$ 内的平均速度.

解 平均速度 $\bar{v}(t) = \dfrac{1}{t-0}\int_0^t ak\mathrm{e}^{-kt}\mathrm{d}t = -\dfrac{a}{t}\int_0^t \mathrm{e}^{-kt}\mathrm{d}(-kt)$

$$= -\dfrac{a}{t}\mathrm{e}^{-kt}\Big|_0^t = \dfrac{a}{t}(1 - \mathrm{e}^{-kt}).$$

三、不定积分的第二类换元积分法

第一类换元积分法是通过变量代换 $u = \varphi(x)$，将积分 $\int f[\varphi(x)]\varphi'(x)\mathrm{d}x$ 化为 $\int f(u)\mathrm{d}u$. 第二类换元积分法则相反，是通过变量代换 $x = \varphi(t)$ 将积分 $\int f(x)\mathrm{d}x$ 化为 $\int f[\varphi(t)]\varphi'(t)\mathrm{d}t$，第二类换元积分法的目的在于去除被积函数中的根号.

【例 5-26】 计算 $\int \dfrac{1}{1+\sqrt{x}}\mathrm{d}x$.

解 令 $t = \sqrt{x}$，得 $x = t^2$，且 $\mathrm{d}x = 2t\mathrm{d}t$，代入有

$$\int \dfrac{1}{1+\sqrt{x}}\mathrm{d}x = \int \dfrac{1}{1+t}\cdot 2t\mathrm{d}t = 2\int \dfrac{1+t-1}{1+t}\mathrm{d}t$$

$$= 2\int \left(1 - \dfrac{1}{1+t}\right)\mathrm{d}t = 2(t - \ln|1+t|) + C$$

$$= 2(\sqrt{x} - \ln|1+\sqrt{x}|) + C.$$

【例 5-27】 计算 $\int \dfrac{\mathrm{d}x}{\sqrt{x} + \sqrt[3]{x}}$.

解 为了同时去掉被积函数中的两个根式，取 2 与 3 的最小公倍数 6，令 $x = t^6$，有 $\sqrt{x} = t^3$，$\sqrt[3]{x} = t^2$，$\mathrm{d}x = 6t^5\mathrm{d}t$，则

$$\int \frac{\mathrm{d}x}{\sqrt{x} + \sqrt[3]{x}} = \int \frac{6t^5}{t^3 + t^2} \mathrm{d}t = 6 \int \frac{t^3}{t+1} \mathrm{d}t$$

$$= 6 \int \frac{(t^3 + 1) - 1}{t+1} \mathrm{d}t = 6 \int \left(t^2 - t + 1 - \frac{1}{t+1} \right) \mathrm{d}t$$

$$= 2t^3 - 3t^2 + 6t - 6\ln|t+1| + C$$

$$\xlongequal{\text{回代}} 2\sqrt{x} - 3\sqrt[3]{x} + 6\sqrt[6]{x} - 6\ln(\sqrt[6]{x} + 1) + C.$$

【例 5-28】 计算 $\int x \sqrt{2x+3} \, \mathrm{d}x$.

解 令 $\sqrt{2x+3} = t$ ，即 $x = \frac{1}{2}(t^2 - 3)$ ，$\mathrm{d}x = t \, \mathrm{d}t$ ，于是

$$\int x \sqrt{2x+3} \, \mathrm{d}x = \int \frac{1}{2}(t^2 - 3) \cdot t \cdot t \, \mathrm{d}t = \frac{1}{2} \int (t^4 - 3t^2) \, \mathrm{d}t$$

$$= \frac{1}{10} t^5 - \frac{1}{2} t^3 + C = \frac{1}{10}(2x+3)^{\frac{5}{2}} - \frac{1}{2}(2x+3)^{\frac{3}{2}} + C.$$

当被积函数中含有根式 $\sqrt[n]{ax+b}$ 时，则令 $t = \sqrt[n]{ax+b}$ 来去掉根式；当被积函数中含有根式 $\sqrt[m]{x}$ 和 $\sqrt[n]{x}$ 时，则令 $x = t^p$ ，其中 p 为 m 和 n 的最小公倍数.

四、定积分的第二类换元积分法

定理 5-4 如果函数 $f(x)$ 在区间 $[a,b]$ 上连续，函数 $x = \varphi(t)$ 在区间 $[\alpha, \beta]$ 上单调且有连续导数 $\varphi'(t)$ ，当 t 在 $[\alpha, \beta]$ 上变化时，$\varphi(t)$ 在 $[a,b]$ 上变化，且 $\varphi(\alpha) = a$ ，$\varphi(\beta) = b$ ，则

$$\int_a^b f(x) \, \mathrm{d}x = \int_\alpha^\beta f[\varphi(t)] \varphi'(t) \, \mathrm{d}t .$$

上式称为定积分的第二类换元公式. 应用该公式时，要注意"换元必换限".

【例 5-29】 计算 $\int_4^9 \frac{1}{\sqrt{x}} \mathrm{d}x$.

解 令 $\sqrt{x} = t$ ，则 $x = t^2$ ，$\mathrm{d}x = 2t \, \mathrm{d}t$. 当 $x = 4$ 时，$t = 2$ ；当 $x = 9$ 时，$t = 3$. 所以

$$\int_4^9 \frac{1}{\sqrt{x}} \mathrm{d}x = \int_2^3 \frac{2t}{t} \mathrm{d}t = \int_2^3 2 \, \mathrm{d}t = 2t \Big|_2^3 = 2 \times (3 - 2) = 2 .$$

【例 5-30】 计算 $\int_0^{\ln 2} \sqrt{\mathrm{e}^x - 1} \, \mathrm{d}x$.

解 令 $t = \sqrt{\mathrm{e}^x - 1}$ ，则 $x = \ln(t^2 + 1)$ ，$\mathrm{d}x = \frac{2t}{t^2 + 1} \mathrm{d}t$. 当 $x = 0$ 时，$t = 0$ ；当 $x = \ln 2$ 时，$t = 1$ ，于是

$$\int_0^{\ln 2} \sqrt{\mathrm{e}^x - 1} \, \mathrm{d}x = \int_0^1 t \cdot \frac{2t}{t^2 + 1} \mathrm{d}t = 2 \int_0^1 \left(1 - \frac{1}{t^2 + 1} \right) \mathrm{d}t$$

$$= 2(t - \arctan t) \Big|_0^1 = 2 - \frac{\pi}{2}.$$

任务解决

运用换元积分法，在计算定积分时，只需要先求出原函数，再根据牛顿-莱布尼茨公式，即可计算出定积分的值.

建筑构件平面面积可以表示为

$$S = \int_0^{1.2} \sin 2x \, \mathrm{d}x \, ,$$

根据前面的学习，可知

$$\int \sin 2x \, \mathrm{d}x = \frac{1}{2} \int \sin 2x \cdot 2 \mathrm{d}x = \frac{1}{2} \int \sin 2x \, \mathrm{d}2x$$

$$\xrightarrow{\;\text{令} 2x = t\;} \frac{1}{2} \int \sin t \, \mathrm{d}t = -\frac{1}{2} \cos t + C = -\frac{1}{2} \cos 2x + C \, .$$

因此，建筑构件平面面积为

$$S = \int_0^{1.2} \sin 2x \, \mathrm{d}x = -\frac{1}{2} \cos 2x \, \Big|_0^{1.2} \approx 0.8687 \, (\mathrm{m}^2).$$

评估检测

1. 利用第一类换元积分法求下列不定积分.

(1) $\displaystyle\int e^{5x-2} \mathrm{d}x$ ；

(2) $\displaystyle\int (3x+1)^5 \mathrm{d}x$ ；

(3) $\displaystyle\int \cos(1-2x) \mathrm{d}x$ ；

(4) $\displaystyle\int 2^{2x+3} \mathrm{d}x$ ；

(5) $\displaystyle\int \frac{\sin x}{\cos^2 x} \mathrm{d}x$ ；

(6) $\displaystyle\int \frac{\ln^2 x}{x} \mathrm{d}x$ ；

(7) $\displaystyle\int \frac{x}{1+x^2} \mathrm{d}x$ ；

(8) $\displaystyle\int x\sqrt{1+x^2} \, \mathrm{d}x$.

2. 利用第一类换元积分法求下列定积分.

(1) $\displaystyle\int_{-2}^{1} \frac{1}{11+5x} \mathrm{d}x$ ；

(2) $\displaystyle\int_0^{\frac{\pi}{2}} \sin x \cos^2 x \, \mathrm{d}x$ ；

(3) $\displaystyle\int_0^1 x e^{x^2} \mathrm{d}x$ ；

(4) $\displaystyle\int_0^1 \frac{x+1}{x^2+2x+3} \mathrm{d}x$.

3. 利用第二类换元积分法求下列不定积分.

(1) $\displaystyle\int \frac{1}{1-\sqrt{x}} \mathrm{d}x$ ；

(2) $\displaystyle\int \frac{\sqrt{x-1}}{x} \mathrm{d}x$.

专本对接

1. $\displaystyle\int 3x^2 e^{x^3} \mathrm{d}x = $ _____ .

2. $\displaystyle\int \cos\left(3x - \frac{\pi}{4}\right) \mathrm{d}x = $ _____ .

3. $\displaystyle\int e^{\sin x} \cos x \, \mathrm{d}x = $ _____ .

4. $\displaystyle\int (2x+1)^4 \mathrm{d}x = $ _____ .

拓展阅读

逆向思维

逆向思维是知本求源，从原问题的相反方向出发进行思考的一种思维. 逆向思维注重从已经提出的问题的反方向进行研究和分析,从而得到最优的解决方案.逆向思维可以帮助人们突破固定思维的枷锁,拓展思路,研究和得出更新的理论与方法.

司马光砸缸:司马光跟小伙伴们在水缸旁玩,一个小伙伴失足掉进水缸,其他小伙伴的想法是赶快从水里把人救上来,而司马光却不这样想.他果断捡起地上的石头把缸砸破,水流出来,人自然得救了,司马光利用逆向思维救了小伙伴.

温度计的发明:温度计是意大利物理学家和数学家伽利略发明的.在一次给帕多瓦大学的学生上实验课时,他观察到由于温度的变化导致水的体积的变化.这让他突然想到了之前一直失败的温度计的问题,倒过来,可以用水体积的变化来反映温度的变化.于是根据这个想法,他设计出了一端是敞口的玻璃管、另一端带有核桃大的玻璃泡的温度计.温度计的发明是伽利略逆向思维的体现.

电磁感应定律:1820 年,丹麦物理学家奥斯特通过多次实验证实电能产生磁,只要导线通上电流,导线的附近就能产生磁场,磁针就会发生转动.这个发现深深吸引了英国物理学家法拉第,他坚信电能产生磁,那么根据辩证的思想,磁也能产生电.经过反复不停的试验后,在 1831 年,法拉第把一块磁铁插入一个缠着导线的空心圆筒内,结果连接在导线两端的电流计的指针发生了转动,电流产生了.于是他提出了物理学中著名的电磁感应定律,并发明了世界上第一台发电机.

汽车中的逆向思维:开车出行,我们的汽车上会配备速度表和里程表,行驶一段距离后里程表会记录路程,速度表会记录不同时刻的车速,那么里程表函数的微分就是速度表函数,而速度表函数的积分就是里程表函数,里程和速度是两个互逆的函数.

换元积分公式:在微积分中,复合函数求导公式和换元积分公式互为逆运算关系.我们可以根据之前学习的复合函数求导公式逆推换元积分公式,从而进行定积分计算.

在数学学习中,我们也应该注重逆向思维的训练,提高分析和解决问题的能力,克服思维局限和单项思维,培养思维的敏捷性和科学性.

任务四　分部积分法

任务提出

建筑公司工程师小王正在用 CAD 设计一个绿植生态停车场,停车场的表面是由两条曲线围成的树叶图形,需要精确计算停车场的面积,以进行施工成本核算.其设计图纸如图 5-14 所示.

试求图中生态停车场面积以确定施工成本.

知识准备

一、不定积分的分部积分法

前面在复合函数微分法的基础上得到了换元

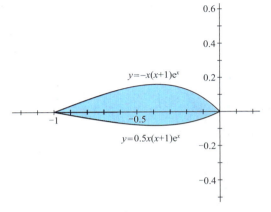

图 5-14

142 | 应用高等数学

积分法，下面利用两个函数乘积的微分运算推导另一种求积分的积分方法——分部积分法.

设函数 $u=u(x)$，$v=v(x)$ 具有连续导数，则两个函数相乘的导数为

$$[u(x)v(x)]'=u'(x)v(x)+u(x)v'(x),$$

进一步可得

$$u(x)v'(x)=[u(x)v(x)]'-u'(x)v(x).$$

对上式两边求不定积分有

$$\int u(x)v'(x)\mathrm{d}x=\int [u(x)v(x)]'\mathrm{d}x-\int u'(x)v(x)\mathrm{d}x,$$

即

$$\int u(x)\mathrm{d}v(x)=u(x)v(x)-\int v(x)\mathrm{d}u(x),$$

简记为

$$\int u\,\mathrm{d}v=uv-\int v\,\mathrm{d}u.$$

这个公式称为分部积分公式，在使用这个公式时应当正确选取 $u(x)$ 和 $v(x)$.

【例 5-31】 计算 $\int x\cos x\,\mathrm{d}x$.

解 令 $u=x$，$\mathrm{d}v=\cos x\,\mathrm{d}x=\mathrm{d}\sin x$，则 $\mathrm{d}u=\mathrm{d}x$，$v=\sin x$，故

$$\int x\cos x\,\mathrm{d}x=x\sin x-\int \sin x\,\mathrm{d}x=x\sin x+\cos x+C.$$

【例 5-32】 计算 $\int x\ln x\,\mathrm{d}x$.

解 设 $u=\ln x$，$\mathrm{d}v=x\,\mathrm{d}x=\mathrm{d}\dfrac{x^2}{2}$，则 $\mathrm{d}u=\dfrac{1}{x}\mathrm{d}x$，$v=\dfrac{x^2}{2}$，于是

$$\int x\ln x\,\mathrm{d}x=\int \ln x\,\mathrm{d}\frac{x^2}{2}=\ln x\cdot\frac{x^2}{2}-\int \frac{x^2}{2}\cdot\frac{1}{x}\mathrm{d}x=\frac{1}{2}x^2\ln x-\frac{1}{4}x^2+C.$$

【例 5-33】 计算 $\int \arctan x\,\mathrm{d}x$.

解 设 $u=\arctan x$，$\mathrm{d}v=\mathrm{d}x$，则 $\mathrm{d}u=\dfrac{1}{1+x^2}\mathrm{d}x$，$v=x$，于是

$$\int \arctan x\,\mathrm{d}x=x\arctan x-\int x\,\mathrm{d}\arctan x=x\arctan x-\int \frac{x}{1+x^2}\mathrm{d}x$$

$$=x\arctan x-\frac{1}{2}\int \frac{1}{1+x^2}\mathrm{d}(1+x^2)=x\arctan x-\frac{1}{2}\ln(1+x^2)+C.$$

【例 5-34】 计算 $\int x\mathrm{e}^x\,\mathrm{d}x$.

解 设 $u=x$，$\mathrm{d}v=\mathrm{e}^x\,\mathrm{d}x=\mathrm{d}(\mathrm{e}^x)$，则 $\mathrm{d}u=\mathrm{d}x$，$v=\mathrm{e}^x$，于是

$$\int x\mathrm{e}^x\,\mathrm{d}x=\int x\,\mathrm{d}(\mathrm{e}^x)=x\mathrm{e}^x-\int \mathrm{e}^x\,\mathrm{d}x=x\mathrm{e}^x-\mathrm{e}^x+C.$$

【例 5-35】 计算 $\int x^2\mathrm{e}^x\,\mathrm{d}x$.

解 设 $u=x^2$，$\mathrm{d}v=\mathrm{e}^x\,\mathrm{d}x=\mathrm{d}(\mathrm{e}^x)$，则 $\mathrm{d}u=2x\,\mathrm{d}x$，$v=\mathrm{e}^x$，于是

$$\int x^2\mathrm{e}^x\,\mathrm{d}x=\int x^2\,\mathrm{d}(\mathrm{e}^x)=x^2\mathrm{e}^x-2\int x\mathrm{e}^x\,\mathrm{d}x.$$

对 $\int x\mathrm{e}^x\,\mathrm{d}x$ 再用一次分部积分法，由例 5-34 可以得到

$$\int x^2\mathrm{e}^x\,\mathrm{d}x = x^2\mathrm{e}^x - 2x\mathrm{e}^x + 2\mathrm{e}^x + C.$$

【例 5-36】 计算 $I = \int \mathrm{e}^x\cos x\,\mathrm{d}x$.

解 设 $u = \mathrm{e}^x$，$\mathrm{d}v = \cos x\,\mathrm{d}x = \mathrm{d}(\sin x)$，则 $\mathrm{d}u = \mathrm{e}^x\,\mathrm{d}x$，$v = \sin x$，于是

$$I = \mathrm{e}^x\sin x - \int \mathrm{e}^x\sin x\,\mathrm{d}x.$$

对于积分 $\int \mathrm{e}^x\sin x\,\mathrm{d}x$，再设 $u = \mathrm{e}^x$，$\mathrm{d}v = \sin x\,\mathrm{d}x = -\mathrm{d}(\cos x)$，则 $\mathrm{d}u = \mathrm{e}^x\,\mathrm{d}x$，$v = -\cos x$，所以

$$I = \mathrm{e}^x\sin x - \int \mathrm{e}^x\sin x\,\mathrm{d}x = \mathrm{e}^x\sin x + \mathrm{e}^x\cos x - \int \mathrm{e}^x\cos x\,\mathrm{d}x,$$

$$I = \mathrm{e}^x\sin x + \mathrm{e}^x\cos x - I.$$

因此

$$I = \frac{1}{2}\mathrm{e}^x(\sin x + \cos x) + C.$$

二、定积分的分部积分法

定积分的分部积分法和不定积分的分部积分法一样，关键是 u、$\mathrm{d}v$ 的选择以及最后利用牛顿-莱布尼茨公式求取积分结果，即

$$\int_a^b u\,\mathrm{d}v = uv\,\Big|_a^b - \int_a^b v\,\mathrm{d}u.$$

【例 5-37】 计算 $\int_1^{\mathrm{e}} x\ln x\,\mathrm{d}x$.

解
$$\int_1^{\mathrm{e}} x\ln x\,\mathrm{d}x = \int_1^{\mathrm{e}} \ln x\,\mathrm{d}\left(\frac{1}{2}x^2\right) = \frac{1}{2}x^2\ln x\,\Big|_1^{\mathrm{e}} - \int_1^{\mathrm{e}} \frac{1}{2}x^2\,\mathrm{d}\ln x$$

$$= \frac{1}{2}\mathrm{e}^2 - \int_1^{\mathrm{e}} \frac{x^2}{2x}\,\mathrm{d}x = \frac{1}{2}\mathrm{e}^2 - \frac{1}{4}x^2\,\Big|_1^{\mathrm{e}} = \frac{1}{4}\mathrm{e}^2 + \frac{1}{4}.$$

【例 5-38】 计算 $\int_0^1 x\arctan x\,\mathrm{d}x$.

解
$$\int_0^1 x\arctan x\,\mathrm{d}x = \frac{1}{2}\int_0^1 \arctan x\,\mathrm{d}x^2 = \frac{1}{2}x^2\arctan x\,\Big|_0^1 - \frac{1}{2}\int_0^1 x^2\,\mathrm{d}\arctan x$$

$$= \frac{\pi}{8} - \frac{1}{2}\int_0^1 \frac{x^2}{1+x^2}\,\mathrm{d}x = \frac{\pi}{8} - \frac{1}{2}\left(\int_0^1 \mathrm{d}x - \int_0^1 \frac{1}{1+x^2}\,\mathrm{d}x\right)$$

$$= \frac{\pi}{8} - \frac{1}{2}x\,\Big|_0^1 + \frac{1}{2}\arctan x\,\Big|_0^1 = \frac{\pi}{8} - \frac{1}{2} + \frac{\pi}{8} = \frac{\pi}{4} - \frac{1}{2}.$$

任务解决

绿植生态停车场面积可以利用定积分表示如下

$$S_1 + S_2 = \int_{-1}^0 -x(x+1)\mathrm{e}^x\,\mathrm{d}x - \int_{-1}^0 0.5x(x+1)\mathrm{e}^x\,\mathrm{d}x$$

$$= -1.5 \int_{-1}^{0} (x + x^2) \mathrm{e}^x \, \mathrm{d}x$$

$$= -1.5 \left(\int_{-1}^{0} x \mathrm{e}^x \, \mathrm{d}x + \int_{-1}^{0} x^2 \mathrm{e}^x \, \mathrm{d}x \right).$$

根据分部积分公式，可得

$$S_1 + S_2 = -1.5 (x^2 \mathrm{e}^x - x \mathrm{e}^x + \mathrm{e}^x) \big|_{-1}^{0}$$

$$= -1.5 (1 - 3\mathrm{e}^{-1}) \approx 0.155.$$

评估检测

1. 利用分部积分法求下列不定积分.

(1) $\int \ln x \, \mathrm{d}x$ ；

(2) $\int \arcsin x \, \mathrm{d}x$ ；

(3) $\int x \mathrm{e}^{-x} \, \mathrm{d}x$ ；

(4) $\int x^2 \ln x \, \mathrm{d}x$ ；

(5) $\int x \sin \dfrac{x}{2} \, \mathrm{d}x$ ；

(6) $\int x \sin x \, \mathrm{d}x$.

2. 利用分部积分法求下列定积分.

(1) $\int_{0}^{1} x \mathrm{e}^{-x} \, \mathrm{d}x$ ；

(2) $\int_{1}^{2} x \ln x \, \mathrm{d}x$.

专本对接

1. 计算定积分 $\int_{0}^{\frac{\pi}{2}} x \cos x \, \mathrm{d}x$.

2. 计算定积分 $\int_{0}^{\frac{\pi}{2}} x \sin 2x \, \mathrm{d}x$.

3. 计算定积分 $\int_{0}^{\frac{\pi}{4}} x \cos 2x \, \mathrm{d}x$.

4. 定积分 $\int_{-1}^{2} x |x| \, \mathrm{d}x = \underline{\qquad\qquad}$.

拓展阅读

积分符号的发明

戈特弗里德·威廉·莱布尼茨是历史上少见的通才，被誉为"17世纪的亚里士多德"。和牛顿一样，他也是微积分的独立发明者之一。但绝大多数人认为，莱布尼茨最大的贡献不是发明微积分，而是发明微积分中使用的数学符号。现在我们使用的微积分通用符号大都是莱布尼茨创立的。莱布尼茨拥有渊博的知识，在数学史上他是最伟大的符号学者，具有"符号大师"的美誉。

1646 年 7 月 1 日，莱布尼茨出生于德国东部莱比锡的一个书香之家，从小受到了良好的教育。在大学期间广泛阅读了培根、开普勒、伽利略等人的著作，并对他们的著述进行了深入的思考和评价。在听了教授讲授的欧几里得的《几何原本》的作品后，莱布尼茨对数学产生了浓厚的兴趣。在前人工作的基础上，莱布尼茨从几何问题出发，运用分析学方法引进微积分概念，将两个貌似毫不相关的问题（一个是切线问题，一个是求积问题）联系在了一起，从中找到了运算的法则，解决了初等数学难以解决的问题．

积分的本质是无穷小的和，拉丁文中"Summa"表示"和"的意思．将"Summa"的头一个字母"S"拉长就是"$\int$"．发明这个符号的人就是莱布尼茨．莱布尼茨曾说：要发明，就要挑选恰当的符号，要做到这一点，就要用含义简明的少量符号来表达和比较忠实地描绘事物的内在本质，从而最大限度地减少人的思维劳动．莱布尼茨还创设了微分符号．

莱布尼茨认识到好的数学符号能节省思维劳动，运用符号的技巧是数学成功的关键之一．因此，他发明了一套适用的符号系统．这些符号进一步促进了微积分学的发展．1713年，莱布尼茨发表了《微积分的历史和起源》一文，总结了自己创立微积分学的思路，说明了自己成就的独立性．

我国数学史家梁宗巨的《世界数学史简编》中也曾说：使用符号，是数学史上的一件大事．一套合适的符号，绝不仅仅是起速记、节省时间的作用．它能够精确、深刻地表达某种概念、方法和逻辑关系．一个较复杂的公式，如果不用符号而用日常语言来叙述，往往十分冗长而且含糊不清．

任务五　微元法及其应用

任务提出

在制造机械零部件时，会遇到旋转体由曲面围绕 x 轴或 y 轴旋转成形的情况．如图 5-15 所示机械零部件由 $y=x^2$（$0 \leqslant x \leqslant 2$）围绕 y 轴旋转一周所形成，其体积如何计算？

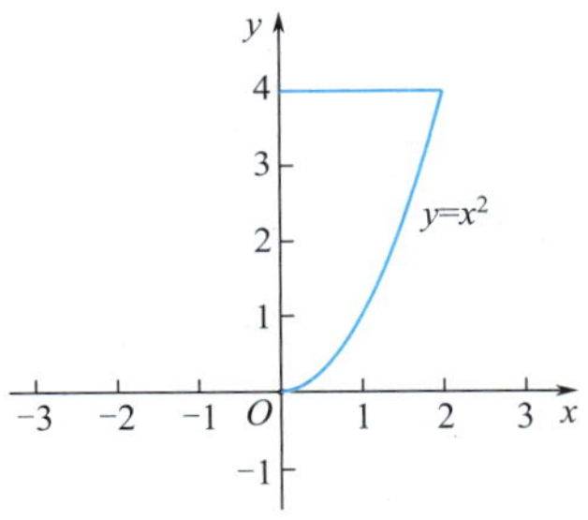

知识准备

图 5-15

一、定积分的微元法

在前面用定积分表示过曲边梯形的面积．解决这个问题的基本思想是分割、近似替代、求和、取极限．下面我们用这种基本思想解决怎样用定积分表示一般的量 F 的问题．

上述四个步骤可概括为两个阶段．

（1）第一阶段：包括分割和近似替代．其主要过程是将区间 $[a,b]$ 细分成很小的区间段，从而可以在每一个小区间段内以常代变，将小区间段内的小曲边梯形近似看成小矩形，从而求出其近似值

$$\Delta S_i \approx f(\xi_i) \Delta x_i.$$

在实际应用时，为简便省略下标 i，用 ΔS 也就是 $\mathrm{d}S$ 表示任意一个小区间段 $[x, x+\mathrm{d}x]$ 上的窄曲边梯形的面积，这个窄曲边梯形可以近似为一个小矩形，小矩形的宽为区间 $[x, x+\mathrm{d}x]$ 的宽度 $\mathrm{d}x$，高为点 x 处的函数值 $f(x)$，小矩形的面积为 $f(x)\mathrm{d}x$，因而

$$\Delta S = \mathrm{d}S \approx f(x)\mathrm{d}x.$$

（2）第二阶段：包括求和和取极限，将所有小区间段上的小矩形面积全部加起来，则

$$S = \sum \Delta S.$$

然后取极限,当最宽的小区间段趋于零时,得到原来大曲边梯形的面积:区间 $[a,b]$ 上的定积分,即

$$S = \int_a^b dS = \int_a^b f(x) dx.$$

一般地,对于实际问题中所求量 F,用"微元法"求解问题的步骤如下.

(1) 选变量,定区间:确定积分变量及其变化区间.

(2) 取近似,找微元:在变化区间上任取一个小区间 $[x, x+dx]$,写出这个小区间上局部量的近似值,即"微元"或"元素"

$$dF = f(x) dx.$$

(3) 积微元,得积分:将微元在变化区间上积分,即得所求的整体量

$$F = \int_a^b dF = \int_a^b f(x) dx.$$

二、平面图形的面积

【例 5-39】 求抛物线 $y = x^2$ 和 $y^2 = x$ 所围成的平面图形的面积.

解 画出抛物线 $y = x^2$ 和 $y^2 = x$,得到它们围成的平面图形,如图 5-16 所示.

(1) 选 x 为积分变量,解方程组 $\begin{cases} y = x^2 \\ y^2 = x \end{cases}$ 得两条曲线交点为 $(0,0)$ 和 $(1,1)$,积分区间为 $[0,1]$.

(2) 求面积微元. $dS = (\sqrt{x} - x^2) dx$.

(3) 求面积. $S = \int_0^1 (\sqrt{x} - x^2) dx = \left(\frac{2}{3} x^{\frac{3}{2}} - \frac{1}{3} x^3 \right) \Big|_0^1 = \frac{1}{3}$.

【例 5-40】 求抛物线 $y^2 = 2x$ 与直线 $y = x - 4$ 所围成的平面图形的面积.

解 画出所围的平面图形,如图 5-17 所示.

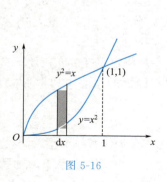

图 5-16

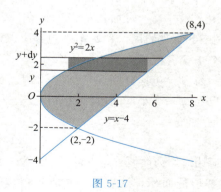

图 5-17

(1) 选 y 为积分变量,解方程组 $\begin{cases} y^2 = 2x \\ y = x - 4 \end{cases}$ 得两条曲线交点为 $(2, -2)$ 和 $(8, 4)$,积分区间为 $[-2, 4]$.

（2）求面积微元. $dS = \left(y + 4 - \dfrac{1}{2}y^2\right)dy$.

（3）求面积. $S = \displaystyle\int_{-2}^{4}\left(y + 4 - \dfrac{1}{2}y^2\right)dy = \left(\dfrac{1}{2}y^2 + 4y - \dfrac{1}{6}y^3\right)\Big|_{-2}^{4} = 18$.

三、旋转体体积

1. 认识旋转体

旋转体是指平面曲线以同一平面内的一条直线作为旋转轴进行旋转所形成的立体几何图形. 中学数学中的圆柱、圆锥、圆台等是较简单的旋转体（图 5-18）.

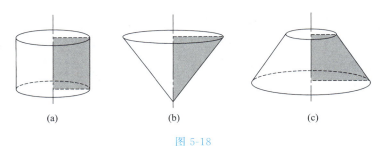

图 5-18

实际上旋转体的形成可以简化，如图 5-19 不规则的旋转体是由连续曲线 $y = f(x)$，直线 $x = a$，$x = b$ 及 x 轴所围成的曲边梯形绕 x 轴旋转一周形成的.

2. 绕 x 轴旋转而成的旋转体的体积

用微元法求 $y = f(x)$ 在 $[a, b]$ 上绕 x 轴旋转一周而成的旋转体体积的步骤如下（图 5-20）.

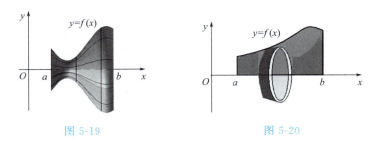

图 5-19　　　　　　图 5-20

（1）选 x 为积分变量，积分区间为 $[a, b]$.

（2）求体积微元：在 $[x, x + dx]$ 上，近似为圆柱体体积 $= S_{圆} \times$ 厚度 $= \pi[f(x)]^2 dx$.

（3）求体积：$V = \displaystyle\int_a^b \pi[f(x)]^2 dx$.

【例 5-41】 计算底面半径为 r、高为 h 的圆锥体体积（图 5-21）.

分析：如图 5-21 所示，建立直角坐标系，圆锥体由在 $[0, h]$ 上的直线 OA 绕 x 轴旋转一周而成.

先计算直线 OA 的方程，直线 OA 的斜率 k 为

$$k = \tan\alpha = \dfrac{r}{h}.$$

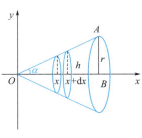

图 5-21

直线 OA 的方程为 $y = \dfrac{r}{h} x$.

解 （1）选 x 为积分变量，积分区间为 $[0, h]$.

（2）求体积微元. 在 $[x, x+\mathrm{d}x]$ 上，近似为圆柱体体积

$$\mathrm{d}V = \pi y^2 \mathrm{d}x = \pi \left(\dfrac{r}{h}x\right)^2 \mathrm{d}x.$$

（3）求体积. $V = \displaystyle\int_0^h \pi \left(\dfrac{r}{h}x\right)^2 \mathrm{d}x = \pi \dfrac{r^2}{h^2} \int_0^h x^2 \mathrm{d}x = \dfrac{\pi}{3} \cdot \dfrac{r^2}{h^2} x^3 \Big|_0^h = \dfrac{\pi}{3} r^2 h.$

【例 5-42】 求由曲线 $y = \sqrt{x}$，直线 $x = 4$ 及 x 轴围成的图形绕 x 轴旋转一周所得到的旋转体的体积.

分析：平面图如图 5-22 所示，旋转体是由 $y = \sqrt{x}$ 在 $[0, 4]$ 上绕 x 轴旋转一周而成的.

解 （1）选 x 为积分变量，积分区间为 $[0, 4]$.

（2）求体积微元. $\mathrm{d}V = \pi y^2 \mathrm{d}x = \pi (\sqrt{x})^2 \mathrm{d}x = \pi x \mathrm{d}x.$

（3）求体积. $V = \displaystyle\int_0^4 \pi y^2 \mathrm{d}x = \int_0^4 \pi x \mathrm{d}x = \dfrac{\pi x^2}{2} \Big|_0^4 = 8\pi.$

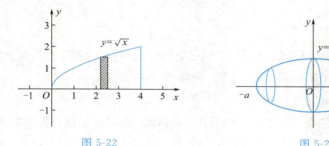

图 5-22　　　　　　　　图 5-23

【例 5-43】 求由椭圆 $\dfrac{x^2}{a^2} + \dfrac{y^2}{b^2} = 1$ 绕 x 轴旋转而成的椭球体的体积.

分析：如图 5-23 所示，绕 x 轴旋转的椭球体，它可看作上半椭圆 $y = \dfrac{b}{a}\sqrt{a^2 - x^2}$ 与 x 轴围成的平面图形绕 x 轴旋转而成.

解 （1）选 x 为积分变量，积分区间为 $[-a, a]$.

（2）求体积微元. $\mathrm{d}V = \pi y^2 \mathrm{d}x = \pi \left(\dfrac{b}{a}\sqrt{a^2 - x^2}\right)^2 \mathrm{d}x = \pi \dfrac{b^2}{a^2}(a^2 - x^2)\mathrm{d}x.$

（3）求体积. $V = \displaystyle\int_{-a}^{a} \pi y^2 \mathrm{d}x = \pi \int_{-a}^{a} \left(\dfrac{b}{a}\sqrt{a^2 - x^2}\right)^2 \mathrm{d}x = \dfrac{2\pi b^2}{a^2} \int_0^a (a^2 - x^2) \mathrm{d}x = \dfrac{2\pi b^2}{a^2}\left(a^2 x - \dfrac{x^3}{3}\right)\Big|_0^a = \dfrac{4}{3} \pi a b^2.$

3. 绕 y 轴旋转而成的旋转体的体积

用微元法求 $y = f(x)$ 在 $[a, b]$ 上绕 y 轴旋转一周而成的旋转体体积的步骤如下（图 5-24）.

（1）选 y 为积分变量，积分区间为 $[f(a), f(b)]$.

(2) 求体积微元. 在 $[y, y+\mathrm{d}y]$ 上，近似为

圆柱体体积 $= S_{圆} \times$ 厚度 $= \pi[f^{-1}(y)]^2 \mathrm{d}y$.

这里需要计算函数 $y=f(x)$ 的反函数 $x=f^{-1}(y)$，因此在 $[a,b]$ 区间内要求函数具有单调性.

(3) 求体积. $V = \int_{f(a)}^{f(b)} \pi[f^{-1}(y)]^2 \mathrm{d}y$.

图 5-24

【例 5-44】 求由 $y=x^3$, $y=8$ 及 y 轴所围区域绕 y 轴旋转一周而成的旋转体的体积.

解 积分变量 y 的变化范围为区间 $[0,8]$, $x=\sqrt[3]{y}$, 则该旋转体的体积为

$$V = \int_0^8 \pi(\sqrt[3]{y})^2 \mathrm{d}y = \pi \int_0^8 y^{\frac{2}{3}} \mathrm{d}y = \frac{3\pi}{5} y^{\frac{5}{3}} \Big|_0^8 = \frac{96}{5}\pi.$$

【例 5-45】 曲线 $y=x^3$，直线 $y=2-x$ 以及 y 轴围成一平面图形 D，试求平面图形 D 绕 y 轴旋转一周所得旋转体的体积.

解 平面图形 D 如图 5-25 所示，联立 $\begin{cases} y=x^3 \\ y=2-x \end{cases}$ 可得二者交点为 $(1,1)$，故所求旋转体体积为

$$V = \int_0^1 \pi(\sqrt[3]{y})^2 \mathrm{d}y + \int_1^2 \pi(2-y)^2 \mathrm{d}y$$

$$= \frac{3\pi}{5} y^{\frac{5}{3}} \Big|_0^1 + \frac{\pi}{3}(y-2)^3 \Big|_1^2 = \frac{3\pi}{5} + \frac{\pi}{3} = \frac{14}{15}\pi.$$

【例 5-46】 求由椭圆 $\dfrac{x^2}{a^2} + \dfrac{y^2}{b^2} = 1$ 绕 y 轴旋转而成的椭球体的体积.

分析：绕 y 轴旋转的椭球体（图 5-26），可看作右半椭圆 $x = \dfrac{a}{b}\sqrt{b^2 - y^2}$ 与 y 轴围成的平面图形绕 y 轴旋转而成.

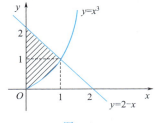

图 5-25

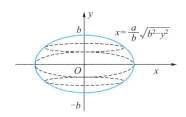

图 5-26

解 取 y 为积分变量，积分区间为 $[-b, b]$，由公式得所求椭球体体积为

$$V = \pi \int_{-b}^{b} \left(\frac{a}{b}\sqrt{b^2-y^2}\right)^2 \mathrm{d}y = \frac{2\pi a^2}{b^2} \int_0^b (b^2-y^2) \mathrm{d}y$$

$$= \frac{2\pi a^2}{b^2} \left(b^2 y - \frac{y^3}{3}\right)\Big|_0^b = \frac{4}{3}\pi a^2 b.$$

当 $a=b=R$ 时，上述结果为 $V = \dfrac{4}{3}\pi R^3$，这就是大家所熟悉的球体的体积公式.

任务解决

积分变量 y 的变化范围为区间 $[0,4]$，$x=\sqrt{y}$，旋转体的体积为

$$V=\int_0^4 \pi(\sqrt{y})^2\,\mathrm{d}y=\int_0^4 \pi y\,\mathrm{d}y=\frac{\pi}{2}y^2\bigg|_0^4=8\pi.$$

评估检测

1.计算下列各题中平面图形的面积.

（1）曲线 $y=\sqrt{x}$ 与直线 $x=1$，$x=4$，$y=0$ 所围成的图形；

（2）抛物线 $y+1=x^2$ 与直线 $y=x+1$ 所围成的图形；

（3）曲线 $y=\dfrac{1}{x}$ 与直线 $y=x$，$x=2$ 所围成的图形；

（4）曲线 $y=\mathrm{e}^x$，$y=\mathrm{e}^{-x}$ 与直线 $x=1$ 所围成的图形.

2.求下列平面图形分别绕 x 轴、y 轴旋转一周得到的旋转体体积.

（1）曲线 $y=\sqrt{x}$ 与直线 $x=1$，$x=4$，$y=0$ 所围成的平面图形；

（2）在区间 $\left[0,\dfrac{\pi}{2}\right]$ 上，曲线 $y=\sin x$ 与直线 $x=\dfrac{\pi}{2}$，$y=0$ 所围成的平面图形.

专本对接

1.设平面图形由曲线 $y=x^2$ 和直线 $y=2x$ 所围成，求：

（1）该图形的面积 A.

（2）该图形绕 x 轴旋转一周所围成的旋转体的体积 V.

2.设平面图形由曲线 $y=x^3$ 与直线 $y=x$ 所围成，求：

（1）该图形的面积 S.

（2）该图形绕 x 轴旋转一周而围成的旋转体的体积 V.

3.设平面图形由曲线 $x=\mathrm{e}^y$，$x=\mathrm{e}^{-y}$ 和直线 $y=2$ 所围成，求：

（1）该图形的面积 A.

（2）该图形绕 y 轴旋转一周所围成的旋转体的体积 V_y.

拓展阅读

微元法的思想

定积分是微积分学的基本内容，是数学、物理等有关问题高度抽象的结果.定积分不仅仅是微积分学的重要理论，还体现了哲学中的自然辩证法思想——对立统一，它的定义体现了直与曲、整体与局部、有限与无限、近似与精确等多个方面的统一.

我国的北斗系统在建筑物建设过程中通过高精度的测绘技术可以一次性完成主场地的多数测量工作，为建设节省了大量时间，贡献了北斗的能力和智慧.那么这些曲线围成的面积的测量原理是什么呢？

具有不规则边界的图像的面积求解，一度困扰了数学家很长时间，利用积分中的微元法就可以计算，进而得到面积的具体数值.微元法基本思想为"大化小—直代曲—近似和—取极限".这种思想在高等数学、物理、工程技术等知识领域及生产实践活动中具有重要的意

模块五　积分及其应用　**151**

义，通过对曲边梯形的面积、变速直线运动的路程等实际问题的研究，运用整体分割、以直代曲、近似求和、化有限为无限等过程可以解决复杂的问题.

定积分中直与曲是两个对立的概念，但是，在定积分微元法中却实现了统一.在第一步分割的条件下实现大化小，然后以直代曲，再通过求和取极限，将直转化为原来大的曲，实现了直与曲的统一.通过分割直代曲将精确的值转化为近似的值，最后通过极限，又将近似转为精确，实现了近似和精确的统一.

所以，数学中处处存在美，从定积分微元法可以看出，定积分是在矛盾、运动、发展和变化中不断发展壮大的，实现了直和曲、整体和局部这样一些矛盾的统一.所以在研究数学科学问题时，我们也应该用辩证的思想和方法去审视问题、思考问题和解决问题.

任务六　积分实验

一、实验目的

加深理解不定积分、定积分的概念，掌握 MATLAB 的符号函数求不定积分和定积分.

二、基本命令

（1）int（f）：对符号表达式 f 关于默认符号变量的不定积分.
（2）int（f,x）：对符号表达式 f 中指定的符号变量 x 计算不定积分.
（3）int（f,a,b）：对符号表达式 f 中默认符号变量计算从 a 到 b 的定积分.
（4）int（f,x,a,b）：对符号表达式 f 中指定的符号变量 x 计算从 a 到 b 的定积分.

三、实训案例

1. 不定积分计算

【例 5-47】　求不定积分 $\int x^n \mathrm{d}x$.

解　在命令窗口输入命令：

≫ syms x n
≫ int(x^n)
或
≫ syms x n
≫ int(x^n,x)

得

ans =
　　x^(n + 1)/(n + 1)

【例 5-48】　求不定积分 $\int \dfrac{\ln x}{x} \mathrm{d}x$.

解　在命令窗口输入命令：

≫ syms x

```
≫ int((log(x))/x)
```
得

```
ans =
    log(x)^2/2
```

【例 5-49】 求不定积分 $\int x^2 \cos x \, \mathrm{d}x$.

解 在命令窗口输入命令：

```
≫ syms x
≫ int((x^2) * cos(x))
```
得

```
ans =
    sin(x) * (x^2 - 2) + 2 * x * cos(x)
```

2. 定积分计算

【例 5-50】 求定积分 $\int_0^1 x^7 \, \mathrm{d}x$.

解 在命令窗口输入命令：

```
≫ syms x
≫ int(x^7,0,1)
```
得

```
ans =
    1/8
```

【例 5-51】 求定积分 $\int_1^2 \dfrac{1}{x} \, \mathrm{d}x$.

解 在命令窗口输入命令：

```
≫ syms x
≫ int(1/x,1,2)
```
得

```
ans =
    log(2)
```

3. 定积分应用

【例 5-52】 计算由两条抛物线 $y^2 = x$，$y = x^2$ 所围成的平面图形的面积.

解 先画出两条抛物线的图形. 在命令窗口输入下面的命令：

```
≫ fplot(@(x)sqrt(x),[0,2])
≫ hold on
≫ fplot(@(x)x^2,[0,2])
≫ hold off
≫ axis([0,2,0,2])
```

得到函数的图形如图 5-27 所示.

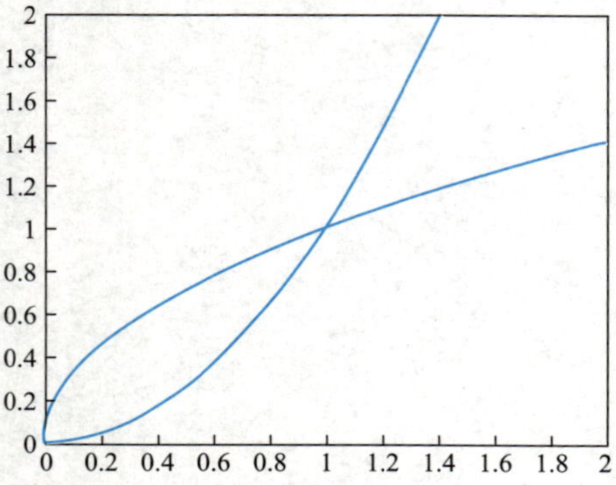

用 solve 函数求解两条抛物线方程构成的方程组. 在命令窗口输入：

```
≫[x1,y1] = solve('y^2 = x','y = x^2')
```
得

图 5-27

```
x1 =

                      0
                      1
(3^(1/2) * i)/2 - 1/2
 - (3^(1/2) * i)/2 - 1/2
y1 =

                      0
                      1
 - (3^(1/2) * i)/2 - 1/2
(3^(1/2) * i)/2 - 1/2
```

取实数解，方程的解分别为 $(0,0)$ 和 $(1,1)$，与图相符. 于是可用下面的积分求两条曲线围成区域的面积 S 为

$$S = \int_0^1 (\sqrt{x} - x^2)\,\mathrm{d}x .$$

在命令窗口输入：

```
≫ syms x
≫ int(sqrt(x) - x^2,0,1)
```

得

```
ans =
      1/3
```

所以，围成区域面积为 $1/3$.

【例 5-53】 计算由椭圆 $\dfrac{x^2}{a^2} + \dfrac{y^2}{b^2} = 1$ 所围成的图形绕 x 轴旋转而成的旋转体的体积.

解 在命令窗口输入下面的命令：

```
≫ syms x a b
≫ int(pi * b * b/a/a * (a * a - x * x), - a,a)
```

得

```
ans =
      (4 * pi * a * b^2)/3
```

所以，椭球体的体积为

$$V = \frac{4}{3}\pi a b^2 .$$

评估检测

1. 用 MATLAB 计算下列不定积分.

(1) $\displaystyle\int \frac{1}{1+x^2}\mathrm{d}x$;

(2) $\displaystyle\int \frac{1}{x^2+6x+10}\mathrm{d}x$;

(3) $\displaystyle\int \frac{1+2x^2}{x^2(1+x^2)}\mathrm{d}x$;

(4) $\displaystyle\int \mathrm{e}^x \sin x\,\mathrm{d}x$.

2. 用 MATLAB 计算下列定积分.

(1) $\displaystyle\int_0^1 x\,\mathrm{e}^x\,\mathrm{d}x$;

(2) $\displaystyle\int_0^2 \frac{\mathrm{d}x}{\sqrt{4-x^2}}$;

$$(3) \int_0^{\frac{\pi}{2}} x \sin x \, \mathrm{d}x ; \qquad\qquad (4) \int_0^{\pi} (\mathrm{e}^{2x} - \sin 3x) \, \mathrm{d}x .$$

📨 问题解决

生活和专业中的积分及其应用问题

1. 遇黄灯刹车问题（见问题提出）

解 令速度为 0，先计算出制动所用时间，即当 $8.3 - 2.7t = 0$，得

$$t \approx 3.07 \ (\mathrm{s}),$$

设汽车制动后路程函数为 $s = s(t)$，由 $s'(t) = v(t)$，可知

$$s(t) = \int v(t) \, \mathrm{d}t = \int (8.3 - 2.7t) \, \mathrm{d}t = 8.3t - \frac{2.7}{2}t^2 + C ,$$

根据题意，当 $t = 0$ 时，$s = 0$，代入上式得 $C = 0$，于是得到制动路程函数为

$$s(t) = 8.3t - 1.35t^2 ,$$

将 $t \approx 3.07$ 代入，计算出制动距离约为

$$8.3 \times 3.07 - 1.35 \times 3.07^2 \approx 12.7574 \ (\mathrm{m}).$$

2. 化工污水处理问题（见问题提出）

解 在 $v(t) = \frac{1}{4}t^2 - 2t + 4$ 中，令 $v(t) = 0$，即 $\frac{1}{4}t^2 - 2t + 4 = 0$，得有害污水处理装置开始工作到完全停止有害污水排入河中所需时间为 $t = 4$（年），这期间向河中排放的污水量为

$$Q = \int_0^4 v(t) \, \mathrm{d}t = \int_0^4 \left(\frac{1}{4}t^2 - 2t + 4 \right) \mathrm{d}t = \left(\frac{t^3}{12} - t^2 + 4t \right) \bigg|_0^4 = \frac{16}{3} \text{（万立方米）},$$

即污水处理装置连续工作 4 年，有害污水排放完全停止，这期间向河中排放了 $\frac{16}{3}$ 万立方米的有害污水.

3. 石油能源的消耗问题（见问题提出）

解 设 $T(t)$ 表示从 1987 年起（$t = 0$）直到第 t 年的石油消耗总量，要求从 1987 年到 2020 年间石油消耗的总量，即求 $T(33)$.

由条件可知 $T'(t) = R(t)$，所以从 $t = 0$ 到 $t = 33$ 期间石油消耗的总量为

$$\int_0^{33} 161 \mathrm{e}^{0.07t} \, \mathrm{d}t = \frac{161}{0.07} \mathrm{e}^{0.07t} \bigg|_0^{33} = 2300(\mathrm{e}^{0.07 \times 33} - 1) \approx 20871 \text{（亿桶）}.$$

4. 建筑填土量计算（见问题提出）

解 根据已知条件，抛物线方程为

$$y = -0.2x^2 + 0.8.$$

根据定积分的几何意义，抛物线与 x 轴所围成的面积为

$$\int_{-2}^2 (-0.2x^2 + 0.8) \, \mathrm{d}x = \left(-\frac{0.2}{3}x^3 + 0.8x \right) \bigg|_{-2}^2$$

$$\approx 2.133 \ (\mathrm{m}^2).$$

于是，阴影部分的面积为
$$[4\times(0.8+1.2)]-2.133=5.867 \ (\text{m}^2).$$
因为窑洞进深为 8m，所以每孔窑洞窑背的填土量为
$$5.867\times8=46.936 \ (\text{m}^3).$$

5. 电路中的电量（见问题提出）

解 由电流与电量的关系 $I(t)=\dfrac{\mathrm{d}Q}{\mathrm{d}t}$ 得时间间隔 $[1,4]$ 内流过导线横截面的电量为

$$Q=\int_1^4 0.006t\sqrt{t^2+1}\,\mathrm{d}t=\int_1^4 0.003\sqrt{t^2+1}\,\mathrm{d}(t^2+1)$$
$$=0.002(t^2+1)^{\frac{3}{2}}\Big|_1^4\approx0.1345 \ (\text{A}).$$

6. 企业方案分析（见问题提出）

解 （1）购买一架飞机的现值为 5000 万美元，可以使用 15 年；租用一架飞机，每年支付 600 万美元的租金，那么需要计算所支付的 15 年租金的现值.

由于租金以均匀的资金流支付，所以 15 年租金的现值为

$$P=\int_0^{15} 600\mathrm{e}^{-0.12t}\,\mathrm{d}t=\frac{600}{-0.12}\int_0^{15}\mathrm{e}^{-0.12t}\,\mathrm{d}(-0.12t)$$
$$=\frac{600}{0.12}(1-\mathrm{e}^{-0.12\times15})\approx4174 \ (\text{万美元}),$$

此时租用飞机比较合算.

（2）如果银行的年利率为 6%，那么 15 年租金的现值为
$$P=\int_0^{15}600\mathrm{e}^{-0.06t}\,\mathrm{d}t\approx5934 \ (\text{万美元}),$$

此时购买飞机比较合算.

综合实训

基础过关检测

一、选择题

1.下列等式成立的是（　　）.

A. $\mathrm{d}\displaystyle\int f'(x)\mathrm{d}x=f'(x)\mathrm{d}x+C$

B. $\dfrac{\mathrm{d}}{\mathrm{d}x}\displaystyle\int f(x)\mathrm{d}x=f(x)$

C. $\displaystyle\int \mathrm{d}f(x)=f(x)$

D. $\displaystyle\int f'(x)\mathrm{d}x=f(x)$

2. $\displaystyle\int(x-3x^2)\mathrm{d}x=$（　　）.

A. $\dfrac{1}{2}x^2-x^3+C$ 　　　B. $\dfrac{1}{2}x^2+x^3+C$ 　　　C. x^2+x^3+C 　　　D. $\dfrac{1}{2}x^2-x^3$

3.若 $\displaystyle\int f(x)\mathrm{d}x=\dfrac{x+1}{x-1}+C$（$C$ 为任意常数），则 $f(x)=$（　　）.

A. $\dfrac{1}{(x-1)^2}$ 　　　　B. $\dfrac{-1}{(x-1)^2}$ 　　　　C. $\dfrac{2}{(x-1)^2}$ 　　　　D. $\dfrac{-2}{(x-1)^2}$

4. 设曲线 $y=f(x)$ 过原点，且曲线在点 x 处的切线斜率为 $-2x$，则 $\lim\limits_{x\to 0}\dfrac{f(-2x)}{x^2}=$ ( ).

A. -2 B. 2 C. -4 D. 4

5. 若 $f(x)$ 的一个原函数是 $x\ln x$，则 $\int x^2 f''(x)\mathrm{d}x=$ ( ).

A. $\ln x+C$ B. x^2+C C. $x^3\ln x+C$ D. $-x+C$

6. 设函数 $f(x)$ 在区间 $[a,b]$ 上连续，则 $\int_a^b f(x)\mathrm{d}x-\int_a^b f(t)\mathrm{d}t$ ( ).

A. 小于零 B. 等于零 C. 大于零 D. 不确定

7. 设连续函数 $f(x)>0$，则当 $a<b$ 时，定积分 $\int_a^b f(x)\mathrm{d}x$ 的符号是 ( ).

A. 一定是正的
B. 一定是负的
C. $0<a<b$ 时是正的，$a<b<0$ 时是负的
D. 以上结论都不对

8. $\int_{-1}^{1}(\sin x+1)\mathrm{d}x=$ ( ).

A. 2 B. 0 C. $2+2\cos 1$ D. $2-2\cos 1$

9. 已知 $f(x)$ 为偶函数，且 $\int_0^6 f(x)\mathrm{d}x=\dfrac{1}{2}$，则 $\int_{-6}^{6} f(x)\mathrm{d}x=$ ( ).

A. 3 B. 2 C. 1 D. -1

10. $\int_{-1}^{2}(2-|x|)\mathrm{d}x=$ ( ).

A. 3 B. $\dfrac{7}{2}$ C. $\dfrac{9}{2}$ D. 4

二、填空题

11. 若函数 2^x 为 $f(x)$ 的一个原函数，则 $f(x)=$ _____.

12. 若不定积分 $\int f(x)\mathrm{d}x=x\ln x+C$，则 $f(x)=$ _____.

13. 已知函数 $f(x)$ 的一阶导数 $f'(x)$ 连续，则 $\int \dfrac{f'(\ln x)}{x}\mathrm{d}x=$ _____.

14. 已知不定积分 $\int f(x)\mathrm{d}x=F(x)+C$，其中原函数 $F(x)>0$，则不定积分 $\int \dfrac{f(x)}{F(x)}\mathrm{d}x=$ _____.

15. 设函数 $f(x)$、$g(x)$ 均可微，且同为某函数的原函数，$f(1)=3$，$g(1)=1$，则 $f(x)-g(x)=$ _____.

16. 设 $f(x)$ 是连续函数，且 $f(x)=x+3\int_0^1 f(t)\mathrm{d}t$，则 $f(x)=$ _____.

17. 设 $f(x)$ 有连续的导数，$f(b)=-3$，$f(a)=2$，则 $\int_a^b f'(x)\mathrm{d}x=$ _____.

18. 一曲线过原点，且其上任一点 (x,y) 处的切线斜率为 $2x$，则此曲线方程为 _____.

19. 已知函数 $f(x)$ 的一阶导数 $f'(x)$ 连续，则 $\int f'(2x)\mathrm{d}x=$ _____.

20. 设 $f(x)$ 是连续的奇函数，且 $\int_0^1 f(x)\,\mathrm{d}x = 1$，则 $\int_{-1}^0 f(x)\,\mathrm{d}x = $ _____.

三、求下列不定积分

21. $\displaystyle\int \cos x\,\mathrm{d}x$.

22. $\displaystyle\int \frac{1}{x}\,\mathrm{d}x$.

23. $\displaystyle\int (\sqrt[3]{x} - 1)^2\,\mathrm{d}x$.

24. $\displaystyle\int \tan x\,\mathrm{d}x$.

25. $\displaystyle\int \frac{2}{1 - 4x}\,\mathrm{d}x$.

26. $\displaystyle\int \frac{\sin x}{1 + \cos^2 x}\,\mathrm{d}x$.

27. $\displaystyle\int x^2 \sqrt{3 - x^3}\,\mathrm{d}x$.

28. $\displaystyle\int \frac{1}{1 + \sqrt{x}}\,\mathrm{d}x$.

29. $\displaystyle\int \frac{\cos 2x}{\cos x - \sin x}\,\mathrm{d}x$.

30. $\displaystyle\int \frac{1 - x^2}{1 + x^2}\,\mathrm{d}x$.

四、求下列定积分

31. $\displaystyle\int_0^{\frac{\pi}{2}} \left(\frac{1}{2} + \sin x\right)\mathrm{d}x$.

32. $\displaystyle\int_0^1 (x - 1)^9\,\mathrm{d}x$.

33. $\displaystyle\int_{-2}^0 \frac{x}{(1 + x^2)^2}\,\mathrm{d}x$.

34. $\displaystyle\int_0^4 \frac{1}{1 + 2x}\,\mathrm{d}x$.

35. $\displaystyle\int_0^\pi \sqrt{2 + 2\cos 2x}\,\mathrm{d}x$.

36. $\displaystyle\int_1^e \frac{1}{x(2x + 1)}\,\mathrm{d}x$.

37. $\displaystyle\int_0^1 x\sqrt{1 - x}\,\mathrm{d}x$.

38. $\displaystyle\int_1^2 \ln x\,\mathrm{d}x$.

39. $\displaystyle\int_0^{\pi^2} \sin\sqrt{x}\,\mathrm{d}x$.

40. $\displaystyle\int_0^\pi x\sin x\,\mathrm{d}x$.

五、应用题

41.求由曲线 $y=x^2+2x$ 与直线 $y=x$ 所围成的平面图形的面积.

42.求由曲线 $y=\dfrac{2}{x}$ 与直线 $y=x-1$ 及 $x=4$ 所围成的平面图形的面积.

43.求由曲线 $y=\sin x$，$y=\cos x$ 及直线 $x=0$，$x=\pi$ 所围成的平面图形的面积.

44.曲线 $y=ax-x^2(a>0)$ 与 x 轴围成的平面图形被曲线 $y=bx^2(b>0)$ 分成面积相等的两部分，求 a、b 的值.

45.已知曲线 $y=a\sqrt{x}(a>0)$ 与曲线 $y=\ln\sqrt{x}$ 在点 (x_0,y_0) 处有公共切线，求：

(1) 常数 a 及切点 (x_0,y_0)；

(2) 两曲线与 x 轴围成的平面图形的面积 S.

46.求由曲线 $y^2=4x$，$x=1$ 所围成的图形分别绕 x、y 轴旋转一周所得旋转体的体积.

47.求由曲线 $x^2=4y$，直线 $y=1$ 所围成的图形分别绕 x、y 轴旋转一周所得旋转体的体积.

48.抛物线 $y=\sqrt{2x}$ 在点 $M(2,2)$ 处的切线为 MT，求：

(1) 由抛物线 $y=\sqrt{2x}$，切线 MT 及 x 轴所围成图形的面积；

(2) 求该图形绕 x 轴旋转一周所得旋转体体积.

49.求由曲线 $y=(x-1)^3$，x 轴和直线 $x=2$ 所围成的图形绕 x 轴旋转所得的旋转体的体积.

50.已知曲线 $y=x^3(x\geqslant0)$，直线 $x+y=2$ 以及 y 轴围成一平面图形 D，求平面图形 D 绕 y 轴旋转一周所得旋转体的体积.

拓展探究练习

1.已知某曲线上每一点的切线斜率 $k=\dfrac{1}{2}(\mathrm{e}^{\frac{x}{a}}-\mathrm{e}^{-\frac{x}{a}})$，并且经过点 $(0,a)$，求此曲线的方程.

2.一物体做直线运动，其加速度为 $a=2t+1$（单位：$\mathrm{m/s^2}$），当 $t=0$ 时，其速度为 $1\mathrm{m/s}$，走过的路程 $s=0$，求此物体的运动方程.

3.压缩弹簧所用的力与弹簧被压缩的长度成正比，一个弹簧原长为 $30\mathrm{cm}$，压缩 $0.01\mathrm{m}$ 时需用力 $2\mathrm{N}$，求把弹簧从 $0.25\mathrm{m}$ 压缩到 $0.2\mathrm{m}$ 时所做的功.

4.有一个圆锥贮水池，深 $15\mathrm{m}$，口径 $20\mathrm{m}$，里面盛满了水，问把池中的水全部抽到池外，需做多少功？

5.有一长 l 的细棒，位于 x 轴正半轴上，它的一端为原点，已知其上任一点 x 处的线密度为 $\rho(x)=\ln(x+l)$，求：

(1) 细棒的质量；

(2) 细棒线密度的平均值.

常用积分公式

一、含有 $ax+b$ 的积分（$a \neq 0$）

1. $\displaystyle\int \frac{\mathrm{d}x}{ax+b} = \frac{1}{a}\ln|ax+b| + C$

2. $\displaystyle\int (ax+b)^{\mu}\mathrm{d}x = \frac{1}{a(\mu+1)}(ax+b)^{\mu+1} + C\,(\mu \neq -1)$

3. $\displaystyle\int \frac{x}{ax+b}\mathrm{d}x = \frac{1}{a^2}(ax+b-b\ln|ax+b|) + C$

4. $\displaystyle\int \frac{x^2}{ax+b}\mathrm{d}x = \frac{1}{a^3}\left[\frac{1}{2}(ax+b)^2 - 2b(ax+b) + b^2\ln|ax+b|\right] + C$

5. $\displaystyle\int \frac{\mathrm{d}x}{x(ax+b)} = -\frac{1}{b}\ln\left|\frac{ax+b}{x}\right| + C$

6. $\displaystyle\int \frac{\mathrm{d}x}{x^2(ax+b)} = -\frac{1}{bx} + \frac{a}{b^2}\ln\left|\frac{ax+b}{x}\right| + C$

7. $\displaystyle\int \frac{x}{(ax+b)^2}\mathrm{d}x = \frac{1}{a^2}\left(\ln|ax+b| + \frac{b}{ax+b}\right) + C$

8. $\displaystyle\int \frac{x^2}{(ax+b)^2}\mathrm{d}x = \frac{1}{a^3}\left(ax+b-2b\ln|ax+b| - \frac{b^2}{ax+b}\right) + C$

9. $\displaystyle\int \frac{\mathrm{d}x}{x(ax+b)^2} = \frac{1}{b(ax+b)} - \frac{1}{b^2}\ln\left|\frac{ax+b}{x}\right| + C$

二、含有 $\sqrt{ax+b}$ 的积分

10. $\displaystyle\int \sqrt{ax+b}\,\mathrm{d}x = \frac{2}{3a}\sqrt{(ax+b)^3} + C$

11. $\displaystyle\int x\sqrt{ax+b}\,\mathrm{d}x = \frac{2}{15a^2}(3ax-2b)\sqrt{(ax+b)^3} + C$

12. $\int x^2 \sqrt{ax+b}\,\mathrm{d}x = \dfrac{2}{105a^3}(15a^2x^2 - 12abx + 8b^2)\sqrt{(ax+b)^3} + C$

13. $\int \dfrac{x}{\sqrt{ax+b}}\,\mathrm{d}x = \dfrac{2}{3a^2}(ax - 2b)\sqrt{ax+b} + C$

14. $\int \dfrac{x^2}{\sqrt{ax+b}}\,\mathrm{d}x = \dfrac{2}{15a^3}(3a^2x^2 - 4abx + 8b^2)\sqrt{ax+b} + C$

15. $\int \dfrac{\mathrm{d}x}{x\sqrt{ax+b}} = \begin{cases} \dfrac{1}{\sqrt{b}}\ln\left|\dfrac{\sqrt{ax+b}-\sqrt{b}}{\sqrt{ax+b}+\sqrt{b}}\right| + C & (b>0) \\[3mm] \dfrac{2}{\sqrt{-b}}\arctan\sqrt{\dfrac{ax+b}{-b}} + C & (b<0) \end{cases}$

16. $\int \dfrac{\mathrm{d}x}{x^2\sqrt{ax+b}} = -\dfrac{\sqrt{ax+b}}{bx} - \dfrac{a}{2b}\int \dfrac{\mathrm{d}x}{x\sqrt{ax+b}}$

17. $\int \dfrac{\sqrt{ax+b}}{x}\,\mathrm{d}x = 2\sqrt{ax+b} + b\int \dfrac{\mathrm{d}x}{x\sqrt{ax+b}}$

18. $\int \dfrac{\sqrt{ax+b}}{x^2}\,\mathrm{d}x = -\dfrac{\sqrt{ax+b}}{x} + \dfrac{a}{2}\int \dfrac{\mathrm{d}x}{x\sqrt{ax+b}}$

三、含有 $x^2 \pm a^2$ 的积分

19. $\int \dfrac{\mathrm{d}x}{x^2+a^2} = \dfrac{1}{a}\arctan\dfrac{x}{a} + C$

20. $\int \dfrac{\mathrm{d}x}{(x^2+a^2)^n} = \dfrac{x}{2(n-1)a^2(x^2+a^2)^{n-1}} + \dfrac{2n-3}{2(n-1)a^2}\int \dfrac{\mathrm{d}x}{(x^2+a^2)^{n-1}}$

21. $\int \dfrac{\mathrm{d}x}{x^2-a^2} = \dfrac{1}{2a}\ln\left|\dfrac{x-a}{x+a}\right| + C$

四、含有 $ax^2 + b\,(a>0)$ 的积分

22. $\int \dfrac{\mathrm{d}x}{ax^2+b} = \begin{cases} \dfrac{1}{\sqrt{ab}}\arctan\sqrt{\dfrac{a}{b}}x + C & (b>0) \\[3mm] \dfrac{1}{2\sqrt{-ab}}\ln\left|\dfrac{\sqrt{a}\,x-\sqrt{-b}}{\sqrt{a}\,x+\sqrt{-b}}\right| + C & (b<0) \end{cases}$

23. $\int \dfrac{x}{ax^2+b}\,\mathrm{d}x = \dfrac{1}{2a}\ln|ax^2+b| + C$

24. $\int \dfrac{x^2}{ax^2+b}\,\mathrm{d}x = \dfrac{x}{a} - \dfrac{b}{a}\int \dfrac{\mathrm{d}x}{ax^2+b}$

25. $\int \dfrac{\mathrm{d}x}{x(ax^2+b)} = \dfrac{1}{2b}\ln\dfrac{x^2}{|ax^2+b|} + C$

常用积分公式 | **161**

26. $\displaystyle\int \frac{\mathrm{d}x}{x^2(ax^2+b)} = -\frac{1}{bx} - \frac{a}{b}\int \frac{\mathrm{d}x}{ax^2+b}$

27. $\displaystyle\int \frac{\mathrm{d}x}{x^3(ax^2+b)} = \frac{a}{2b^2}\ln\frac{|ax^2+b|}{x^2} - \frac{1}{2bx^2} + C$

28. $\displaystyle\int \frac{\mathrm{d}x}{(ax^2+b)^2} = \frac{x}{2b(ax^2+b)} + \frac{1}{2b}\int \frac{\mathrm{d}x}{ax^2+b}$

五、含有 $ax^2+bx+c\,(a>0)$ 的积分

29. $\displaystyle\int \frac{\mathrm{d}x}{ax^2+bx+c} = \begin{cases} \dfrac{2}{\sqrt{4ac-b^2}}\arctan\dfrac{2ax+b}{\sqrt{4ac-b^2}} + C & (b^2<4ac) \\[4mm] \dfrac{1}{\sqrt{b^2-4ac}}\ln\left|\dfrac{2ax+b-\sqrt{b^2-4ac}}{2ax+b+\sqrt{b^2-4ac}}\right| + C & (b^2>4ac) \end{cases}$

30. $\displaystyle\int \frac{x}{ax^2+bx+c}\mathrm{d}x = \frac{1}{2a}\ln|ax^2+bx+c| - \frac{b}{2a}\int \frac{\mathrm{d}x}{ax^2+bx+c}$

六、含有 $\sqrt{x^2+a^2}\,(a>0)$ 的积分

31. $\displaystyle\int \frac{\mathrm{d}x}{\sqrt{x^2+a^2}} = \operatorname{arsh}\frac{x}{a} + C_1 = \ln(x+\sqrt{x^2+a^2}) + C$

32. $\displaystyle\int \frac{\mathrm{d}x}{\sqrt{(x^2+a^2)^3}} = \frac{x}{a^2\sqrt{x^2+a^2}} + C$

33. $\displaystyle\int \frac{x}{\sqrt{x^2+a^2}}\mathrm{d}x = \sqrt{x^2+a^2} + C$

34. $\displaystyle\int \frac{x}{\sqrt{(x^2+a^2)^3}}\mathrm{d}x = -\frac{1}{\sqrt{x^2+a^2}} + C$

35. $\displaystyle\int \frac{x^2}{\sqrt{x^2+a^2}}\mathrm{d}x = \frac{x}{2}\sqrt{x^2+a^2} - \frac{a^2}{2}\ln(x+\sqrt{x^2+a^2}) + C$

36. $\displaystyle\int \frac{x^2}{\sqrt{(x^2+a^2)^3}}\mathrm{d}x = -\frac{x}{\sqrt{x^2+a^2}} + \ln(x+\sqrt{x^2+a^2}) + C$

37. $\displaystyle\int \frac{\mathrm{d}x}{x\sqrt{x^2+a^2}} = \frac{1}{a}\ln\frac{\sqrt{x^2+a^2}-a}{|x|} + C$

38. $\displaystyle\int \frac{\mathrm{d}x}{x^2\sqrt{x^2+a^2}} = -\frac{\sqrt{x^2+a^2}}{a^2x} + C$

39. $\displaystyle\int \sqrt{x^2+a^2}\,\mathrm{d}x = \frac{x}{2}\sqrt{x^2+a^2} + \frac{a^2}{2}\ln(x+\sqrt{x^2+a^2}) + C$

40. $\displaystyle\int \sqrt{(x^2+a^2)^3}\,\mathrm{d}x = \frac{x}{8}(2x^2+5a^2)\sqrt{x^2+a^2} + \frac{3}{8}a^4\ln(x+\sqrt{x^2+a^2}) + C$

41. $\displaystyle\int x\sqrt{x^2+a^2}\,\mathrm{d}x=\frac{1}{3}\sqrt{(x^2+a^2)^3}+C$

42. $\displaystyle\int x^2\sqrt{x^2+a^2}\,\mathrm{d}x=\frac{x}{8}(2x^2+a^2)\sqrt{x^2+a^2}-\frac{a^4}{8}\ln(x+\sqrt{x^2+a^2})+C$

43. $\displaystyle\int\frac{\sqrt{x^2+a^2}}{x}\,\mathrm{d}x=\sqrt{x^2+a^2}+a\ln\frac{\sqrt{x^2+a^2}-a}{|x|}+C$

44. $\displaystyle\int\frac{\sqrt{x^2+a^2}}{x^2}\,\mathrm{d}x=-\frac{\sqrt{x^2+a^2}}{x}+\ln(x+\sqrt{x^2+a^2})+C$

七、含有 $\sqrt{x^2-a^2}\,(a>0)$ 的积分

45. $\displaystyle\int\frac{\mathrm{d}x}{\sqrt{x^2-a^2}}=\frac{x}{|x|}\operatorname{arch}\frac{|x|}{a}+C_1=\ln|x+\sqrt{x^2-a^2}|+C$

46. $\displaystyle\int\frac{\mathrm{d}x}{\sqrt{(x^2-a^2)^3}}=-\frac{x}{a^2\sqrt{x^2-a^2}}+C$

47. $\displaystyle\int\frac{x}{\sqrt{x^2-a^2}}\,\mathrm{d}x=\sqrt{x^2-a^2}+C$

48. $\displaystyle\int\frac{x}{\sqrt{(x^2-a^2)^3}}\,\mathrm{d}x=-\frac{1}{\sqrt{x^2-a^2}}+C$

49. $\displaystyle\int\frac{x^2}{\sqrt{x^2-a^2}}\,\mathrm{d}x=\frac{x}{2}\sqrt{x^2-a^2}+\frac{a^2}{2}\ln|x+\sqrt{x^2-a^2}|+C$

50. $\displaystyle\int\frac{x^2}{\sqrt{(x^2-a^2)^3}}\,\mathrm{d}x=-\frac{x}{\sqrt{x^2-a^2}}+\ln|x+\sqrt{x^2-a^2}|+C$

51. $\displaystyle\int\frac{\mathrm{d}x}{x\sqrt{x^2-a^2}}=\frac{1}{a}\arccos\frac{a}{|x|}+C$

52. $\displaystyle\int\frac{\mathrm{d}x}{x^2\sqrt{x^2-a^2}}=\frac{\sqrt{x^2-a^2}}{a^2x}+C$

53. $\displaystyle\int\sqrt{x^2-a^2}\,\mathrm{d}x=\frac{x}{2}\sqrt{x^2-a^2}-\frac{a^2}{2}\ln|x+\sqrt{x^2-a^2}|+C$

54. $\displaystyle\int\sqrt{(x^2-a^2)^3}\,\mathrm{d}x=\frac{x}{8}(2x^2-5a^2)\sqrt{x^2-a^2}+\frac{3}{8}a^4\ln|x+\sqrt{x^2-a^2}|+C$

55. $\displaystyle\int x\sqrt{x^2-a^2}\,\mathrm{d}x=\frac{1}{3}\sqrt{(x^2-a^2)^3}+C$

56. $\displaystyle\int x^2\sqrt{x^2-a^2}\,\mathrm{d}x=\frac{x}{8}(2x^2-a^2)\sqrt{x^2-a^2}-\frac{a^4}{8}\ln|x+\sqrt{x^2-a^2}|+C$

57. $\displaystyle\int\frac{\sqrt{x^2-a^2}}{x}\,\mathrm{d}x=\sqrt{x^2-a^2}-a\arccos\frac{a}{|x|}+C$

58. $\displaystyle\int\frac{\sqrt{x^2-a^2}}{x^2}\,\mathrm{d}x=-\frac{\sqrt{x^2-a^2}}{x}+\ln|x+\sqrt{x^2-a^2}|+C$

八、含有 $\sqrt{a^2-x^2}\,(a>0)$ 的积分

59. $\displaystyle\int \frac{\mathrm{d}x}{\sqrt{a^2-x^2}} = \arcsin\frac{x}{a} + C$

60. $\displaystyle\int \frac{\mathrm{d}x}{\sqrt{(a^2-x^2)^3}} = \frac{x}{a^2\sqrt{a^2-x^2}} + C$

61. $\displaystyle\int \frac{x}{\sqrt{a^2-x^2}}\mathrm{d}x = -\sqrt{a^2-x^2} + C$

62. $\displaystyle\int \frac{x}{\sqrt{(a^2-x^2)^3}}\mathrm{d}x = \frac{1}{\sqrt{a^2-x^2}} + C$

63. $\displaystyle\int \frac{x^2}{\sqrt{a^2-x^2}}\mathrm{d}x = -\frac{x}{2}\sqrt{a^2-x^2} + \frac{a^2}{2}\arcsin\frac{x}{a} + C$

64. $\displaystyle\int \frac{x^2}{\sqrt{(a^2-x^2)^3}}\mathrm{d}x = \frac{x}{\sqrt{a^2-x^2}} - \arcsin\frac{x}{a} + C$

65. $\displaystyle\int \frac{\mathrm{d}x}{x\sqrt{a^2-x^2}} = \frac{1}{a}\ln\frac{a-\sqrt{a^2-x^2}}{|x|} + C$

66. $\displaystyle\int \frac{\mathrm{d}x}{x^2\sqrt{a^2-x^2}} = -\frac{\sqrt{a^2-x^2}}{a^2 x} + C$

67. $\displaystyle\int \sqrt{a^2-x^2}\,\mathrm{d}x = \frac{x}{2}\sqrt{a^2-x^2} + \frac{a^2}{2}\arcsin\frac{x}{a} + C$

68. $\displaystyle\int \sqrt{(a^2-x^2)^3}\,\mathrm{d}x = \frac{x}{8}(5a^2-2x^2)\sqrt{a^2-x^2} + \frac{3}{8}a^4\arcsin\frac{x}{a} + C$

69. $\displaystyle\int x\sqrt{a^2-x^2}\,\mathrm{d}x = -\frac{1}{3}\sqrt{(a^2-x^2)^3} + C$

70. $\displaystyle\int x^2\sqrt{a^2-x^2}\,\mathrm{d}x = \frac{x}{8}(2x^2-a^2)\sqrt{a^2-x^2} + \frac{a^4}{8}\arcsin\frac{x}{a} + C$

71. $\displaystyle\int \frac{\sqrt{a^2-x^2}}{x}\mathrm{d}x = \sqrt{a^2-x^2} + a\ln\frac{a-\sqrt{a^2-x^2}}{|x|} + C$

72. $\displaystyle\int \frac{\sqrt{a^2-x^2}}{x^2}\mathrm{d}x = -\frac{\sqrt{a^2-x^2}}{x} - \arcsin\frac{x}{a} + C$

九、含有 $\sqrt{\pm ax^2+bx+c}\,(a>0)$ 的积分

73. $\displaystyle\int \frac{\mathrm{d}x}{\sqrt{ax^2+bx+c}} = \frac{1}{\sqrt{a}}\ln|2ax+b+2\sqrt{a}\,\sqrt{ax^2+bx+c}| + C$

74. $\displaystyle\int \sqrt{ax^2+bx+c}\,\mathrm{d}x = \frac{2ax+b}{4a}\sqrt{ax^2+bx+c} +$

$\displaystyle\qquad\qquad \frac{4ac-b^2}{8\sqrt{a^3}}\ln|2ax+b+2\sqrt{a}\sqrt{ax^2+bx+c}| + C$

164 | 应用高等数学

75. $\displaystyle\int \frac{x}{\sqrt{ax^2+bx+c}}\,\mathrm{d}x = \frac{1}{a}\sqrt{ax^2+bx+c}\,-$

$$\frac{b}{2\sqrt{a^3}}\ln|2ax+b+2\sqrt{a}\sqrt{ax^2+bx+c}|+C$$

76. $\displaystyle\int \frac{\mathrm{d}x}{\sqrt{c+bx-ax^2}} = \frac{1}{\sqrt{a}}\arcsin\frac{2ax-b}{\sqrt{b^2+4ac}}+C$

77. $\displaystyle\int \sqrt{c+bx-ax^2}\,\mathrm{d}x = \frac{2ax-b}{4a}\sqrt{c+bx-ax^2}+\frac{b^2+4ac}{8\sqrt{a^3}}\arcsin\frac{2ax-b}{\sqrt{b^2+4ac}}+C$

78. $\displaystyle\int \frac{x}{\sqrt{c+bx-ax^2}}\,\mathrm{d}x = -\frac{1}{a}\sqrt{c+bx-ax^2}+\frac{b}{2\sqrt{a^3}}\arcsin\frac{2ax-b}{\sqrt{b^2+4ac}}+C$

十、含有 $\sqrt{\pm\dfrac{x-a}{x-b}}$ 或 $\sqrt{(x-a)(b-x)}$ 的积分

79. $\displaystyle\int \sqrt{\frac{x-a}{x-b}}\,\mathrm{d}x = (x-b)\sqrt{\frac{x-a}{x-b}}+(b-a)\ln(\sqrt{|x-a|}+\sqrt{|x-b|})+C$

80. $\displaystyle\int \sqrt{\frac{x-a}{b-x}}\,\mathrm{d}x = (x-b)\sqrt{\frac{x-a}{b-x}}+(b-a)\arcsin\sqrt{\frac{x-a}{b-x}}+C$

81. $\displaystyle\int \frac{\mathrm{d}x}{\sqrt{(x-a)(b-x)}} = 2\arcsin\sqrt{\frac{x-a}{b-x}}+C(a<b)$

82. $\displaystyle\int \sqrt{(x-a)(b-x)}\,\mathrm{d}x = \frac{2x-a-b}{4}\sqrt{(x-a)(b-x)}+\frac{(b-a)^2}{4}\arcsin\sqrt{\frac{x-a}{b-x}}+C(a<b)$

十一、含有三角函数的积分

83. $\displaystyle\int \sin x\,\mathrm{d}x = -\cos x+C$

84. $\displaystyle\int \cos x\,\mathrm{d}x = \sin x+C$

85. $\displaystyle\int \tan x\,\mathrm{d}x = -\ln|\cos x|+C$

86. $\displaystyle\int \cot x\,\mathrm{d}x = \ln|\sin x|+C$

87. $\displaystyle\int \sec x\,\mathrm{d}x = \ln\left|\tan\left(\frac{\pi}{4}+\frac{x}{2}\right)\right|+C = \ln|\sec x+\tan x|+C$

88. $\displaystyle\int \csc x\,\mathrm{d}x = \ln\left|\tan\frac{x}{2}\right|+C = \ln|\csc x-\cot x|+C$

89. $\displaystyle\int \sec^2 x\,\mathrm{d}x = \tan x+C$

90. $\displaystyle\int \csc^2 x\,\mathrm{d}x = -\cot x+C$

91. $\displaystyle\int \sec x\tan x\,\mathrm{d}x = \sec x+C$

92. $\displaystyle\int \csc x \cot x\,\mathrm{d}x = -\csc x + C$

93. $\displaystyle\int \sin^2 x\,\mathrm{d}x = \dfrac{x}{2} - \dfrac{1}{4}\sin 2x + C$

94. $\displaystyle\int \cos^2 x\,\mathrm{d}x = \dfrac{x}{2} + \dfrac{1}{4}\sin 2x + C$

95. $\displaystyle\int \sin^n x\,\mathrm{d}x = -\dfrac{1}{n}\sin^{n-1} x \cos x + \dfrac{n-1}{n}\int \sin^{n-2} x\,\mathrm{d}x$

96. $\displaystyle\int \cos^n x\,\mathrm{d}x = \dfrac{1}{n}\cos^{n-1} x \sin x + \dfrac{n-1}{n}\int \cos^{n-2} x\,\mathrm{d}x$

97. $\displaystyle\int \dfrac{\mathrm{d}x}{\sin^n x} = -\dfrac{1}{n-1}\cdot\dfrac{\cos x}{\sin^{n-1} x} + \dfrac{n-2}{n-1}\int \dfrac{\mathrm{d}x}{\sin^{n-2} x}$

98. $\displaystyle\int \dfrac{\mathrm{d}x}{\cos^n x} = \dfrac{1}{n-1}\cdot\dfrac{\sin x}{\cos^{n-1} x} + \dfrac{n-2}{n-1}\int \dfrac{\mathrm{d}x}{\cos^{n-2} x}$

99. $\displaystyle\int \cos^m x \sin^n x\,\mathrm{d}x = \dfrac{1}{m+n}\cos^{m-1} x \sin^{n+1} x + \dfrac{m-1}{m+n}\int \cos^{m-2} x \sin^n x\,\mathrm{d}x$

$$= -\dfrac{1}{m+n}\cos^{m+1} x \sin^{n-1} x + \dfrac{n-1}{m+n}\int \cos^m x \sin^{n-2} x\,\mathrm{d}x$$

100. $\displaystyle\int \sin ax \cos bx\,\mathrm{d}x = -\dfrac{1}{2(a+b)}\cos(a+b)x - \dfrac{1}{2(a-b)}\cos(a-b)x + C$

101. $\displaystyle\int \sin ax \sin bx\,\mathrm{d}x = -\dfrac{1}{2(a+b)}\sin(a+b)x + \dfrac{1}{2(a-b)}\sin(a-b)x + C$

102. $\displaystyle\int \cos ax \cos bx\,\mathrm{d}x = \dfrac{1}{2(a+b)}\sin(a+b)x + \dfrac{1}{2(a-b)}\sin(a-b)x + C$

103. $\displaystyle\int \dfrac{\mathrm{d}x}{a+b\sin x} = \dfrac{2}{\sqrt{a^2-b^2}}\arctan\dfrac{a\tan\dfrac{x}{2}+b}{\sqrt{a^2-b^2}} + C \ (a^2 > b^2)$

104. $\displaystyle\int \dfrac{\mathrm{d}x}{a+b\sin x} = \dfrac{1}{\sqrt{b^2-a^2}}\ln\left|\dfrac{a\tan\dfrac{x}{2}+b-\sqrt{b^2-a^2}}{a\tan\dfrac{x}{2}+b+\sqrt{b^2-a^2}}\right| + C \ (a^2 < b^2)$

105. $\displaystyle\int \dfrac{\mathrm{d}x}{a+b\cos x} = \dfrac{2}{a+b}\sqrt{\dfrac{a+b}{a-b}}\arctan\left(\sqrt{\dfrac{a-b}{a+b}}\tan\dfrac{x}{2}\right) + C \ (a^2 > b^2)$

106. $\displaystyle\int \dfrac{\mathrm{d}x}{a+b\cos x} = \dfrac{1}{a+b}\sqrt{\dfrac{a+b}{b-a}}\ln\left|\dfrac{\tan\dfrac{x}{2}+\sqrt{\dfrac{a+b}{b-a}}}{\tan\dfrac{x}{2}-\sqrt{\dfrac{a+b}{b-a}}}\right| + C \ (a^2 < b^2)$

107. $\displaystyle\int \dfrac{\mathrm{d}x}{a^2\cos^2 x + b^2\sin^2 x} = \dfrac{1}{ab}\arctan\left(\dfrac{b}{a}\tan x\right) + C$

108. $\displaystyle\int \dfrac{\mathrm{d}x}{a^2\cos^2 x - b^2\sin^2 x} = \dfrac{1}{2ab}\ln\left|\dfrac{b\tan x + a}{b\tan x - a}\right| + C$

109. $\displaystyle\int x\sin ax\,\mathrm{d}x = \dfrac{1}{a^2}\sin ax - \dfrac{1}{a}x\cos ax + C$

110. $\int x^2 \sin ax \, dx = -\dfrac{1}{a} x^2 \cos ax + \dfrac{2}{a^2} x \sin ax + \dfrac{2}{a^3} \cos ax + C$

111. $\int x \cos ax \, dx = \dfrac{1}{a^2} \cos ax + \dfrac{1}{a} x \sin ax + C$

112. $\int x^2 \cos ax \, dx = \dfrac{1}{a} x^2 \sin ax + \dfrac{2}{a^2} x \cos ax - \dfrac{2}{a^3} \sin ax + C$

十二、含有反三角函数的积分($a>0$)

113. $\int \arcsin \dfrac{x}{a} \, dx = x \arcsin \dfrac{x}{a} + \sqrt{a^2 - x^2} + C$

114. $\int x \arcsin \dfrac{x}{a} \, dx = \left(\dfrac{x^2}{2} - \dfrac{a^2}{4} \right) \arcsin \dfrac{x}{a} + \dfrac{x}{4} \sqrt{a^2 - x^2} + C$

115. $\int x^2 \arcsin \dfrac{x}{a} \, dx = \dfrac{x^3}{3} \arcsin \dfrac{x}{a} + \dfrac{1}{9} (x^2 + 2a^2) \sqrt{a^2 - x^2} + C$

116. $\int \arccos \dfrac{x}{a} \, dx = x \arccos \dfrac{x}{a} - \sqrt{a^2 - x^2} + C$

117. $\int x \arccos \dfrac{x}{a} \, dx = \left(\dfrac{x^2}{2} - \dfrac{a^2}{4} \right) \arccos \dfrac{x}{a} - \dfrac{x}{4} \sqrt{a^2 - x^2} + C$

118. $\int x^2 \arccos \dfrac{x}{a} \, dx = \dfrac{x^3}{3} \arccos \dfrac{x}{a} - \dfrac{1}{9} (x^2 + 2a^2) \sqrt{a^2 - x^2} + C$

119. $\int \arctan \dfrac{x}{a} \, dx = x \arctan \dfrac{x}{a} - \dfrac{a}{2} \ln(a^2 + x^2) + C$

120. $\int x \arctan \dfrac{x}{a} \, dx = \dfrac{1}{2} (a^2 + x^2) \arctan \dfrac{x}{a} - \dfrac{a}{2} x + C$

参考答案

模块一　函数与几何

任务一　函数的概念

评估检测答案

1．（1）相同，因为定义域和对应法则都相同；　　　　（2）不同，因为定义域不同；

（3）相同，因为定义域和对应法则都相同．

2．（1）$(-\infty,-1)\cup(-1,1)\cup(1,+\infty)$；　　　　　（2）$\left(-\dfrac{2}{5},+\infty\right)$；

（3）$(-\infty,-2)\cup(-2,3)\cup(3,+\infty)$；　　　　（4）$[-3,0)\cup(0,3]$．

3．定义域为 $(-1,2]$，$f\left(-\dfrac{1}{2}\right)=\dfrac{\sqrt{2}}{2}$，$f(0)=1$，$f\left(\dfrac{1}{2}\right)=\dfrac{\sqrt{5}}{2}$，$f(1)=\sqrt{2}$．

4．（1）偶函数；　　（2）奇函数；　　　（3）奇函数；　　　（4）非奇非偶函数．

5．（1）运动员的身高、体重、跳台的高度是常量；

（2）运动员距离水面的高度 H 以及时间 t 是变量；

（3）假设重力加速度 $g=9.8$（m/s^2），跳台的高度为 h（m），那么运动员距离水面

的高度 H（m）与时间 t（s）的关系可以表示为 $H=h-\dfrac{1}{2}gt^2=h-4.9t^2$．

专本对接答案

1．$(6,9)$．　　　2．$(1,5)$．　　　3．$(-3,-2)\cup(-2,4]$．　　　4．$(1,+\infty)$．　　　5．D．

任务二　初等函数

评估检测答案

1．（1）D；　　　　　　（2）C；　　　　　　　（3）B．

2. (1) $x^{\frac{2}{5}}$；　　　　(2) $x^{-\frac{1}{2}}$；　　　　(3) x^{-1}；　　　　(4) $x^{\frac{5}{6}}$.

3. (1) 5；　　　　(2) -4；　　　　(3) 216.

4. (1) $y=\sqrt{x^2-5x+6}$ 是由 $y=\sqrt{u}$，$u=x^2-5x+6$ 这两个函数复合而成的；

　　(2) $y=\sin x^2$ 是由 $y=\sin u$，$u=x^2$ 这两个函数复合而成的；

　　(3) $y=\tan^3\left(2x+\dfrac{\pi}{6}\right)$ 是由 $y=u^3$，$u=\tan v$，$v=2x+\dfrac{\pi}{6}$ 这三个函数复合而成的.

5. $E=\dfrac{1}{2}mg^2t^2$.

专本对接答案

1. $\sin 3x^2$.　　2. $f[f(x)]=\dfrac{x}{1+2x}$.　　3. $f(x)=1+2x^2$.　　4. $\cos^2 x$，2.

任务三　经济中常用函数（经济管理类选讲）

评估检测答案

1. (1) 生产 q 个产品的固定成本为 1800，可变成本为 $C=3q^2-\dfrac{q}{4}$；

　　(2) $\overline{C}=3q+1800q^{-1}-\dfrac{1}{4}$.

2. $L(q)=q^2+10q-30$，$L(50)=2970$.

3. $R(q)=-0.5q^2+90q$，$L(q)=-0.5q^2+40q-120$.

4. (1) 2，9；　　　　(2) 12；　　　　(3) $L(10)=-8$，不能盈利.

5. $Q=-8p+6000$.

任务四　解三角形（工科类选讲）

评估检测答案

1. 边长 6.3，两角 25° 和 65°.

2. 斜边 6，另一条直角边 $3\sqrt{3}$，锐角 60°.

3. $c=5\sqrt{6}$.

4. $\angle A=15°$，$\angle C=45°$，$S_{\triangle ABC}=\dfrac{27-9\sqrt{3}}{2}$.

5. $\angle C=60°$.

任务五　函数与绘图实验

评估检测答案

1. ans＝0.8660，ans＝10，ans＝-3.

2. ans＝3，ans＝3，ans＝2.

3. 略.

4. 略.

参考答案 | **169**

综合实训答案

基础过关检测

一、选择题

1. D.　2. D.　3. A.　4. C.　5. B.　6. D.　7. C.　8. C.　9. D.　10. C.

二、填空题

11. y 轴，原点.　　12. $(1,1)$，$(0,1)$，$(1,0)$.　　13. $[-8,10)$.　　14. $[-6,-3)$.

15. x^2-3x+2.　　16. $\sin 3x^2$.　　17. 12π.　　18. $(7,3)$.　　19. $-\dfrac{2\sqrt{2}}{3}$.　　20. 3.

三、解答题

21. (1) $f(x)$定义域为 **R**，$g(x)$定义域为 $[0,+\infty)$，两个函数定义域不同，所以 $f(x)$ 与 $g(x)$不相同；

　　(2) $f(x)$ 与 $g(x)$不相同，因为二者定义域不同；

　　(3) $f(x)$ 与 $g(x)$ 相同，因为二者定义域、对应法则相同；

　　(4) $f(x)$定义域为 **R**，$g(x)$定义域为 **R**，$f(x)=\sqrt{1-\sin^2 x}=|\cos x|$，两个函数的对应法则不同，所以 $f(x)$ 与 $g(x)$不相同.

22. (1) $[-2,2]$;　　　　　　　　　　(2) $[-2,-1)\cup(-1,1)\cup(1,+\infty)$;

　　(3) $[-1,3]$;　　　　　　　　　　(4) $(-\infty,-1)\cup(-1,3)$;

　　(5) $[-1,0)\cup(0,1]$;　　　　　　(6) $[-4,-\pi)\cup(0,\pi)$;

　　(7) $(-\infty,+\infty)$;　　　　　　　(8) $(-\infty,0)\cup(0,+\infty)$.

23. (1) $-\dfrac{\pi}{2}$, 0, $\dfrac{\pi}{2}$;　　　(2) -1, 3, 2;　　　(3) $2a^2-1$, $4a-3$, $(2a-1)^2$.

24. (1) 偶函数;　　(2) 奇函数;　　(3) 偶函数;　　(4) 偶函数;

　　(5) 奇函数;　　(6) 奇函数.

25. (1) $y=\sqrt{u}$, $u=x^2+2$;　　　　　　(2) $y=\cos u$, $u=x^4$;

　　(3) $y=u^2$, $u=\sin v$, $v=x-1$;　　(4) $y=3^u$, $u=\sin v$, $v=\dfrac{1}{x}$;

　　(5) $y=u^2$, $u=\tan x$;　　　　　　　(6) $y=\arctan u$, $u=\sqrt{v}$, $v=x+1$;

　　(7) $y=\ln u$, $u=\ln v$, $v=\ln x$;　　(8) $y=\log_3 u$, $u=2+3x^2$.

26. (1) $y=\dfrac{x+1}{3}$;　　　　　　　　(2) $y=(x-1)^2\,(x\geqslant 1)$;

　　(3) $y=-1+\lg x$;　　　　　　　　(4) $y=10^x-2$.

27. (1) $\dfrac{\pi}{2}$;　　　(2) $\dfrac{\pi}{2}$;　　　(3) $\dfrac{\pi}{4}$;　　　(4) $\dfrac{\pi}{6}$.

28. (1) $f_1(x)=320+1.2x$,　$f_2(x)=400+0.8x$;

　　(2) 当 $f_1(x)=f_2(x)$ 时，$x=200$，于是 $x>200$ 时，选费用 $f_2(x)$ 的出租车公司更便宜；当 $x<200$ 时，选费用 $f_1(x)$ 的出租车公司更便宜.

29. $U=-\dfrac{3}{5}t+12$.

30. $y=\begin{cases}2.40x, & x\leqslant 20 \\ 48+2.2(x-20), & 20<x\leqslant 50 \\ 114+2.0(x-50), & 50<x\leqslant 100 \\ 214+1.8(x-100), & x>100\end{cases}$. 图像略.

拓展探究练习

1. 均衡价格为 $p_0=3.45$.

2. $R=\begin{cases}ax, & 0\leqslant x\leqslant 50 \\ 50a+0.9a(x-50), & x>50\end{cases}$.

3. （1）12；（2）该商品的盈亏平衡点是 $q=2$ 或 $q=9$，当 $2<q<9$ 时盈利，$q>9$，$q<2$ 时亏损.

4. $\left(16\sqrt{2}+16-\dfrac{\pi}{2}\right)\mathrm{m}^2$.

模块二　极限与连续

任务一　极限的概念

评估检测答案

1. （1）0；　　　（2）2；　　（3）1；　　　（4）4.

2. $\lim\limits_{x\to 0^+}f(x)=0$，$\lim\limits_{x\to 0^-}f(x)=0$，$\lim\limits_{x\to 0}f(x)=0$.

3. $\lim\limits_{x\to 1^+}f(x)=2$，$\lim\limits_{x\to 1^-}f(x)=2$，$\lim\limits_{x\to 1}f(x)=2$.

4. $\lim\limits_{x\to 0^+}f(x)=2$，$\lim\limits_{x\to 0^-}f(x)=-1$，$\lim\limits_{x\to 0}f(x)$不存在.

专本对接答案

1. D.　　 2. A.　　 3. B.　　 4. 极限不存在.

任务二　极限的运算

评估检测答案

1. （1）$\lim\limits_{x\to 1}(5x^3-1)=5\lim\limits_{x\to 1}x^3-1=5\times 1-1=4$；

（2）$\lim\limits_{x\to 0}\dfrac{3x-2}{x^3-1}=\dfrac{\lim\limits_{x\to 0}(3x-2)}{\lim\limits_{x\to 0}(x^3-1)}=\dfrac{-2}{-1}=2$；

（3）$\lim\limits_{x\to 2}\dfrac{x^2-4}{x-2}=\lim\limits_{x\to 2}\dfrac{(x+2)(x-2)}{x-2}=\lim\limits_{x\to 2}(x+2)=4$；

（4）$\lim\limits_{x\to\infty}\dfrac{x^2+x-1}{3x^2-2x}=\lim\limits_{x\to\infty}\dfrac{1+\dfrac{1}{x}-\dfrac{1}{x^2}}{3-\dfrac{2}{x}}=\dfrac{1}{3}$；

（5）$\lim\limits_{x\to 2}\left(\dfrac{1}{x-2}-\dfrac{4}{x^2-4}\right)=\lim\limits_{x\to 2}\dfrac{x+2-4}{x^2-4}=\lim\limits_{x\to 2}\dfrac{x-2}{(x+2)(x-2)}=\lim\limits_{x\to 2}\dfrac{1}{x+2}=\dfrac{1}{4}$；

(6) $\lim\limits_{x\to 0}\dfrac{\sqrt{1-x}-1}{x}=\lim\limits_{x\to 0}\dfrac{(\sqrt{1-x}-1)(\sqrt{1-x}+1)}{x(\sqrt{1-x}+1)}=\lim\limits_{x\to 0}\dfrac{-x}{x(\sqrt{1-x}+1)}=-\dfrac{1}{2}.$

2. (1) $\lim\limits_{x\to\infty}x\tan\dfrac{1}{x}=\lim\limits_{x\to\infty}\dfrac{\sin\dfrac{1}{x}}{\dfrac{1}{x}}\cdot\dfrac{1}{\cos\dfrac{1}{x}}=1\times 1=1;$

(2) $\lim\limits_{x\to 0}\dfrac{\sin 3x}{\sin 4x}=\lim\limits_{x\to 0}\dfrac{\sin 3x}{3x}\cdot\dfrac{4x}{\sin 4x}\cdot\dfrac{3x}{4x}=\dfrac{3}{4}\lim\limits_{x\to 0}\dfrac{\sin 3x}{3x}\lim\limits_{x\to 0}\dfrac{4x}{\sin 4x}=\dfrac{3}{4};$

(3) $\lim\limits_{x\to\infty}\left(1+\dfrac{2}{x}\right)^{x}=\lim\limits_{x\to\infty}\left(1+\dfrac{2}{x}\right)^{\frac{x}{2}\times 2}=\left[\lim\limits_{x\to\infty}\left(1+\dfrac{2}{x}\right)^{\frac{x}{2}}\right]^{2}=\mathrm{e}^{2};$

(4) $\lim\limits_{x\to 0}(1-2x)^{\frac{1}{x}}=\lim\limits_{x\to 0}(1-2x)^{-\frac{1}{2x}\times(-2)}=\left[\lim\limits_{x\to 0}(1-2x)^{-\frac{1}{2x}}\right]^{-2}=\mathrm{e}^{-2};$

(5) $\lim\limits_{x\to\infty}\left(1+\dfrac{1}{x}\right)^{x-1}=\lim\limits_{x\to\infty}\left(1+\dfrac{1}{x}\right)^{x}\cdot\lim\limits_{x\to\infty}\left(1+\dfrac{1}{x}\right)^{-1}=\mathrm{e}\times 1=\mathrm{e};$

(6) $\lim\limits_{x\to\infty}\left(\dfrac{x+1}{x-1}\right)^{2x}=\dfrac{\lim\limits_{x\to\infty}\left(1+\dfrac{1}{x}\right)^{2x}}{\lim\limits_{x\to\infty}\left(1-\dfrac{1}{x}\right)^{2x}}=\dfrac{\mathrm{e}^{2}}{\mathrm{e}^{-2}}=\mathrm{e}^{4}.$

专本对接答案

1. $\dfrac{2}{3}.$　　2. 0.　　3. C.　　4. C.　　5. D.

任务三　无穷小与无穷大

评估检测答案

1. (1) 当 $x\to 0$ 时是无穷小，当 $x\to 5$ 时是无穷大；

(2) 当 $x\to 0$ 时是无穷小，当 $x\to -1$ 或 $x\to +\infty$ 时是无穷大.

2. (1) 因为 $x\to 0$ 时 $x\to 0$，$\left|\sin\dfrac{1}{x}\right|\leqslant 1$，所以 $\lim\limits_{x\to 0}x\sin\dfrac{1}{x}=0$（无穷小与有界量的乘积为无穷小量）；

(2) 因为 $x\to\infty$ 时 $\dfrac{1}{x}\to 0$，$|\arctan x|<\dfrac{\pi}{2}$，所以 $\lim\limits_{x\to\infty}\dfrac{\arctan x}{x}=0$（无穷小与有界量的乘积为无穷小量）；

(3) 因为 $x\to 0$ 时 $1-\cos x\sim\dfrac{1}{2}x^{2}$，$\sin 3x\sim 3x$，所以 $\lim\limits_{x\to 0}\dfrac{1-\cos x}{\sin 3x}=\lim\limits_{x\to 0}\dfrac{\dfrac{1}{2}x^{2}}{3x}=\lim\limits_{x\to 0}\dfrac{x}{6}=0;$

(4) 因为 $x\to\infty$ 时 $\dfrac{1}{\sqrt{1+x^{2}}}\to 0$，$|\cos x|\leqslant 1$，所以 $\lim\limits_{x\to\infty}\dfrac{\cos x}{\sqrt{1+x^{2}}}=0.$

专本对接答案

1. D.　　2. D.　　3. C.　　4. B.

任务四 函数的连续性

评估检测答案

1. （1）$x=1$，$x=-1$ 都是第二类无穷间断点；（2）$x=1$ 是第一类跳跃间断点；

   （3）$x=0$ 是第二类振荡间断点；（4）$x=0$ 是第一类可去间断点．

2. （1）$x=1$ 处不连续，因为 $\lim\limits_{x\to 1^-}f(x)=0$，$\lim\limits_{x\to 1^+}f(x)=2$，$\lim\limits_{x\to 1^-}f(x)\neq\lim\limits_{x\to 1^+}f(x)$；

   （2）$x=0$ 处连续，因为 $\lim\limits_{x\to 0}f(x)=f(0)=0$．

3. （1）$\lim\limits_{x\to 2}\sqrt{\dfrac{x-2}{x^2-4}}=\sqrt{\lim\limits_{x\to 2}\dfrac{x-2}{x^2-4}}=\sqrt{\lim\limits_{x\to 2}\dfrac{1}{x+2}}=\dfrac{1}{2}$；

   （2）$\lim\limits_{x\to 0}\ln\dfrac{\sin x}{x}=\ln\lim\limits_{x\to 0}\dfrac{\sin x}{x}=\ln 1=0$；

   （3）$\lim\limits_{x\to 0}\dfrac{\ln(1+x)}{x}=\lim\limits_{x\to 0}\dfrac{1}{x}\ln(1+x)=\lim\limits_{x\to 0}\ln(1+x)^{\frac{1}{x}}=\ln\lim\limits_{x\to 0}(1+x)^{\frac{1}{x}}=\ln e=1$．

4. 设 $f(x)=x^3+2x-8$，显然 $f(x)$ 在 $[1,3]$ 上连续．又 $f(1)=-5<0$，$f(2)=4>0$．由零点定理，至少存在一点 $\xi\in(1,3)$ 使得 $f(\xi)=0$，方程 $x^3+2x-8=0$ 在 $(1,3)$ 内至少有一个实根．即方程 $x^3+2x=8$ 在 $(1,3)$ 内至少有一个实根．

专本对接答案

1. B.　　2. A.　　3. C.　　4. C.

任务五 函数极限实验

评估检测答案

1. ans＝Inf.　　　　2. ans＝1/4.　　　　3. ans＝1/2.

4. ans＝exp(2).　　5. ans＝3/5.　　　　6. ans＝1/2.

综合实训答案

基础过关检测

一、1. A.　　2. A.　　3. B.　　4. B.

二、5. $-\dfrac{1}{2}$.　　6. e^k.　　7. -3.

三、计算题

8. （1）$\lim\limits_{x\to 4}\dfrac{\sqrt{2x+1}-3}{\sqrt{x}-2}=\lim\limits_{x\to 4}\dfrac{(\sqrt{2x+1}-3)(\sqrt{2x+1}+3)}{(\sqrt{x}-2)(\sqrt{2x+1}+3)}=\lim\limits_{x\to 4}\dfrac{2(\sqrt{x}+2)}{\sqrt{2x+1}+3}=\dfrac{4}{3}$；

   （2）$\lim\limits_{x\to 0}\dfrac{\sqrt{x+9}-3}{\sin 4x}=\lim\limits_{x\to 0}\dfrac{4x}{\sin 4x}\cdot\dfrac{1}{4(\sqrt{x+9}+3)}=\dfrac{1}{24}$；

(3) $\lim\limits_{n\to\infty}\left[\dfrac{1}{1\times2}+\dfrac{1}{2\times3}+\cdots+\dfrac{1}{n(n+1)}\right]=\lim\limits_{n\to\infty}\left(\dfrac{1}{1}-\dfrac{1}{2}+\dfrac{1}{2}-\dfrac{1}{3}+\cdots+\dfrac{1}{n}-\dfrac{1}{n+1}\right)$

$$=\lim\limits_{n\to\infty}\left(1-\dfrac{1}{n+1}\right)=1;$$

(4) $\lim\limits_{x\to1}\left(\dfrac{2}{1-x^2}-\dfrac{x}{1-x}\right)=\lim\limits_{x\to1}\dfrac{2-x-x^2}{1-x^2}=\lim\limits_{x\to1}\dfrac{x+2}{x+1}=\dfrac{3}{2}.$

9. $\lim\limits_{x\to0}f(x)=\lim\limits_{x\to0}3x=0;$ $\lim\limits_{x\to1^-}f(x)=\lim\limits_{x\to1^-}3x=3,$ $\lim\limits_{x\to1^+}f(x)=\lim\limits_{x\to1^+}3x^2=3.$ $\lim\limits_{x\to1^-}f(x)=\lim\limits_{x\to1^+}f(x)=3,$ $\lim\limits_{x\to1}f(x)=3;$ 因为 $f(1)=2$，所以 $f(x)$ 的 $x=1$ 处不连续.

四、应用题

10. 因为边长为 a 的等边三角形的面积为 $\dfrac{\sqrt{3}}{4}a^2$，所以这些等边三角形的面积之和为 $s=$

$\dfrac{\sqrt{3}}{4}a^2\left(1+\dfrac{1}{4}+\dfrac{1}{16}+\cdots+\dfrac{1}{4^n}\right)=\dfrac{\sqrt{3}}{4}a^2\lim\limits_{n\to\infty}\dfrac{1-\dfrac{1}{4^n}}{1-\dfrac{1}{4}}=\dfrac{\sqrt{3}}{4}a^2\times\dfrac{4}{3}=\dfrac{\sqrt{3}}{3}a^2.$

拓展探究练习

1. C.   2. B.   3. C.   4. 函数在点 $x=0$ 不连续.

模块三　导数与微分

任务一　导数的概念

评估检测答案

1. (1) 5;   (2) -2;   (3) $2a$.

2. $f'(2)=4.$

3. 切线方程：$x-4y+4=0$；法线方程：$4x+y-18=0.$

4. 切线方程为：$3x-12y-1=0$；$3x-12y+1=0.$

5. $a=2$，$b=-1.$

专本对接答案

1. A.   2. B.   3. C.   4. D.   5. $(1,1)$，$(-1,1).$

任务二　导数基本公式与四则运算法则

评估检测答案

1. (1) $f'(x)=6x^2-10x+3$;   (2) $f'(x)=6x\ln x+3x$;

(3) $f'(x)=\dfrac{2e^x}{(1-e^x)^2}$;   (4) $f'(x)=15x^2-2^x\ln2+3e^x$;

(5) $f'(x)=\cos2x$;   (6) $f'(x)=\sec x(2\sec x+\tan x).$

174 | 应用高等数学

2. (1) $\dfrac{3}{25}$；   (2) $-\dfrac{1}{18}$.

3. $-2x$.

4. $\left(2,\dfrac{3}{2}\right)$.

专本对接答案

1. C.   2. $f'(x)=-\dfrac{x\sin x+\cos x}{x^2}$.

3. $y'=2x+\dfrac{1}{x}+\sin x$.   4. $y'(2)=\dfrac{\sqrt{2}+1}{4}$.

5. $2x-3y+1=0$.   6. $y=2$ 和 $y=\dfrac{2}{3}$.

任务三　复合函数、反函数、隐函数和参数方程求导

评估检测答案

1. (1) $y'=20x(x^2+1)^9$；   (2) $y'=-\sin 2x$；   (3) $y'=\dfrac{2x}{1+x^2}$；

(4) $y=-\mathrm{e}^{-x}$；   (5) $y'=\dfrac{1}{2\sqrt{x+\sqrt{x+\sqrt{x}}}}\left[1+\dfrac{1}{2\sqrt{x+\sqrt{x}}}\left(1+\dfrac{1}{2\sqrt{x}}\right)\right]$；

(6) $y'=\dfrac{2\ln x}{3x\sqrt[3]{(1+\ln^2 x)^2}}$.

2. (1) $\dfrac{2}{3(1-y^2)}$；   (2) $\dfrac{y-x^2}{y^2-x}$；   (3) $\dfrac{-\mathrm{e}^y}{1+x\mathrm{e}^y}$；   (4) $-\dfrac{y^2}{xy+1}$.

3. (1) $\dfrac{3t^2-1}{2t}$；   (2) $-4\sin t$.

4. $\dfrac{f(x)f'(x)+g(x)g'(x)}{\sqrt{f^2(x)+g^2(x)}}$.

5. $y'=(\sin x)^x(\ln\sin x+x\cot x)$.

专本对接答案

1. B.   2. D.   3. 0.   4. 15.   5. $2\mathrm{e}^{f(2\sin x)}f'(2\sin x)\cos x$.   6. $\dfrac{\cos t}{4t}$.

任务四　高阶导数

评估检测答案

1. (1) $4-\dfrac{1}{x^2}$；   (2) $-2\sin x-x\cos x$；   (3) $4\mathrm{e}^{2x-1}$；

(4) $-\dfrac{1}{(1-x)^2}$；   (5) $\dfrac{6x(2x^3-1)}{(x^3+1)^3}$；   (6) $\dfrac{\mathrm{e}^x(x^2-2x+2)}{x^3}$.

2. (1) e^x；　　　　(2) $(x^m)^{(n)} = \begin{cases} 0, & m < n \\ n!, & m = n \\ \dfrac{m!}{(m-n)!}x^{m-n}, & m > n \end{cases}$.

3. 求得 $y'' = -\dfrac{1}{\sqrt{(2x-x^2)^3}} = -\dfrac{1}{y^3}$，代入方程，得证.

4. $-\dfrac{\sqrt{3}}{6}\pi A$，$-\dfrac{1}{18}\pi^2 A$.

专本对接答案

1. $\dfrac{1}{x}$.　　2. $-4\cos 2x$.　　3. $(2+x)e^x$.　　4. 2.

任务五　微分及其应用

评估检测答案

1. (1) $\left(\dfrac{\sqrt{x}}{x} - \dfrac{1}{x^2}\right)dx$；　　(2) $(\sin x + x\cos x)dx$；　　(3) $\dfrac{2\ln(1-x)}{x-1}dx$；

(4) $(x^2+1)^{-\frac{3}{2}}dx$；　　(5) $(2x+\cos x)e^{x^2+\sin x}dx$；　　(6) $\dfrac{1}{2\sqrt{x(1-x)}}dx$.

2. (1) $\sqrt{x}+C$；　　(2) $-\cos x + C$；　　(3) $\dfrac{3}{2}x^2 + C$；

(4) $\dfrac{e^{2x}}{2} + C$；　　(5) $-\dfrac{1}{x} + C$；　　(6) $-\ln|1-x| + C$.

3. (1) 0.87476；　　(2) 9.9867；　　(3) 0.002.

4. 约减少 43.63cm^2；约增加 104.67cm^2.

5. 3.14cm^2.

专本对接答案

1. $\dfrac{1}{\sqrt{2+x^2}}dx$.

2. $(3-2x)dx$.

3. $\dfrac{1}{2}dx$.

4. $\left(14 + \dfrac{8}{\ln 2}\right)dx$.

5. $e^x f'(e^x)dx$.

任务六　函数求导实验

评估检测答案

1. $2*x + 1/x$.

2. $3*\sin(3*x) - 3*\cos(x)^2 * \sin(x)$.

3. $\cos(4*x)/(2*x^{\wedge}(1/2))-4*x^{\wedge}(1/2)*\sin(4*x)+4/x.$

综合实训

基础过关检测

一、选择题

1. C.　　　2. C.　　　3. D.　　　4. B.　　　5. A.　　　6. B.　　　7. D.　　　8. D.　　　9. D.

10. C.

二、填空题

11. $\dfrac{1}{4}$.　　　　12. $k=1$.　　　　13. $a=\dfrac{3}{2}$，$b=-\dfrac{1}{2}$.　　　　14. $\left(3x^2+\dfrac{1}{1+x}\right)\mathrm{d}x.$

15. $2\mathrm{e}^x+x\mathrm{e}^x$.　　16. $y'=\dfrac{y-2x}{2y-x}$.　　17. $a=3$.　　　　18. $k=2$.

19. -1.　　　20. $\dfrac{12x^3}{3x^4+2}\mathrm{d}x.$

三、计算题

21. 不可导.　　22. 不可导.　　23. $f'(0)=2$.　　24. 连续，不可导.

25. $a=\dfrac{1}{2}$，$b=-\dfrac{1}{2}$.

26. （1）$4\mathrm{e}^{4x}$；　　　　　　　　　　　　　（2）$-\dfrac{1}{2}\sin x$；

　　（3）$\dfrac{1}{2(1+x)}$；　　　　　　　　　　　（4）$3\sin(4-3x)-2x\sin x^2$；

　　（5）$\sin x\ln x+x\cos x\ln x+\sin x$；　　　　（6）$-\dfrac{1}{x^2}\cos\dfrac{1}{x}\mathrm{e}^{\sin\frac{1}{x}}.$

27. （1）$(2x+\sin 2x-3)\mathrm{d}x$；　　　　　　　（2）$(\ln x+1-2x)\mathrm{d}x$；

　　（3）$\sin 2x\,\mathrm{e}^{\sin^2 x}\mathrm{d}x$；　　　　　　　（4）$\dfrac{1}{3}(1+\sin x)^{-\frac{2}{3}}\cos x\,\mathrm{d}x.$

28. （1）2；　　　（2）5；　　　（3）-3；　　　（4）$\mathrm{e}^x(n+x)$.

四、应用题

29. $y=2$.

30. $3x-y-4=0$.

31. 切线方程 $y=-x$ 和法线方程 $y=x-2$.

32. $\dfrac{2xy}{\cos y+2\mathrm{e}^{2y}-x^2}.$

33. 6.

拓展探究练习

1. $12+2\mathrm{e}^4$，$6+4\mathrm{e}^4$.

2. $2\mathrm{e}^{-t}(2\pi\cos 2\pi t-\sin 2\pi t)$.

3. $30\mathrm{m}^3$.

4. 110.

5. 28.

模块四 导数的应用

任务一 拉格朗日中值定理、洛必达法则

评估检测答案

1. $\xi=\sqrt[3]{\dfrac{15}{4}}\in(1,2)$.

2. (1) $\dfrac{1}{2}$；　　(2) $\cos a$；　　(3) 4；　　(4) 1；　　(5) $\dfrac{\sqrt{3}}{3}$.

专本对接答案

1. 2.

2. 0.

3. -1.

4. 2.

5. $\dfrac{1}{6}$.

任务二 函数的单调性与极值、最值

评估检测答案

1. 函数在 $(-\infty,+\infty)$ 上单调减少.

2. 函数在 $(-\infty,1)$ 与 $(3,+\infty)$ 内是单调增加的，在 $(1,3)$ 内是单调减少的.

3. 函数在 $x_1=-1$ 处有极大值 $f(-1)=2$，在 $x_3=1$ 处也有极大值 $f(1)=2$，而在 $x_2=0$ 处有极小值 $f(0)=0$.

4. 函数的极小值点为 $x=0$，极小值为 $f(0)=0$，没有极大值点和极大值.

5. 最大值 $f(4)=57$，最小值 $f(2)=5$.

6. 当 $x=1$ 时，最小值为 1，当 $x=-1$ 时，最大值为 3.

专本对接答案

1. B.

2. D.

3. $(-\infty,-1]$，$[1,+\infty)$ 为单调递增区间；$(-1,1)$ 为单调递减区间. 在 $x=-1$ 处取得极大值 $f(-1)=2$，$x=1$ 处取得极小值 $f(1)=-2$.

4. B.

5. 8.

6. 8.

7. -5.

8. 16.

任务三 曲线凹凸性与拐点

评估检测答案

1. 没有拐点，在正半轴上是凹的.

2. 拐点为 $(0,0)$，在 $(-\infty,-1)$，$(0,1)$ 上是凸的，在 $(-1,0)$，$(1,+\infty)$ 上是凹的.

3. 没有拐点，在 **R** 上是凹的.

专本对接答案

1. $(1,13)$.

2. $(2,-17)$.

3. $(-1,2)$.

4. B.

5. C.

任务四 导数应用实验

评估检测答案

1. 极小值 $f(-0.8846)=-2.0548$.

2. 极小值为 $f(3)=-23$；极大值为 $f(-1)=9$.

综合实训答案

一、选择题

1. C.　　2. B.　　3. A.　　4. B.　　5. C.　　6. A.　　7. B.　　8. C.　　9. D.

10. A.

二、填空题

11. $\left[\dfrac{1}{2},+\infty\right)$，$\left(0,\dfrac{1}{2}\right]$.　　　12. $\left(-\infty,\dfrac{5}{3}\right]$，$\left[\dfrac{5}{3},+\infty\right)$，$\left(\dfrac{5}{3},\dfrac{20}{27}\right)$.

13. 0，0.　　14. 11，-14.

三、计算题

15. $(-\infty,-1)$ 与 $(3,+\infty)$ 为单调增加区间，$(-1,3)$ 为单调减少区间.

16. $(-\infty,0]$ 与 $(2,+\infty)$ 为单调减少区间，$(0,2)$ 为单调增加区间.

17. $\left(0,\dfrac{\pi}{3}\right)$ 与 $\left(\dfrac{5\pi}{3},2\pi\right)$ 为单调减少区间，$\left(\dfrac{\pi}{3},\dfrac{5\pi}{3}\right)$ 为单调增加区间.

18. 极大值 $y(\sqrt[3]{2})=\dfrac{\sqrt[3]{2}}{6}$.

19. 极大值 $y(\mathrm{e})=\dfrac{1}{\mathrm{e}}$.

20. 极小值 $y(\pm 1)=2$.

21. 在 $[0,2\pi)$ 内，极小值 $y\left(\dfrac{\pi}{4}\right)=\dfrac{\sqrt{2}}{2}$ 和 $y(\pi)=y\left(\dfrac{3\pi}{2}\right)=-1$，极大值 $y(0)=y\left(\dfrac{\pi}{2}\right)=1$

和 $y\left(\dfrac{5\pi}{4}\right)=-\dfrac{\sqrt{2}}{2}$.

22. 极大值 $y(-1)=3$.

23. 极大值 $y(1)=\dfrac{\pi}{4}-\dfrac{1}{2}\ln 2$.

24. 最小值 $f\left(\dfrac{1}{2}\right)=\dfrac{3}{5}$, 最大值 $f(0)=f(1)=1$.

25. 最大值 $f\left(\dfrac{\pi}{4}\right)=1$, 最小值 $f(0)=0$.

26. $(-\infty,1)$ 为凸区间, $(1,+\infty)$ 为凹区间, $(1,-1)$ 为拐点.

27. $(0,1)$ 为凸区间, $(1,+\infty)$ 为凹区间, $(1,-7)$ 为拐点.

四、应用题

28. $a=-\dfrac{2}{3}$, $b=-\dfrac{1}{6}$, $f(x)$ 在 $x_1=1$ 处取得极小值, 在 $x_2=2$ 处取得极大值.

29. 售出价格定为 60 元可使利润最大.

拓展探究练习

1. 函数在 $(-\infty,1)$ 内是单调减少, 在 $(1,+\infty)$ 内是单调增加.

2. 极大值点为 $x=0$, 极大值为 $f(0)=0$, 极小值点为 $x=1$, 极小值为 $f(1)=-\dfrac{1}{2}$.

3. $\dfrac{1}{2}e^2-1$.

模块五 积分及其应用

任务一 定积分的概念

评估检测答案

1. (1) $\displaystyle\int_1^2 x^3\,\mathrm{d}x$; (2) $\displaystyle\int_1^2 \ln x\,\mathrm{d}x-\int_{\frac{1}{e}}^1 \ln x\,\mathrm{d}x$.

2. (1) 0; (2) 0; (3) $\dfrac{\pi}{2}r^2$.

3. (1) $>$; (2) $<$; (3) $<$; (4) $>$.

4. 图形略; $2\displaystyle\int_0^1 x^3\,\mathrm{d}x=\dfrac{1}{2}$.

专本对接答案

1. 0. 2. 12. 3. B.

任务二 微积分基本公式

评估检测答案

1. (1) $x^3+\dfrac{2}{3}x^{\frac{3}{2}}-2\ln|x|+C$; (2) $\dfrac{10^x}{\ln 10}+\dfrac{x^{11}}{11}+C$; (3) $x^3-\arctan x+C$;

(4) $\dfrac{2}{3}x^{\frac{3}{2}}-3x+C$; (5) $e^x-5\sin x+C$; (6) $\dfrac{e^x 2^x}{1+\ln 2}+\arcsin x+C$;

(7) $\dfrac{1}{2}x-\dfrac{1}{2}\sin x+C$；　　　　(8) $\tan x-\sec x+C$.

2. (1) $\dfrac{1}{2}$；　　(2) $\dfrac{6}{\ln 2}$；　　(3) $\dfrac{271}{6}$；　　(4) 2.

3. 所求的运动方程为 $s(t)=\dfrac{1}{3}t^3+t+\dfrac{5}{3}$.

专本对接答案

1. C.　　　2. D.　　3. A.

任务三　换元积分法

评估检测答案

1. (1) $\dfrac{1}{5}\mathrm{e}^{5x-2}+C$；　　　　(2) $\dfrac{1}{18}(3x+1)^6+C$；　　　(3) $-\dfrac{1}{2}\sin(1-2x)+C$；

(4) $\dfrac{2^{2x+2}}{\ln 2}+C$；　　　　(5) $\dfrac{1}{\cos x}+C$；　　　　(6) $\dfrac{1}{3}\ln^3 x+C$；

(7) $\dfrac{1}{2}\ln(1+x^2)+C$；　　(8) $\dfrac{1}{3}(1+x^2)^{\frac{3}{2}}+C$.

2. (1) $\dfrac{1}{5}\ln 6$；　　(2) $\dfrac{1}{3}$；　　(3) $\dfrac{1}{2}(\mathrm{e}-1)$；　　(4) $\dfrac{1}{2}\ln 2$.

3. (1) $-2\sqrt{x}+2\ln\left|1-\sqrt{x}\right|+C$；　　(2) $2(\sqrt{x-1}-\arctan\sqrt{x-1})+C$.

专本对接答案

1. $\mathrm{e}^{x^3}+C$.　　2. $\dfrac{1}{3}\sin\left(3x-\dfrac{\pi}{4}\right)+C$.　　3. $\mathrm{e}^{\sin x}+C$.　　4. $\dfrac{1}{10}(2x+1)^5+C$.

任务四　分部积分法

评估检测答案

1. (1) $x\ln x-x+C$；　　　　(2) $x\arcsin x+\sqrt{1-x^2}+C$；　　(3) $-\mathrm{e}^{-x}(x+1)+C$；

(4) $\dfrac{1}{3}x^3\ln x-\dfrac{1}{9}x^3+C$；　(5) $-2x\cos\dfrac{x}{2}+4\sin\dfrac{x}{2}+C$；　(6) $-x\cos x+\sin x+C$.

2. (1) $1-2\mathrm{e}^{-1}$；　　　　(2) $2\ln 2-\dfrac{3}{4}$.

专本对接答案

1. $\dfrac{\pi}{2}-1$.　　2. $\dfrac{\pi}{4}$.　　3. $\dfrac{\pi}{8}-\dfrac{1}{4}$.　　4. $\dfrac{7}{3}$.

任务五　微元法及其应用

评估检测答案

1. (1) $\dfrac{14}{3}$；　　(2) $\dfrac{9}{2}$；　　(3) $\dfrac{3}{2}-\ln 2$；　　(4) $\mathrm{e}+\dfrac{1}{\mathrm{e}}-2$.

2. （1）$\dfrac{15}{2}\pi$；$\dfrac{124}{5}\pi$；　　　（2）$\dfrac{\pi^2}{4}$；2π．

专本对接答案

1. （1）$\dfrac{4}{3}$；　　　　　　　（2）$\dfrac{64}{15}\pi$．

2. （1）$\dfrac{1}{2}$；　　　　　　　（2）$\dfrac{8}{21}\pi$．

3. （1）$e^2+e^{-2}-2$；　　　（2）$\dfrac{\pi}{2}e^4+\dfrac{\pi}{2}e^{-4}-\pi$．

任务六　积分实验

评估检测答案

1. （1）ans＝atan(x)；　　　　　（2）ans＝atan(3＋x)；

   （3）ans＝－1/x＋atan(x)；　　（4）ans＝－(exp(x) * (cos(x)－sin(x)))/2．

2. （1）ans＝1；　　　　　　　（2）ans＝1/2 * pi；

   （3）ans＝1；　　　　　　　（4）ans＝1/2 * exp(pi)^2－7/6．

综合实训答案

基础过关检测

一、选择题

1. B.　　2. A.　　3. D.　　4. C.　　5. D.　　6. B.　　7. A.　　8. A.　　9. C.

10. B.

二、填空题

11. $2^x\ln2$.　　　12. $\ln x+1$.　　　13. $f(\ln x)+C$.　　　14. $\ln F(x)+C$.

15. 2.　　　16. $x-\dfrac{3}{4}$.　　　17. -5.　　　18. $y=x^2$.

19. $\dfrac{1}{2}f(2x)+C$.　　20. -1.

三、求下列不定积分

21. $\sin x+C$.　　　22. $\ln|x|+C(x\neq0)$.　　　23. $\dfrac{3}{5}x^{\frac{5}{3}}-\dfrac{3}{2}x^{\frac{4}{3}}+x+C$.

24. $-\ln|\cos x|+C$.　　25. $-\dfrac{1}{2}\ln|1-4x|+C$.　　26. $-\arctan(\cos x)+C$.

27. $-\dfrac{2}{9}(3-x^3)^{\frac{3}{2}}+C$.　　28. $2\sqrt{x}-2\ln(1+\sqrt{x})+C$.　　29. $\sin x-\cos x+C$.

30. $2\arctan x-x+C$.

四、求下列定积分

31. $\dfrac{\pi}{4}+1$.　　　32. $-\dfrac{1}{10}$.　　　33. $-\dfrac{2}{5}$.　　　34. $\ln3$.　　　35. 4.

36. $1+\ln\dfrac{3}{2e+1}$.　　　37. $\dfrac{4}{15}$.　　　38. $2\ln2-1$.　　　39. 2π.　　　40. π.

五、应用题

41. $\dfrac{1}{6}$.　　42. $4-2\ln2$.　　43. $2\sqrt{2}$.　　44. $b=\sqrt{2}-1$，a 为大于零的任意常数.

45. $a=\dfrac{1}{e}$，切点为 $(e^2,1)$；$\dfrac{1}{6}e^2-\dfrac{1}{2}$.　　46. $V_x=2\pi$，$V_y=\dfrac{16}{5}\pi$.

47. $V_x=\dfrac{16}{5}\pi$；$V_y=2\pi$.　　48. $\dfrac{4}{3}$，$\dfrac{4}{3}\pi$.　　49. $\dfrac{1}{7}\pi$.　　50. $\dfrac{14}{15}\pi$.

拓展探究练习

1. $y=\dfrac{a}{2}(e^{\frac{x}{a}}+e^{-\frac{x}{a}})$.

2. $s=\dfrac{1}{3}t^3+\dfrac{1}{2}t^2+t$.

3. $0.75J$.

4. $1875\pi g\,kJ$.

5. $l\ln(4l)-l$；$\ln(4l)-1$.

任务单实训册

任务单模块一 函数与几何

任务一 函数的概念

姓名			学号		班级	
单元		函数的概念			次序	第1单元
任务得分	课前预习 （20分）	课上任务 （30分）	课堂练习 （20分）	知识总结 （20分）	课后任务 （10分）	成　绩

课前预习 （20分）	1.函数概念：设 x 和 y 是两个变量，D 是一个非空实数集，如果对于数集 D 中的每一个数 x 按照一定的_____都有唯一确定的实数 y 与之对应，则称 f 是定义在数集 D 上的函数，记作_____.其中 D 称为函数的_____，x 称为_____，y 称为_____.（5分） 2.函数的两个要素是_____，只有这两个要素都相同时，才是同一个函数，而函数的_____通常由函数的解析式给出.（2分） 3.函数有三种表示法分别是_____、_____、_____.（3分） 4.写出2个学过的函数并画出其图像.（10分）

课上任务 （30分）	某企业投资100万元开发新产品，第一年获利10万元，从第二年开始每年获利比上一年增加20％，如果企业未来发展稳定，你觉得从哪年开始企业的获利总和会超过投入的资金？ 设 n 年后企业获利总和超过投入资金. 1.一年后企业获利为_____；（5分） 2.两年后企业获利为_____；（5分） 3.三年后企业获利为_____；（5分） 4.n 年后企业获利为_____；（5分） 获利总和超过投入资金，列式为_____；（5分） 计算可得从第_____年开始企业的获利总和会超过投入资金.（5分）

186 | 应用高等数学

续表

姓名			学号		班级	
单元		函数的概念		次序		第 1 单元
任务得分	课前预习 （20 分）	课上任务 （30 分）	课堂练习 （20 分）	知识总结 （20 分）	课后任务 （10 分）	成　绩

课堂练习 （20 分）	1.求下列函数的定义域.（10 分） （1）$y=\sqrt{x+2}$；（5 分）　　　　　　（2）$y=\dfrac{\ln(2-x)}{x+1}$.（5 分） 2.求下列函数值.（10 分） （1）已知 $f(x)=3x+1$，求 $f(x^2)$ 和 $[f(x)]^2$；（5 分） （2）设 $f(x)=x^2-4x+3$，求 $f(0)$ 和 $f(x-1)$.（5 分）
知识总结 （20 分）	1.函数定义域的求解有几种情况？（10 分） 2.函数的性质有几种？分别如何来研究？（10 分）
课后任务 （10 分）	小王工作三年后在 2023 年想买车，在银行贷款 10 万元，利率为 4.75％，他计划三年内连本带息一次付清，麻烦你帮他算一下，三年后他一共要还多少钱？（10 分）

任务二　初等函数

姓名		学号		班级	
单元		初等函数		次序	第2单元
任务得分	课前预习 (29分)	课上任务 (20分)	课堂练习 (21分)	知识总结 (20分)	课后任务 (10分)	成　绩

课前预习 (29分)

1. 填写表格中幂函数性质. (12分)

函数	图像	定义域	奇偶性	周期性	有界性	单调性
$y=x$						
$y=x^2$						
$y=x^3$						
$y=x^{-1}$						

2. 填写表格中指数和对数性质. (8分)

表达式	名称	图像	定义域	奇偶性	周期性	有界性	单调性	共性
$y=a^x$ $(0<a<1)$								
$y=\log_a x$ $(0<a<1)$								

3. 填写表格中三角函数性质. (9分)

表达式	图像	定义域	奇偶性	周期性	有界性	单调性
$y=\sin x$						
$y=\cos x$						
$y=\tan x$						

课上任务 (20分)

某工厂生产一圆锥零件，如图所示，D 为最大圆锥直径（工件大端直径，cm），d 为最小圆锥直径（工件小端直径，cm），L 为锥形长度（cm），C 为锥度，$C=\dfrac{D-d}{L}$，指最大圆锥直径与最小圆锥直径之差与锥形长度之比.

若测得 $D=50\mathrm{cm}$，$d=30\mathrm{cm}$，$L=60\mathrm{cm}$，需要你计算零件的锥度 C 和锥角 α. (20分)

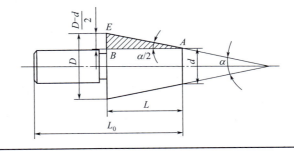

188 | 应用高等数学

续表

姓名		学号		班级	
单元	初等函数			次序	第2单元
任务得分	课前预习 （29分）	课上任务 （20分）	课堂练习 （21分）	知识总结 （20分）	课后任务 （10分）	成 绩

（说明：本表格为6列结构）

任务得分	课前预习 （29分）	课上任务 （20分）	课堂练习 （21分）	知识总结 （20分）	课后任务 （10分）	成 绩

课上任务
（20分）

解

1. 测得零件中 $D=50\text{cm}$，$d=30\text{cm}$，$L=60\text{cm}$，则

$$锥度\ C=\frac{D-d}{L}=\underline{\hspace{3cm}}.$$

2. 在 $Rt\triangle ABE$ 中

$$BE=\underline{\hspace{3cm}},\ \angle BAE=\frac{\alpha}{2},\ BA=L,$$

所以

$$\tan\frac{\alpha}{2}=\frac{BE}{BA}=\underline{\hspace{3cm}}.$$

推出锥角与锥度的关系：$\alpha=\underline{\hspace{3cm}}.$

锥角 $\alpha=\underline{\hspace{3cm}}.$

课堂练习
（21分）

1. 幂函数与根式互相转化.（8分）

(1) $x^{-\frac{1}{2}}=\underline{\hspace{2cm}}$；（2分）　　(2) $x^{\frac{2}{3}}=\underline{\hspace{2cm}}$；（2分）

(2) $\sqrt[3]{x}=\underline{\hspace{2cm}}$；（2分）　　(4) $\dfrac{1}{\sqrt[4]{x^3}}=\underline{\hspace{2cm}}.$（2分）

2. 化简下列各式.（6分）

(1) $\sqrt{x}\sqrt[3]{x}$；（3分）　　(2) $\log_2\dfrac{1}{2}+\lg10^4.$（3分）

3. 角度值与弧度值的转化.（4分）

(1) $180°=\underline{\hspace{2cm}}$弧度；（1分）　　(2) $45°=\underline{\hspace{2cm}}$弧度；（1分）

(3) $\dfrac{\pi}{3}$弧度$=\underline{\hspace{2cm}}°$；（1分）　　(4) $\dfrac{\pi}{6}$弧度$=\underline{\hspace{2cm}}°.$（1分）

4. 计算下列三角函数的角度.（3分）

(1) $\sin A=\dfrac{4}{5}$，则 $\angle A=\underline{\hspace{2cm}}$；（1分）

(2) $\cos A=\dfrac{3}{5}$，则 $\angle A=\underline{\hspace{2cm}}$；（1分）

(3) $\tan A=\dfrac{4}{3}$，则 $\angle A=\underline{\hspace{2cm}}.$（1分）

任务得分	姓名			学号		班级	
	单元		初等函数			次序	第2单元
	课前预习（29分）	课上任务（20分）	课堂练习（21分）	知识总结（20分）	课后任务（10分）	成　绩	

知识总结（20分）

1.基本初等函数都有哪几类？（5分）

2.写出幂函数的运算法则.（5分）

3.写出指数与对数的运算法则.（5分）

4.三角函数与反三角函数的关系是什么？（5分）

课后任务（10分）

有关数据显示，快递行业产生的包装垃圾在2015年约为400万吨，2016年的年增长率为50％，有专家预测，如果不采取措施，未来包装垃圾还以此增长率增长，那么从哪年开始，快递行业的包装垃圾将超过4000万吨？（10分）

参考数据：lg2≈0.3010，lg3≈0.4771.

190	应用高等数学

任务三　经济中常用函数（经济管理类选讲）

姓名		学号		班级	
单元	经济中常用函数（经济管理类选讲）			次序	第3单元
任务得分	课前预习 （10分）	课上任务 （30分）	课堂练习 （20分）	知识总结 （25分）	课后任务 （15分）	成　绩

(表中"任务得分"行横跨：课前预习、课上任务、课堂练习、知识总结、课后任务、成绩)

课前预习 （10分）	1.什么是成本函数与利润函数？（5分） 2.需求函数与供给函数有什么关系？（5分）

课上任务
（30分）

新能源汽车将成为未来汽车的重要发展方向.我国新能源汽车产业从"跟跑"到"并跑"甚至"领跑"，近年来发展迅速.2020年《新能源汽车产业发展规划（2021—2035）》印发，更快推动了中国新能源汽车产业高质量可持续发展.2022年某开发区一家汽车生产企业计划引进一批新能源汽车制造设备，通过市场分析全年需投入固定成本5000万元；生产 x 百辆，需另投入成本 $C(x)$ 万元，且

$$C(x)=\begin{cases}10x^2+200x, & 0<x<50 \\ 801x+\dfrac{10000}{x}-9000, & x\geqslant50\end{cases}$$

由市场调研知，每辆车售价8万元，且全年内生产的车辆当年能全部销售完.

(1) 求出2022年的利润关于年产量的函数关系式；（10分）

(2) 2022年产量为多少百辆时，企业所获利润最大？并求出最大利润.（20分）

续表

姓名			学号		班级	
单元	经济中常用函数（经济管理类选讲）				次序	第 3 单元
任务得分	课前预习 （10 分）	课上任务 （30 分）	课堂练习 （20 分）	知识总结 （25 分）	课后任务 （15 分）	成　绩

课堂练习（20 分）

生产某产品的总成本函数为 $C(q)=50q+120$，其需求函数为 $q=180-2p$，求收入函数和利润函数.
（20 分）

知识总结（25 分）

1. 收入随着销售量的增加而增加，但利润并不总是随着销售量的增加而增加. 它可出现三种情况：
（15 分）

　　（1）如果 $L(q)=R(q)-C(q)>0$，则 _____；（5 分）

　　（2）如果 $L(q)=R(q)-C(q)<0$，则 _____；（5 分）

　　（3）如果 $L(q)=R(q)-C(q)=0$，则 _____.（5 分）

2. 市场均衡与供求有何关系？（10 分）

课后任务（15 分）

某产品的成本函数为 $C(q)=18-7q+q^2$，收入函数为 $R(q)=4q$，求：
（1）该产品的盈亏平衡点；（5 分）
（2）该产品销量为 5 时的利润；（5 分）
（3）该产品销量为 10 时能否盈利？（5 分）

任务四 解三角形(工科类选讲)

姓名		学号		班级	
单元		解三角形(工科类选讲)		次序	第4单元
任务得分	课前预习 (15分)	课上任务 (33分)	课堂练习 (30分)	知识总结 (12分)	课后任务 (10分)	成 绩

课前预习 (15分)

1. 三角形分为哪些类型?(5分)

2. 什么是正弦定理、余弦定理?(10分)

课上任务 (33分)

在数控机床上加工零件,已知编程用轮廓尺寸图纸如图所示,要计算出圆心 O 相对于点 A 的距离. 请利用三角计算法,计算图中点 O 相对于点 A 的水平距离和垂直距离.(33分)

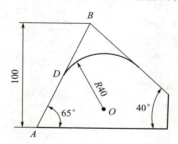

解

1. 作计算图如图所示,作辅助线.

在 Rt$\triangle ABE$ 中,$BE=100$,$\angle BAE=65°$,所以

$\angle ABE = $ _____.

$AE = $ _____.

2. 因为 $\angle C = 40°$,所以

$\angle OBD = \dfrac{1}{2}\angle ABC = $ _____.

则

$\angle OBF = $ _____.

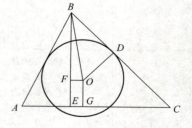

3. 因为 $OD = R = 40$,所以

$OB = \dfrac{OD}{\sin\angle OBD} = $ _____.

因此

$OF = OB\sin\angle OBF = $ _____.

$BF = OB\cos\angle OBF = $ _____.

4. $AG = AE + EG = $ _____.

$OG = EF = $ _____.

即圆心 O 相对于点 A 的水平距离是 _____,垂直距离是 _____.

续表

姓名			学号		班级	
单元		解三角形（工科类选讲）		次序		第4单元
任务得分	课前预习（15分）	课上任务（33分）	课堂练习（30分）	知识总结（12分）	课后任务（10分）	成　绩

课堂练习（30分）

1. 在 $Rt\triangle ABC$ 中，已知一条直角边为3，它所对的锐角为30°，求其他边和另一个锐角.（10分）

2. 在 $\triangle ABC$ 中，已知 $b=3\sqrt{6}$，$c=6$，$\angle B=120°$，求 $\angle A$、$\angle C$ 及三角形的面积.（10分）

3. 如图所示，在 $\triangle ABC$ 中，边长 $AB=6$，$BC=7$，$AC=10$，求三角形的角.（10分）

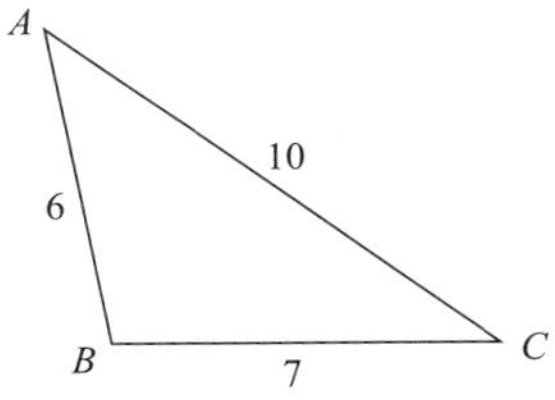

知识总结（12分）

1. 已知什么条件，直角三角形可以求出其他的边和角？（6分）

2. 已知什么条件，斜三角形可以求出其他的边和角？（6分）

课后任务（10分）

在 $\triangle ABC$ 中，已知 $\angle B=75°$，$\angle C=60°$，$a=10$，求其他的边和角.（10分）

194 应用高等数学

任务五　函数与绘图实验

姓名			学号		班级	
单元	函数与绘图实验				次序	第 5 单元
任务得分	课前预习 （10 分）	课上任务 （35 分）	课堂练习 （25 分）	知识总结 （20 分）	课后任务 （10 分）	成　绩

课前预习 （10 分）	1. MATLAB 具有什么功能？（6 分） 2. MATLAB 操作界面有哪几个常用的窗口？（4 分）
课上任务 （35 分）	1. 用 MATLAB 分别计算 $\sin\dfrac{\pi}{6}$、$\ln1$、$\max\{-2,-1,5,-3,0\}$.（15 分） 2. 在 $[0,2\pi]$ 范围内用实线绘制 $\sin x$ 图形，用圈线绘制 $\cos x$ 图形.（10 分） 3. 在同一坐标系中绘制 $y=\mathrm{e}^{x}\cos x$ 和 $y=10\mathrm{e}^{-0.5x}\sin(2\pi x)$ 在区间 $\left[0,\dfrac{3}{2}\pi\right]$ 上的曲线.（10 分）
课堂练习 （25 分）	1. 用 MATLAB 求解 $\cos\dfrac{\pi}{6}$、$\mathrm{abs}(-10)$、$\min\{-2,-1,5,-3,0\}$.（15 分） 2. 区间 $[-8,8]$ 内用红色实线绘制函数 $y=2x^{3}-3x^{2}+x-6$ 的图形.（10 分）

续表

姓名				学号		班级	
单元		函数与绘图实验				次序	第5单元
任务得分	课前预习 （10分）	课上任务 （35分）	课堂练习 （25分）	知识总结 （20分）	课后任务 （10分）	成 绩	

1.MATLAB 的内部函数常用函数命令.（10分）

含义	函数名	含义	函数名
正弦函数		反正弦函数	
余弦函数		反余弦函数	
正切函数		反正切函数	
自然对数函数		以 e 为底的指数	
常用对数函数		平方根函数	

2.MATLAB 绘制二维图形的命令语句是什么？（10分）

知识总结
（20分）

课后任务
（10分）

在区间$[-3,3]$内用实线绘制函数 $y=x$ 的图形，用圈线绘制 $y=x^2$ 图形.（10分）

任务单模块二 极限与连续

任务一　极限的概念

姓名			学号		班级	
单元	极限的概念				次序	第1单元
任务得分	课前预习（10分）	课上任务（36分）	课堂练习（24分）	知识总结（20分）	课后任务（10分）	成　绩

课前预习（10分）	1. 生活中有哪些极限现象？（5分） 2. 什么是"割圆术"？（5分）
课上任务（36分）	任务1. 查阅资料，描述数列极限的概念.（5分）

续表

姓名		学号		班级	
单元		极限的概念		次序	第1单元
任务得分	课前预习 (10分)	课上任务 (36分)	课堂练习 (24分)	知识总结 (20分)	课后任务 (10分)	成　绩

课上任务
(36分)

任务2.描述函数极限的概念.(25分)

(1) 观察图像，考察当 $x \to \infty$ 时函数的极限.(15分)

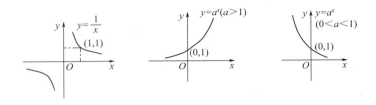

(2) 观察图像，考察当 $x \to x_0$ 时函数的极限.(10分)

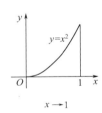 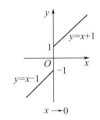

任务3.极限问题分析.(6分)

战国时代哲学家庄周所著的《庄子·天下》有："一尺之棰，日取其半，万世不竭."怎样用极限的定义解释这句话？

姓名			学号		班级	
单元	极限的概念				次序	第 1 单元
任务得分	课前预习 （10 分）	课上任务 （36 分）	课堂练习 （24 分）	知识总结 （20 分）	课后任务 （10 分）	成　绩

课堂练习
（24 分）

1. 判断下列极限是否存在.（15 分）

(1) $\lim\limits_{n\to\infty}\dfrac{1}{2^n}$；（3 分）　　(2) $\lim\limits_{n\to\infty}(-1)^{n+1}$；（3 分）　　(3) $\lim\limits_{x\to-\infty}e^x$；（3 分）

(4) $\lim\limits_{x\to+\infty}e^x$；（3 分）　　(5) $\lim\limits_{x\to\infty}e^x$.（3 分）

2. 设函数 $f(x)=\begin{cases}2x, & 0\leqslant x<1\\ 3-x, & 1<x\leqslant 2\end{cases}$，求 $\lim\limits_{x\to 1^+}f(x)$、$\lim\limits_{x\to 1^-}f(x)$、$\lim\limits_{x\to 1}f(x)$.（9 分）

知识总结
（20 分）

1. 数列极限与函数极限的区别是什么？（5 分）

2. 描述函数极限概念的要素.（15 分）

提示：

(1) 函数在某范围内是否有定义；

(2) 当 x 在这个范围内无限变化时；

(3) 函数值是否趋于唯一确定的常数 A.

课后任务
（10 分）

考察函数 $f(x)=\begin{cases}x+a, & x<0\\ 2+x^2, & x>0\end{cases}$，当 a 为何值时，$f(x)$ 在 $x=0$ 的极限存在？（10 分）

任务二 极限的运算

姓名			学号		班级	
单元		极限的运算			次序	第 2 单元

任务得分	课前预习 （10 分）	课上任务 （35 分）	课堂练习 （30 分）	知识总结 （10 分）	课后任务 （15 分）	成　绩

课前预习
（10 分）

1. 极限的四则运算有哪些？（5 分）

2. 什么是折旧率？（5 分）

课上任务
（35 分）

你所在企业一次性付款 20 万元购买某机械设备，该设备最多使用 15 年就报废，报废补贴为 1300 元. 在只考虑折旧而忽略使用价值的前提下，请帮企业分析：

(1) 该设备的年折旧率；（16 分）

(2) 该设备使用 5 年后的最低售价；（10 分）

(3) 该设备已经使用 10 年，现在需要大修，修理费用为 2 万元，你认为该设备是否还值得维修？（9 分）

解

(1) 记该设备购买 m 年后的剩余价值为 A_m（$m=0,1,2,\cdots,15$），即 $A_0=200000$ 元，$A_{15}=1300$ 元. 设该设备的年折旧率为 r，则如果按年折旧，有 _____，如果按月折旧，有 _____，则连续折旧，有 _____.

计算该设备的年折旧率约为 _____.

(2) 该设备使用 5 年后的最低售价约为 _____.

(3) 使用 10 年后，该设备的剩余价值为 _____.

所以，该设备是否值得维修？

续表

姓名		学号		班级	
单元	极限的运算			次序	第 2 单元
任务得分	课前预习 （10 分）	课上任务 （35 分）	课堂练习 （30 分）	知识总结 （10 分）	课后任务 （15 分）	成　绩

（表头下方为任务填写区）

课堂练习（30 分）

1. 极限的四则运算.（20 分）

（1）$\lim\limits_{n\to\infty}\dfrac{n+3}{3n+5}$；（5 分）　　　　（2）$\lim\limits_{x\to 2}\dfrac{x^3-2}{x^2-5x+3}$；（5 分）

（3）$\lim\limits_{x\to 3}\dfrac{x-3}{x^2-9}$；（5 分）　　　　（4）$\lim\limits_{x\to\infty}\dfrac{3x^3+4x^2-1}{4x^3-x^2+3}$.（5 分）

2. 两个重要极限.（10 分）

（1）$\lim\limits_{x\to 0}\dfrac{\sin 2x}{\sin 3x}$；（5 分）　　　　（2）$\lim\limits_{x\to\infty}\left(1+\dfrac{2}{x}\right)^x$.（5 分）

知识总结（10 分）

总结求极限的类型和方法.（10 分）

课后任务（15 分）

在边长为 a 的等边三角形里，连接各边中点作一个内接等边三角形，如此继续下去，求所有这些等边三角形的面积之和.（15 分）

任务三　无穷大与无穷小

姓名			学号		班级	
单元		无穷大与无穷小			次序	第3单元

任务得分	课前预习 （10分）	课上任务 （42分）	课堂练习 （23分）	知识总结 （15分）	课后任务 （10分）	成　绩

课前预习
（10分）

1. 考察函数 $f(x)=\dfrac{1}{x}$，当 $x\to 0$ 时，函数 $f(x)$ 趋向于多少？（5分）

2. 函数 $f(x)=\dfrac{1}{x}$ 与 x 是什么关系？（5分）

课上任务
（42分）

任务1. 无穷小与无穷大.（12分）

下列说法是否正确？

（1）无穷小是一个很小的数.（　　）（3分）

（2）无穷大是一个很大的数.（　　）（3分）

（3）无穷小和无穷大是互为倒数的变量.（　　）（3分）

（4）一个有界函数乘以无穷小后为无穷小.（　　）（3分）

任务2. 无穷小的比较.（20分）

比较下面的无穷小：

（1）当 $x\to 0$ 时，$2x^3$ 与 x^2；（5分）　　　（2）当 $x\to 2$ 时，x^2-4 与 $x-2$；（5分）

（3）当 $x\to 0$ 时，$\sin x$ 与 x；（5分）　　　（4）当 $x\to 0$ 时，$1-\cos x$ 与 x^2.（5分）

任务3. 利用无穷小求极限.（10分）

（1）$\lim\limits_{x\to 0}\dfrac{\tan 2x}{\sin 5x}$；（5分）　　　（2）$\lim\limits_{x\to 0}\dfrac{\sin x}{x^3+3x}$.（5分）

姓名			学号		班级	
单元		无穷大与无穷小			次序	第 3 单元

任务得分	课前预习 （10 分）	课上任务 （42 分）	课堂练习 （23 分）	知识总结 （15 分）	课后任务 （10 分）	成　绩

**课堂练习
（23 分）**

1. $f(x)=\dfrac{x+1}{x-5}$ 当 $x\to$ _____ 时为无穷小，当 $x\to$ _____ 时为无穷大.（8 分）

2. $x\to 0$，x^2 与 $\sin x^2$ 比较是（　　）.（5 分）

A. 较高级　　　B. 较低级　　　　C. 等价无穷小　　　　D. 同阶无穷小

3. 求下列极限.（10 分）

(1) $\lim\limits_{x\to 0}\dfrac{\sin x\,(1-\cos x)}{x^3}$；（5 分）　　(2) $\lim\limits_{x\to 0}\dfrac{\arctan 6x}{2x}$.（5 分）

**知识总结
（15 分）**

1. 无穷小与无穷大.（5 分）

2. 无穷小的比较.（5 分）

3. 利用无穷小求极限的方法.（5 分）

**课后任务
（10 分）**

利用等价无穷小求极限 $\lim\limits_{x\to 0}\dfrac{\tan x-\sin x}{\sin^3 x}$.（10 分）

任务四 函数的连续性

姓名			学号		班级	
单元		函数的连续性			次序	第4单元
任务得分	课前预习 （15分）	课上任务 （40分）	课堂练习 （20分）	知识总结 （10分）	课后任务 （15分）	成　绩

课前预习 （15分）	1.生活中有哪些连续的例子？（5分） 2.从图像上观察连续与间断的函数图像有什么特点？（10分）
课上任务 （40分）	任务1.函数的连续性.（10分） 　　某人乘坐某公司出租车，行驶路程不超过3km时，付费13元；行驶路程超过3km时，超过部分每1km付费2.3元，每一运次加收1元的燃油附加费.假设出租车在行驶中没有拥堵和等候时间，那么出租车公司这么设定的付费金额是否是连续的呢？ 任务2.函数在一点处间断（不连续）.（30分） （1）函数 $f(x)=\dfrac{1}{x^2-1}$ 在一点处没有定义，判断是什么间断点.（10分） （2）函数 $f(x)=\begin{cases} x-1, & x\leqslant 1 \\ 2-x, & x>1 \end{cases}$ 在一点处极限不存在，判断是什么间断点.（10分） （3）函数 $f(x)=\begin{cases} x\sin\dfrac{1}{x}, & x\neq 0 \\ 1, & x=0 \end{cases}$ 有定义，极限存在，但极限值不等于函数值，判断是什么间断点. （10分）

续表

姓名			学号		班级	
单元	函数的连续性				次序	第 4 单元
任务得分	课前预习 (15分)	课上任务 (40分)	课堂练习 (20分)	知识总结 (10分)	课后任务 (15分)	成　绩

**课堂练习
(20分)**

1. $f(x) = \begin{cases} e^x, & x \leqslant 0 \\ a+x, & x > 0 \end{cases}$，设在 $x=0$ 处连续，则 $a =$ ＿＿＿＿＿＿．(10分)

2. 设 $f(x) = \begin{cases} 3x, & -1 < x < 1 \\ 2, & x = 1 \\ 3x^2, & 1 < x < 2 \end{cases}$，求 $\lim\limits_{x \to 0} f(x)$，并判断 $f(x)$ 在 $x=1$ 处是否连续．(10分)

**知识总结
(10分)**

1. 函数的连续性判断．(5分)

2. 函数的间断点判断．(5分)

**课后任务
(15分)**

1. $x=0$ 为函数 $f(x) = \dfrac{\sin 2x}{x}$ 的（　　）．(5分)

A. 连续点　　　　　B. 跳跃间断点　　　　C. 可去间断点　　　　D. 第二类间断点

2. 设 $f(x) = \begin{cases} x^2-2, & x \leqslant 1 \\ a, & x > 1 \end{cases}$ 在 $x=1$ 处连续，则 $a =$（　　）．(5分)

A. -2　　　　　　B. -1　　　　　　　C. 1　　　　　　　D. 2

3. 判断函数 $f(x) = \begin{cases} x^2-1, & x \leqslant 1 \\ x+1, & x > 1 \end{cases}$ 在分界点处是否连续．(5分)

任务五　函数极限实验

姓名			学号		班级	
单元		函数极限实验		次序	第 5 单元	
任务得分	课前预习 （10分）	课上任务 （30分）	课堂练习 （30分）	知识总结 （20分）	课后任务 （10分）	成　绩

课前预习 （10分）	1. MATLAB 如何定义符号变量？（4分） 2. MATLAB 中平方和开平方分别用什么语句？（6分）

课上任务 （30分）	1. 求极限 $\lim\limits_{x\to 0}\dfrac{\sqrt{1+x}-1}{x}$.（10分） 2. 求极限 $\lim\limits_{x\to\infty}\dfrac{1}{x}\sin\dfrac{1}{x}$.（10分） 3. 求极限 $\lim\limits_{x\to 0^{-}}\dfrac{1}{x}$.（10分）

206 | 应用高等数学

续表

姓名			学号		班级	
单元		函数极限实验			次序	第 5 单元
任务得分	课前预习 （10分）	课上任务 （30分）	课堂练习 （30分）	知识总结 （20分）	课后任务 （10分）	成　绩

课堂练习 （30分）	1. 计算 $\lim\limits_{x \to 0^+} \dfrac{1}{x}$.（10分） 2. 计算 $\lim\limits_{x \to 0} \dfrac{\tan x - \sin x}{x^3}$.（10分） 3. 计算 $\lim\limits_{x \to \infty} \dfrac{x^2 - 1}{4x^2 - 7x + 1}$.（10分）
知识总结 （20分）	1. MATLAB 求解自变量趋于 a 时的极限命令语句.（5分） 2. MATLAB 求解自变量趋于无穷大时的极限命令语句.（5分） 3. MATLAB 求解 x 趋于 a 时的左极限、右极限命令语句.（10分）
课后任务 （10分）	计算 $\lim\limits_{x \to +\infty} x(\sqrt{x^2 + 1} - x)$.（10分）

任务单模块三
导数与微分

任务一　导数的概念

姓名			学号		班级	
单元		导数的概念			次序	第 1 单元
任务得分	课前预习 (10 分)	课上任务 (45 分)	课堂练习 (10 分)	知识总结 (20 分)	课后任务 (15 分)	成　绩

课前预习 (10 分)	1.路程、速度、时间三者关系.(5 分) 2.割线斜率计算公式.(5 分)
课上任务 (45 分)	若已知一辆汽车做直线运动，其运动规律为 $s(t)=10+2t+\dfrac{t^2}{3}$（单位：m）. 1.探索汽车的平均速度与瞬时速度间的关系.(30 分) （1）写出汽车的平均速度.(10 分) （2）从极限的角度分析平均速度与瞬时速度间的关系.(10 分) （3）抛开实际意义，分析算式特点.(10 分)

续表

姓名			学号		班级	
单元	导数的概念				次序	第1单元
任务得分	课前预习 （10分）	课上任务 （45分）	课堂练习 （10分）	知识总结 （20分）	课后任务 （15分）	成 绩

课上任务 （45分）	2.导数概念及其几何意义.（15分）
课堂练习 （10分）	1.判定函数 $f(x)=\lvert x\rvert$ 在 $x=0$ 处的可导问题.（5分） 2.求曲线 $f(x)=x^2$ 在 $x=1$ 处的切线方程和法线方程.（5分）
知识总结 （20分）	1.导数的概念及书写符号.（5分） 2.导数的几何意义和物理意义.（10分） 3.导数与连续的关系.（5分）
课后任务 （15分）	1.设函数 $f(x)=\begin{cases} x^2, & x\leqslant 1 \\ ax+b, & x>1 \end{cases}$，为使函数在点 $x=1$ 处连续且可导，a、b 应取什么值？（5分） 2.求曲线 $f(x)=\sqrt{x}$ 在点 $(4,2)$ 处的切线方程和法线方程.（10分）

任务二　导数基本公式与四则运算法则

姓名			学号		班级	
单元		导数基本公式与四则运算法则			次序	第 2 单元
任务得分	课前预习（10分）	课上任务（45分）	课堂练习（10分）	知识总结（20分）	课后任务（15分）	成　绩

课前预习（10分）

1．导数的概念．(5分)

2．导数的几何意义．(5分)

课上任务（45分）

在高台跳水运动中，运动员相对于水面的高度 h（单位：m）与起跳后的时间 t（单位：s）存在函数关系 $h=-4.9t^2+6.5t+10$，则运动员达到距离水面最高点的时刻是多少秒？

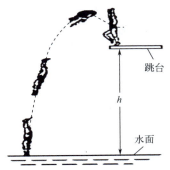

跳台

h

水面

1．探索距离水面最高点的时刻．(30分)

（1）结合导数的几何意义，分析运动员相对于水面的高度与起跳后的时间的关系．(10分)

（2）分析函数构成特点．(5分)

（3）求解导数．(5分)

（4）求距离水面最高点的时刻．(10分)

2．已知函数 $f(x)=x^3+4\cos x-\sin\dfrac{\pi}{2}$，求 $f'(x)$ 和 $f'\left(\dfrac{\pi}{2}\right)$．(15分)

姓名			学号		班级	
单元		导数基本公式与四则运算法则			次序	第 2 单元
任务得分	课前预习 （10 分）	课上任务 （45 分）	课堂练习 （10 分）	知识总结 （20 分）	课后任务 （15 分）	成　绩

课堂练习（10 分）

1. 求函数 $y = x\sin x \ln x$ 的导数.（5 分）

2. $f(x) = \dfrac{3}{5-x} + \dfrac{x^2}{5}$，求 $f'(0)$.（5 分）

知识总结（20 分）

1. 导数基本公式.（10 分）

2. 导数四则运算法则.（10 分）

课后任务（15 分）

1. $f(x) = \dfrac{1-\sqrt{x}}{1+\sqrt{x}}$，求 $f'(4)$.（5 分）

2. 已知函数 $f(x^3) = 1 - x^6$，求 $f'(x)$.（10 分）

任务三 复合函数、反函数、隐函数和参数方程求导

姓名			学号		班级	
单元	复合函数、反函数、隐函数和参数方程求导				次序	第3单元
任务得分	课前预习 （10分）	课上任务 （40分）	课堂练习 （20分）	知识总结 （15分）	课后任务 （15分）	成 绩

**课前预习
（10分）**

1.导数基本公式.（5分）

2.导数四则运算法则.（5分）

**课上任务
（40分）**

某农作区的水池蓄水量为500L，1h可以从低端将水池内的水抽干.若已知池中剩余水量的体积 V（单位：L）与时间 t（单位：min）的关系式为 $V(t)=500\left(1-\dfrac{t}{60}\right)^2$，其中，$0 \leqslant t \leqslant 60$.试分析水池中水流出的速度.

1.探索水池水流出的速度问题.（30分）

（1）分析水流速度与剩余水量体积间的关系.（10分）

（2）分析函数构成特点.（5分）

（3）求解导数探索新方法.（15分）

2.求 $y=e^{x^2}$ 的导数.（10分）

续表

姓名			学号		班级		
单元	复合函数、反函数、隐函数和参数方程求导				次序		第3单元
任务得分	课前预习 （10分）	课上任务 （40分）	课堂练习 （20分）	知识总结 （15分）	课后任务 （15分）	成　绩	

课堂练习
（20分）

1. 求 $y = \ln\sin x$ 的导数.（5分）

2. 求由方程 $e^y + xy - e = 0$ 所确定的隐函数的导数 y'.（5分）

3. 求 $y = x^{\sin x} (x > 0)$ 的导数.（5分）

4. 求由参数方程 $\begin{cases} x = \sin t + 2 \\ y = 1 - t \end{cases}$ 确定的函数 $y = y(x)$ 的导数.（5分）

知识总结
（15分）

1. 复合函数的链式求导法则.（5分）

2. 反函数、隐函数求导方法.（5分）

3. 参数方程求导方法.（5分）

课后任务
（15分）

1. 求函数 $y = (x^2 + 1)^{10}$ 的导数.（5分）

2. 求函数 $\begin{cases} x = 1 - t^2 \\ y = t - t^3 \end{cases}$ 的导数.（10分）

任务四　高阶导数

姓名			学号		班级		
单元		高阶导数			次序	第 4 单元	
任务得分	课前预习 （10 分）	课上任务 （40 分）	课堂练习 （15 分）	知识总结 （20 分）	课后任务 （15 分）	成　绩	

课前预习 （10 分）	初等函数的导数计算.（10 分）

课上任务 （40 分）	若已知一辆汽车做直线运动，其运动规律为 $s(t)=10+2t+\dfrac{t^2}{3}$（单位：m），则 $t=2$（单位：s）时汽车的速度与加速度为多少？ 　1. 探索汽车的加速度问题.（30 分） 　（1）写出路程与速度间的关系.（10 分） 　（2）理解速度与加速度间的关系.（10 分） 　（3）求解加速度.（10 分） 　2. 求 $y=\mathrm{e}^x$ 的 n 阶导数.（10 分）

续表

姓名			学号		班级	
单元		高阶导数			次序	第 4 单元
任务得分	课前预习 （10 分）	课上任务 （40 分）	课堂练习 （15 分）	知识总结 （20 分）	课后任务 （15 分）	成　绩

课堂练习
（15 分）

1.求函数 $y=2^x+x\ln x$ 的二阶导数.（5 分）

2.已知 $y=\ln(1+x^2)$，求 $y''(1)$.（5 分）

3.求 $y=\sin x$ 的 n 阶导数.（5 分）

知识总结
（20 分）

1.高阶导数的概念.（10 分）

2.高阶导数的求解方法.（10 分）

课后任务
（15 分）

1.求函数 $y=e^{2x-1}$ 的二阶导数.（5 分）

2.设质点做直线运动，其运动规律为 $s(t)=A\cos\dfrac{\pi t}{3}$，求质点在时刻 $t=1$ 时的速度和加速度.（10 分）

任务五　微分及其应用

姓名			学号		班级	
单元		微分及其应用			次序	第 5 单元

任务得分	课前预习 （10 分）	课上任务 （40 分）	课堂练习 （20 分）	知识总结 （15 分）	课后任务 （15 分）	成　绩

课前预习 （10 分）	1.导数书写符号和几何意义.（5 分） 2.初等函数的导数运算.（5 分）

课上任务 （40 分）	如图所示，一块正方形金属薄片受温度变化的影响，其边长由 x_0 变到 $x_0+\Delta x$. 1.探索正方形金属薄片面积的改变量.（30 分） （1）写出正方形金属薄片的面积公式.（10 分） （2）计算金属薄片面积改变量的真实值.（10 分） （3）当边长改变量 $\Delta x\to 0$ 时，求面积改变量 ΔA 的近似值.（10 分） 2.微分定义及几何意义.（10 分）

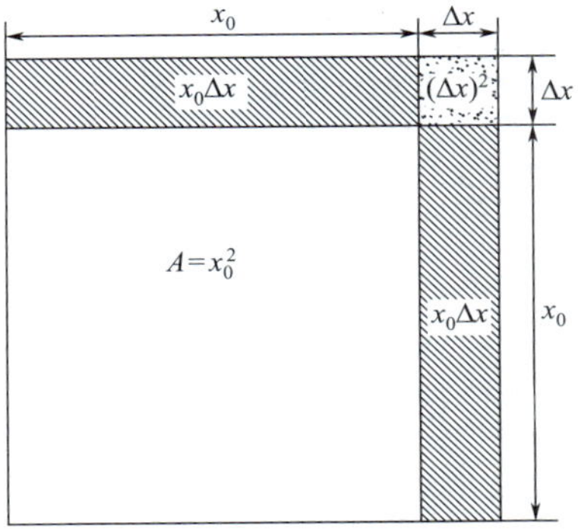

216 | 应用高等数学

续表

姓名				学号		班级			
单元			微分及其应用				次序	第 5 单元	
任务得分	课前预习 （10 分）	课上任务 （40 分）	课堂练习 （20 分）		知识总结 （15 分）	课后任务 （15 分）		成　绩	

课堂练习 （20 分）	1. 求下列函数的微分. (15 分) （1）$y = \cos x$；（5 分） （2）$y = \mathrm{e}^x \cos x - 2\tan x$；（5 分） （3）$y = \cos(5x - 1)$.（5 分） 2. 利用微分计算 $\sqrt{1.05}$ 的近似值.（5 分）
知识总结 （15 分）	1. 写出微分计算式，理解微分的几何意义.（5 分） 2. 微分形式不变性的具体应用.（5 分） 3. 微分在近似计算中的具体应用.（5 分）
课后任务 （15 分）	1. 已知函数 $y = (3x^2 + 2x)\log_2 x$，求 $\mathrm{d}y \mid_{x=2}$.（5 分） 2. 计算 $\cos 29°$ 的近似值.（10 分）

任务六　函数求导实验

姓名			学号		班级	
单元		函数求导实验			次序	第 6 单元

任务得分	课前预习 (10 分)	课上任务 (40 分)	课堂练习 (20 分)	知识总结 (20 分)	课后任务 (10 分)	成　绩

课前预习 (10 分)	1.熟悉指令定义符号变量.(5 分) 2.熟悉指令函数书写方法.(5 分)
课上任务 (40 分)	1.掌握 MATLAB 求解一阶导函数的命令语句.(10 分) 2.掌握 MATLAB 求解高阶导函数的命令语句.(10 分) 3.掌握 MATLAB 求解偏导函数的命令语句.(10 分) 4.掌握 MATLAB 求解参数方程的导函数的命令语句.(10 分)

姓名			学号		班级	
单元		函数求导实验			次序	第 6 单元
任务得分	课前预习（10分）	课上任务（40分）	课堂练习（20分）	知识总结（20分）	课后任务（10分）	成　绩

课堂练习（20分）

用 MATLAB 求解下列函数的导函数.

1. $y=x^3+\cos x+\ln 2$. (10分)

2. $y=4^{\sin x}$. (10分)

知识总结（20分）

1. 写出 MATLAB 求解一阶导函数的命令语句. (10分)

2. 写出 MATLAB 求解 n 阶导函数的命令语句. (10分)

课后任务（10分）

利用 MATLAB 求函数 $y=1+x^2+\ln x$ 的导数. (10分)

任务单模块四
导数的应用

任务一　拉格朗日中值定理、洛必达法则

姓名		学号		班级	
单元	拉格朗日中值定理、洛必达法则			次序	第 1 单元
任务得分	课前预习 （10 分）	课上任务 （45 分）	课堂练习 （20 分）	知识总结 （10 分）	课后任务 （15 分）	成　绩
课前预习 （10 分）	1. 导数的概念.（5 分） 2. 函数的求导方法.（5 分）					
课上任务 （45 分）	1. 拉格朗日中值定理.（20 分） （1）说明拉格朗日中值定理的几何意义.（10 分） （2）拉格朗日中值定理的物理解释.（10 分）					

续表

姓名			学号		班级	
单元	拉格朗日中值定理、洛必达法则				次序	第1单元
任务得分	课前预习 （10分）	课上任务 （45分）	课堂练习 （20分）	知识总结 （10分）	课后任务 （15分）	成　绩

课上任务 （45分）	2. $\dfrac{0}{0}$ 型未定式的洛必达法则.（15分） 定理： （1）当 $x \to x_0$ 时，函数 $f(x)$ 及 $g(x)$ 都 ＿＿＿＿＿＿； （2）在点 x_0 的某去心邻域内，$f'(x)$ 及 $g'(x)$ 都存在且 ＿＿＿＿＿＿； （3）$\displaystyle\lim_{x \to x_0} \dfrac{f'(x)}{g'(x)}$ ＿＿＿＿＿＿. 则 $\displaystyle\lim_{x \to x_0} \dfrac{f(x)}{g(x)} = \lim_{x \to x_0} \dfrac{f'(x)}{g'(x)}$. 3. 仿照 $\dfrac{0}{0}$ 型未定式，写出 $\dfrac{\infty}{\infty}$ 型未定式的洛必达法则.（10分）
课堂练习 （20分）	1. 验证函数 $f(x) = \arctan x$ 在 $[0,1]$ 上满足拉格朗日中值定理，并由结论求 ξ 值.（10分） 2. 用洛必达法则求 $\displaystyle\lim_{x \to 1} \dfrac{x^3 - 3x + 2}{x^3 - x^2 - x + 1}$.（10分）
知识总结 （10分）	1. 描述拉格朗日中值定理.（5分） 2. 描述洛必达法则.（5分）
课后任务 （15分）	用洛必达法则求极限 $\displaystyle\lim_{x \to 2} \dfrac{\ln(x^2 - 3)}{x^2 - 3x + 2}$.（15分）

任务二　函数的单调性与极值、最值

姓名			学号		班级	
单元		函数的单调性与极值、最值		次序	第 2 单元	
任务得分	课前预习 （15 分）	课上任务 （40 分）	课堂练习 （20 分）	知识总结 （15 分）	课后任务 （10 分）	成　绩

课前预习 （15 分）	1.初等数学函数单调性定义是什么？（5 分） 2.导数定义是什么？（5 分） 3.倾斜角 α 的大小与正切值 $\tan\alpha$ 的正负号关系是什么？（5 分）
课上任务 （40 分）	1.通过观察图像总结导数正负号与函数单调性的关系.（10 分） 2.通过观察图像总结函数单调性与极值的关系.（10 分） 3.描述最值定义.（10 分） 4.归纳对实际应用问题建立目标函数的步骤.（10 分）

222 应用高等数学

续表

姓名		学号		班级	
单元	函数的单调性与极值、最值			次序	第 2 单元
任务得分	课前预习 （15分）	课上任务 （40分）	课堂练习 （20分）	知识总结 （15分）	课后任务 （10分）	成　绩

课堂练习 （20分）	1.求函数 $f(x)=x^3+3x^2-24x-20$ 的极值.（10分） 2.求 $y=2x^3+3x^2-12x+14$ 在 $[-3,4]$ 上的最大值与最小值.（10分）
知识总结 （15分）	1.判断函数在区间单调性的基本思路和步骤.（5分） 2.判断函数极大值和极小值的基本思路和步骤.（5分） 3.计算函数最大值和最小值的基本思路和步骤.（5分）
课后任务 （10分）	某房地产公司有 50 套公寓要出租，当租金定为每月 180 元时，公寓可全部租出去，当租金每月每增加 10 元时，就有一套公寓租不出去，而租出去的房子每月需花费 20 元的整修维护费，试问房租定为多少可获得最大收入？（10分）

任务三 曲线凹凸性与拐点

姓名		学号		班级	
单元	曲线凹凸性与拐点			次序	第3单元

任务得分	课前预习 （10分）	课上任务 （45分）	课堂练习 （20分）	知识总结 （10分）	课后任务 （15分）	成　绩

课前预习 （10分）	1.什么是曲线的凹凸性？（5分） 2.举出生活实际中与曲线凹凸性有关的案例.（5分）
课上任务 （45分）	设一消费品的需求 Q 是消费者的收入 x 的函数，建模分析得到函数关系 $Q=A\mathrm{e}^{\frac{b}{x}}(A>0,b<0)$，试讨论该需求收入曲线的凹凸性与拐点. 　1.曲线的凹凸性定义及判定方法.（10分） 　2.需求收入曲线的凹凸性.（15分） 　3.曲线拐点定义及判定方法.（10分） 　4.需求收入曲线的拐点.（10分）

姓名			学号		班级	
单元		曲线凹凸性与拐点			次序	第 3 单元
任务得分	课前预习 （10 分）	课上任务 （45 分）	课堂练习 （20 分）	知识总结 （10 分）	课后任务 （15 分）	成 绩

课堂练习 （20 分）	1.判定曲线 $y=\ln x$ 的凹凸性.（10 分） 2.求曲线 $y=x^4-2x^3+1$ 的凹凸性及拐点.（10 分）

知识总结 （10 分）	1.写出计算函数 $y=f(x)$ 凹凸性的基本思路和步骤.（5 分） 2.写出计算函数 $y=f(x)$ 拐点的基本思路和步骤.（5 分）

课后任务 （15 分）	讨论曲线 $y=2+(x-4)^{\frac{1}{3}}$ 的凹凸性与拐点.（15 分）

任务四　导数应用实验

姓名				学号		班级		
单元		导数应用实验				次序		第4单元
任务得分	课前预习 （10分）	课上任务 （40分）	课堂练习 （20分）	知识总结 （20分）		课后任务 （10分）		成　绩

课前预习 （10分）	1. MATLAB求导数的语句是什么？（5分） 2. 求解极值问题的步骤是什么？（5分）
课上任务 （40分）	1. MATLAB求极值的命令语句.（10分） 2. 求函数 $f(x)=(x-3)^2-1$ 在区间 $(0,5)$ 内的极小值点和极小值.（10分） 在命令窗口输入命令： ≫syms x ≫_____ ≫_____ ans＝_____ ≫x＝_____ ≫y＝_____ 3. 求函数 $f(x)=x^3+3x^2-24x-20$ 的极值点和极值.（20分）

226 应用高等数学

续表

姓名			学号		班级	
单元		导数应用实验			次序	第4单元
任务得分	课前预习 （10分）	课上任务 （40分）	课堂练习 （20分）	知识总结 （20分）	课后任务 （10分）	成　绩

课堂练习
（20分）

1. 用 fminbnd 求函数 $f(x)=x^4-x^2+x-1$ 在区间 $[-2,1]$ 上的极小值.（10分）

2. 运用 MATLAB 求函数 $y=x^3-3x^2-9x+4$ 的极值.（10分）

知识总结
（20分）

1. MATLAB 求解极值的语句.（10分）

2. MATLAB 求解极值的步骤.（10分）

课后任务
（10分）

运用 MATLAB 求函数 $y=\dfrac{1}{2}\cos2x+\sin x\,(0\leqslant x\leqslant\pi)$ 的极值.（10分）

任务单模块五
积分及其应用

任务一　定积分的概念

姓名			学号		班级	
单元		定积分的概念			次序	第1单元
任务得分	课前预习（10分）	课上任务（45分）	课堂练习（10分）	知识总结（20分）	课后任务（15分）	成　绩

课前预习（10分）

1. 常见几何图形的面积如何计算？（5分）

2. 什么是曲边梯形？（5分）

课上任务（45分）

如图所示，在直角坐标系中，异形区域由曲线 $y=x^2$，$x=1$ 轴及 x 轴所围成，给出计算此类面积的一种方法.

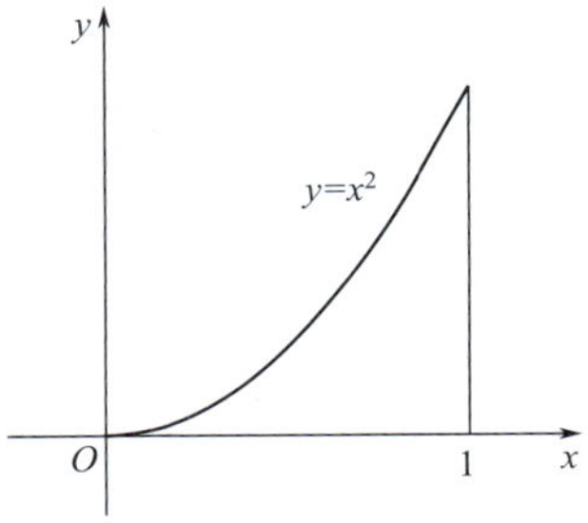

续表

姓名			学号		班级	
单元	定积分的概念				次序	第 1 单元
任务得分	课前预习 （10 分）	课上任务 （45 分）	课堂练习 （10 分）	知识总结 （20 分）	课后任务 （15 分）	成　绩

课上任务
（45 分）

1. 探索计算曲边梯形面积的方法.（5 分）
观察曲边梯形内接矩形面积的变化规律，分析总结与曲边梯形面积的关系.

2. 计算不同分割情况下曲边梯形内接矩形的面积.（30 分）
（1）第一种情形：用 4 个小矩形面积近似.（10 分）

（2）第二种情形：用 6 个小矩形面积近似.（10 分）

（3）第三种情形：用 8 个小矩形面积近似.（10 分）

3. 用定积分表示异形区域的面积.（10 分）

姓名		学号		班级	
单元		定积分的概念		次序	第 1 单元
任务得分	课前预习 （10 分）	课上任务 （45 分）	课堂练习 （10 分）	知识总结 （20 分）	课后任务 （15 分）	成　绩

课堂练习（10 分）

用定积分表示阴影部分的面积.（10 分）

1.

2.

知识总结（20 分）

1. 写出计算函数 $y = f(x)$ 在区间 $[a,b]$ 与 x 轴所围曲边梯形面积的基本思路和步骤.（10 分）

2. 曲边梯形面积与 $[a,b]$ 上的定积分是什么关系？分三种情况讨论，分别是：$f(x) > 0$，$f(x) < 0$，$f(x)$ 有正有负.（10 分）

课后任务（15 分）

求由 $y = \ln x$，$x = \dfrac{1}{e}$，$x = 2$ 及 x 轴所围成的曲边梯形的面积. 用定积分表示该区域面积，用计算器计算该面积.（15 分）

任务二　微积分基本公式

姓名			学号		班级	
单元	微积分基本公式			次序	第 2 单元	
任务得分	课前预习 （10 分）	课上任务 （50 分）	课堂练习 （10 分）	知识总结 （20 分）	课后任务 （10 分）	成　绩

课前预习
（10 分）

1. 原函数与导数的关系是什么？（5 分）

2. 不定积分与定积分有何异同？（5 分）

课上任务
（50 分）

如图所示，在直角坐标系中，异形区域由曲线 $y=x^2$，$x=1$ 轴及 x 轴所围成，根据第 1 单元的定积分表达式，如何更快地计算出结果？

$$\int_0^1 x^2 \mathrm{d}x = ?$$

1. 原函数与不定积分．（20 分）
（1）写出下列导数的原函数．（10 分）
① (　　)′ = x　　　　　　② (　　)′ = $3x^2$
③ (　　)′ = $\sin x$　　　　 ④ (　　)′ = e^x
⑤ (　　)′ = $\dfrac{1}{1+x^2}$

(2) 将上述过程写为不定积分的形式．（10 分）
① 　　　　　　②

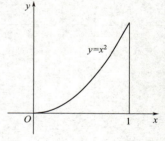

③　　　　　　　　　　　　④

⑤

2. 写出常用不定积分的基本公式．（15 分）

续表

姓名			学号		班级		
单元	微积分基本公式				次序	第2单元	
任务得分	课前预习 （10分）	课上任务 （50分）	课堂练习 （10分）	知识总结 （20分）	课后任务 （10分）	成　绩	

课上任务（50分）

3. 计算下列不定积分.（10分）

(1) $\int (x^2 - 2\cos x)\mathrm{d}x$ ；（5分）　　　　(2) $\int \left(\dfrac{4}{x} - 3\mathrm{e}^x\right)\mathrm{d}x$.（5分）

4. 利用牛顿-莱布尼茨公式计算异形区域图形的面积.（5分）

课堂练习（10分）

计算下列定积分.

(1) $\int_1^2 (x + 2)\mathrm{d}x$ ；（5分）　　　　(2) $\int_0^\pi \sin x\,\mathrm{d}x$.（5分）

知识总结（20分）

1. 什么是原函数？什么是不定积分？（5分）

2. 积分的运算性质有哪些？（5分）

3. 简述牛顿-莱布尼茨公式（微积分基本定理）.（10分）

课后任务（10分）

某工程师用CAD设计一建筑构件，该构件表面由曲线 $y = \mathrm{e}^x$，$x = 1$，$x = 2$ 和 x 轴所围成，试用绘图软件画出图形，并计算其面积.（10分）

任务三　换元积分法

姓名			学号		班级	
单元		换元积分法		次序		第 3 单元
任务得分	课前预习 （10 分）	课上任务 （20 分）	课堂练习 （40 分）	知识总结 （20 分）	课后任务 （10 分）	成　绩

课前预习（10 分）

1. 已知函数 $y = x^2$，如何求其微分？（5 分）

2. 判断 $\int \sin 2x \, dx = -\cos 2x + C$ 是否正确并说明原因.（5 分）

课上任务（20 分）

计算建筑构件（如图所示）平面面积.

1. 计算 $\int \sin 2x \, dx$.（10 分）

(1) 换元步骤：（3 分）

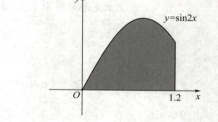

(2) 积分步骤：（5 分）

(3) 还原步骤：（2 分）

2. 利用换元积分法计算建筑构件平面面积.（10 分）

任务单实训册 **233**

续表

姓名			学号		班级	
单元		换元积分法			次序	第 3 单元
任务得分	课前预习 （10 分）	课上任务 （20 分）	课堂练习 （40 分）	知识总结 （20 分）	课后任务 （10 分）	成　绩

**课堂练习
（40 分）**

计算下列不定积分.

(1) $\int (3x+1)^4 dx$ ；（10 分）　　　　　(2) $\int \dfrac{x}{x^2-1} dx$ ；（10 分）

(3) $\int \sin 3x\, dx$ ；（10 分）　　　　　(4) $\int e^{-x} dx$.（10 分）

**知识总结
（20 分）**

1. 换元积分法的思想是什么？（10 分）

2. 换元积分法的基本步骤是什么？（10 分）

**课后任务
（10 分）**

如图所示，求曲线所围成图形的面积. 用定积分表示出来，再用换元积分法计算.（10 分）

任务四　分部积分法

姓名			学号		班级	
单元		分部积分法		次序		第4单元
任务得分	课前预习 （10分）	课上任务 （50分）	课堂练习 （20分）	知识总结 （10分）	课后任务 （10分）	成　绩

课前预习
（10分）

1. 导数四则运算法则是什么？（5分）

2. 判断 $\int x \cdot \sin x \, dx = \int x \, dx \cdot \int \sin x \, dx$ 是否正确.（5分）

课上任务
（50分）

建筑公司工程师小王正在用 CAD 设计一个绿植生态停车场，停车场的表面是由两条曲线围成的树叶图形，需要精确计算停车场的面积，以进行施工成本核算. 其设计图纸如图所示.

1. 用定积分表示绿植生态停车场的面积.（6分）

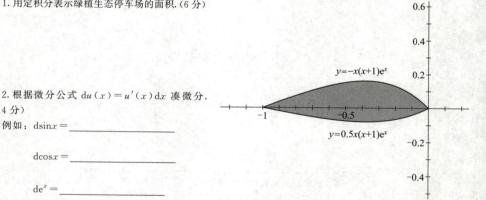

2. 根据微分公式 $du(x) = u'(x)dx$ 凑微分.（14分）

例如：$d\sin x = $ _____

$d\cos x = $ _____

$de^x = $ _____

$d(x^2) = $ _____

$\sin x \, dx = d(\quad)$

$\cos x \, dx = d(\quad)$

$x \, dx = d(\quad)$

姓名			学号		班级		
单元		分部积分法				次序	第 4 单元
任务得分	课前预习 （10 分）	课上任务 （50 分）	课堂练习 （20 分）	知识总结 （10 分）	课后任务 （10 分）	成 绩	

课上任务 （50 分）	3.（1）计算绿植生态停车场的面积第一部分中积分 $\int_{-1}^{0} x\,\mathrm{e}^{x}\,\mathrm{d}x$.（10 分） （2）计算绿植生态停车场的面积第二部分中积分 $\int_{-1}^{0} x^{2}\,\mathrm{e}^{x}\,\mathrm{d}x$.（10 分） （3）计算绿植生态停车场的面积.（10 分）
课堂练习 （20 分）	利用分部积分法计算下列积分. 1. $\int x\,\mathrm{e}^{x}\,\mathrm{d}x$.（10 分） 2. $\int_{1}^{\mathrm{e}} x\ln x\,\mathrm{d}x$.（10 分）
知识总结 （10 分）	1.简述分部积分法的步骤.（5 分） 2.被积函数为什么情况时考虑用分部积分法求积分？（5 分）
课后任务 （10 分）	计算由曲线 $y=x\cos x$ ，$x=0$，$x=\dfrac{\pi}{2}$ 和 x 轴围成的图形的面积，用软件画出其图形，并计算图形面积.（10 分）

任务五　微元法及其应用

姓名		学号		班级	
单元		微元法及其应用		次序	第 5 单元
任务得分	课前预习 （10 分）	课上任务 （35 分）	课堂练习 （20 分）	知识总结 （25 分）	课后任务 （10 分）	成　绩

课前预习（10 分）

1. 求解曲边梯形面积的四个步骤是什么？（5 分）

2. 什么是旋转体？常见的旋转体有哪些？（5 分）

课上任务（35 分）

在制造机械零部件时，会遇到旋转体由曲面围绕 x 轴或 y 轴旋转成形的情况. 如图机械零部件由 $y=x^2$（$0 \leqslant x \leqslant 2$）围绕 y 轴旋转一周所形成，其体积如何计算？

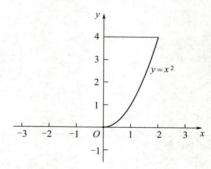

1. 利用微元法的思想表示零部件的体积.（25 分）
（1）垂直 y 轴切割零部件，切割区间是什么？（5 分）

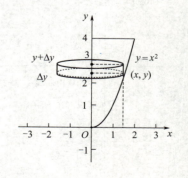

姓名			学号		班级	
单元		微元法及其应用			次序	第5单元
任务得分	课前预习 （10分）	课上任务 （35分）	课堂练习 （20分）	知识总结 （25分）	课后任务 （10分）	成　绩

课上任务 （35分）	（2）每个切割薄片近似为圆柱体，任意一点 y 处圆柱体的底面半径是什么？（10分） （3）在切割区间上，将无数个微元的体积累加求和，表示绕 y 轴旋转而成的旋转体零部件体积.（10分） 2.计算旋转体体积.（10分）
课堂练习 （20分）	求由椭圆 $\dfrac{x^2}{a^2}+\dfrac{y^2}{b^2}=1$ 分别绕 x 轴和 y 轴旋转而成的椭球体的体积.（20分）
知识总结 （25分）	1.用微元法求平面图形面积有几种情况？（5分） 2.求函数 $y=f(x)$ 在区间 $[a,b]$ 与 x 轴所围图形绕 x 轴旋转一周的旋转体体积.（10分） 3.求函数 $y=f(x)$ 在区间 $[a,b]$ 与 y 轴所围图形绕 y 轴旋转一周的旋转体体积.（10分）
课后任务 （10分）	求解函数 $y=\ln x$，$x=1$，$x=e$，x 轴围成平面图形绕 y 轴旋转一周所形成的旋转体体积.（10分）

任务六　积分实验

姓名				学号		班级	
单元		积分实验				次序	第 6 单元
任务得分	课前预习 （10 分）	课上任务 （35 分）	课堂练习 （20 分）	知识总结 （20 分）	课后任务 （15 分）	成　绩	

课前预习 （10 分）	1.绘制函数图形的命令语句是什么？（5 分） 2.用 solve 函数求解线性方程组解的命令语句是什么？（5 分）
课上任务 （35 分）	计算由曲线 $y=x^2$，$x^2+y^2=4$ 所围成的平面图形的面积. 1.首先要画出两条曲线的图形，在命令窗口输入命令.（10 分） 2.画出两条曲线围成的图形.（5 分） 3.用 solve 函数求解两条曲线构成的方程组，得到实数解.（10 分） 4.求曲线相交区域的面积 S，在命令窗口输入命令，得到结果.（10 分）

姓名			学号		班级	
单元		积分实验			次序	第6单元
任务得分	课前预习 （10分）	课上任务 （35分）	课堂练习 （20分）	知识总结 （20分）	课后任务 （15分）	成　绩

课堂练习 （20分）	1. 计算不定积分 $\int \dfrac{1}{x^2+6x+10}\mathrm{d}x$.（10分） 2. 计算定积分 $\int_{0}^{\frac{\pi}{6}}(\sin x+2)\mathrm{d}x$.（10分）
知识总结 （20分）	1. MATLAB求解不定积分命令语句.（10分） 2. MATLAB求解定积分命令语句.（10分）
课后任务 （15分）	计算定积分 $\int_{1}^{2}\dfrac{x}{\sqrt{x-1}}\mathrm{d}x$.（15分）

参考文献

[1] 同济大学数学系.高等数学.6 版.北京：高等教育出版社，2007.

[2] 姜启源，谢金星，叶俊.数学模型.北京：高等教育出版社，2003.

[3] 侯风波.高等数学.北京：机械工业出版社，1997.

[4] 宣明.数学建模与数学实验.杭州：浙江大学出版社，2010.

[5] 吕同富.高等数学及应用.北京：高等教育出版社，2010.

[6] 邵汉强.机械类高等数学.北京：高等教育出版社，2006.

[7] 陶金瑞，安雪梅.高等数学.北京：机械工业出版社，2021.

[8] 徐敏，陈善全.高等数学与工程数学.天津：天津大学出版社，2010.

[9] 游安军.机电数学.北京：电子工业出版社，2021.

[10] 曹令秋.经济数学.北京：北京师范大学出版社，2011.

[11] 苏金明，阮沈勇.MATLAB 实用教程.2 版.北京：电子工业出版社，2008.

[12] 刘兰明，张莉，杨建法.新编高等应用数学基础.北京：电子工业出版社，2020.

[13] 游安军.经济数学.2 版.北京：电子工业出版社，2021.

[14] 姚伟权.高职数学.2 版.北京：电子工业出版社，2021.

[15] 晋其纯，林文焕.机械制造应用数学.北京：北京大学出版社，2010.

[16] 孔亚仙.应用高等数学.杭州：浙江科学技术出版社，2005.

[17] 宣明.应用高等数学.北京：国防工业出版社，2014.

[18] 克莱因 M.古今数学思想.北京大学数学系数学史翻译组，译.上海：上海科学技术出版社，1979.

[19] 鲁又文.古今数学谈.天津：天津科学技术出版社，1984.

[20] 李心灿.高等数学应用 205 例.北京：高等教育出版社，1997.

[21] 康永强.应用数学与数学文化.北京：高等教育出版社，2011.